容积式余压回收设备与系统节能

邓建强　叶芳华　曹峥　刘凯　著

U0231536

化学工业出版社

·北京·

内容简介

《容积式余压回收设备与系统节能》从余压回收设备和余压回收系统两个层面，介绍作者课题组在液体余压回收利用领域的研究进展。在设备层面，主要阐述旋转式压力交换器的内部流动特性、自驱动性能、流动控制技术以及孔道内压力波动特性，并介绍新型盘式和旋叶式压力交换结构。在系统层面，主要讲述热-功耦合回收网络集成方法、余压回收设备-管网系统耦合仿真以及热-膜耦合制水系统等方面的研究进展。

本书可作为能源化工等相关专业研究生的学习用书或师生的参考书，也可供从事余压回收及相关领域的科研与工程技术人员阅读参考。

图书在版编目(CIP)数据

容积式余压回收设备与系统节能/邓建强等著. —北京：化学工业出版社，2023. 10

ISBN 978-7-122-43850-8

Ⅰ.①容⋯　Ⅱ.①邓⋯　Ⅲ.①容积式压缩机-研究

Ⅳ.①TH45

中国国家版本馆 CIP 数据核字（2023）第 137823 号

责任编辑：陶艳玲　　　文字编辑：胡艺艺　杨振美
责任校对：宋　夏　　　装帧设计：关　飞

出版发行：化学工业出版社
　　　　　（北京市东城区青年湖南街 13 号　邮政编码 100011）
印　　装：大厂聚鑫印刷有限责任公司
710mm×1000mm　1/16　印张 18¾　字数 347 千字
2024 年 1 月北京第 1 版第 1 次印刷

购书咨询：010-64518888　　　售后服务：010-64518899
网　　址：http://www.cip.com.cn
凡购买本书，如有缺损质量问题，本社销售中心负责调换。

定　　价：128.00 元　　　　　　　版权所有　违者必究

前言

党的二十大指出，我国经济已由高速增长阶段进入高质量发展阶段，推动经济社会发展绿色化、低碳化是实现高质量发展的关键环节。在能源化工领域，许多工序中的高压流体通过减压阀等设备降压后进行下一步操作或直接排放处理，未经利用的压力能被大量浪费，不仅提高了企业运行成本，还间接增加了环境污染，对能源利用与社会经济发展造成巨大的损失。若能发展余压回收技术，对高压废液、废气流股的余能进行回收再利用，可大幅降低能耗，促进系统节能。这符合二十大提出的"实施全面节约战略，推进各类资源节约集约利用，加快构建废弃物循环利用体系"。

本书立足于液体压力能回收利用领域，以反渗透海水淡化为主要应用背景，以当前主流的旋转容积式余压回收设备为对象，系统阐述旋转式压力交换器的结构设计、内部流动机理、自驱性能、可视化实验及流动控制技术，分析孔道内压力波动与压力波传播现象，介绍新型的盘式和旋叶式压力交换结构的构思与工作性能，开展新型余压回收网络及系统的方案构建与性能分析。

本书第1章介绍余压回收设备的提出、分类、典型应用工艺和发展趋势。第2章讲述旋转式压力交换器的结构与工作原理，揭示孔道内部湍流流场和掺混性能。第3章探究旋转式压力交换器自驱性能，分析自驱特性、掺混特性和压力交换特性。第4章介绍旋转式压力交换器可视化实验，提出有限通道内分隔板流动控制技术及其在旋转式压力交换器中的应用。第5章揭示旋转式压力交换器孔道内部压力波的传播特性，提出基于压力波的叠加增压技术。第6章介绍新型的盘式和旋叶式压力交换结构，研究内部流动特性和工作性能。第7章提出热-功耦合回收网络集成方法，建立余压回收设备-管网系统的跨维数耦合模型，构建热-膜耦合制水系统。

本书主要基于邓建强教授课题组十余年在容积式余压回收设备研究方面积累的一些研究成果撰写而成，相关研究内容受到国家自然科学基金面上项目"复杂工况下压力能传递的压力波动与叠加强化机制研究"（项目编号：21376187）的支持。感谢从课题组毕业的张栋博、陈志华、刘芹等在撰写本书过程中提供素材和帮助。此外，课题组宣炳蔚、郭希健、冯义博、赵林坤等协助整理了资料，在此一并表示衷心感谢！

限于水平，书中疏漏之处敬请读者不吝斧正。

著者

2023 年 5 月

目录

1

绪　论

1.1　余压回收设备的提出

在能源化工领域，许多生产工艺流程的高压流体通过减压阀等设备降压后进行下一步操作或直接排放处理，未经利用的高压流体压力能被大量浪费，不仅增加了生产运行成本，还造成大量的能源损失。如尿素的生产过程中，尿素熔融液和氨基甲酸铵液由 20MPa 减压至 1.7MPa 进行分离后再循环；聚乙烯的生产过程中，熔融液和乙烯气由 280MPa 减压至 0.4MPa 进行分离后再循环；化肥厂脱碳流程中，从 CO_2 吸收塔排出的碳酸丙烯酯富液，从 1.65MPa 减压至 0.5MPa；反渗透海水淡化过程中，从反渗透膜组件截留排放出的卤水压力依然高达 5～6MPa。类似的减压流程，还有大型合成氨装置的 CO_2 脱除系统中吸收塔底排出的富液节流，德士古煤气化高压气化炉的灰水处理，石油炼制过程加氢裂化装置中的高压分离器和低压分离器之间的降压操作，工厂用水的剩余压力能释放，等。在这些领域中，如能对高压流体的余压能进行回收再利用，则系统能源利用率和企业经济效益将大大提高。

余压回收设备（又称压力交换器或功量交换器）的研发是余压回收技术发展的基础。自欧洲启蒙运动以来，工程师们一直致力于从水流中回收压力能。Lester

Pelton 在 1880 年申请了专利"water wheel"，这是关于余压回收设备的早期专利，其工作原理是，高压水流通过喷嘴冲击叶轮，带动叶轮旋转，从而将水流的压力能转化为叶轮的动能。20 世纪 10 年代，开发了涡轮增压器（turbocharger），用于收集内燃机废气的能量。20 世纪 70 年代，为降低反渗透海水淡化工程的能耗和运行成本，透平式压力能回收设备开始应用于反渗透海水淡化系统，代表性产品有弗朗西斯涡轮（Francis turbine）和佩尔顿轮（Pelton wheel）。美国 Desal 公司研发的活塞式压力能回收设备 DWEER（Dual work exchanger energy recovery）于 1990 年实现商业化，是最早应用于反渗透海水淡化工程的容积式压力能回收设备。美国 ERI 公司设计生产的 PX（pressure exchanger）是旋转式压力能回收设备的典型代表，于 1997 年实现了商业化应用，也是目前在反渗透海水淡化系统中应用最广泛的压力能回收设备。

1.2　余压回收设备的分类

余压回收设备依据工作原理可主要分为透平式和容积式两大类。

1.2.1　透平式压力能回收设备

透平式压力能回收设备利用高压液体对透平做功，驱动机械轴传递动力，通过叶轮对低压流体进行增压，将压力能从高压流体传递给低压流体，从而实现压力能回收过程。根据结构形式，透平式压力能回收设备可进一步分为分体式和一体式。

（1）分体透平式

分体透平式压力能回收设备，代表性产品为弗朗西斯涡轮（Francis turbine）与佩尔顿轮（Pelton wheel）。图 1-1 为佩尔顿轮的工作原理图，该设备利用高压液体直接冲击涡轮，将高压液体压力能转化为涡轮动能，通过轴将涡轮的动能进一步传递给高压泵，驱动高压泵对另一股液体增压。该设备优点是运行稳定和操作安全，不足是叶轮制造较麻烦、压力能回收效率较低。

（2）一体透平式

一体透平式压力能回收设备，代表性产品为液力透平，图 1-2 为其工作原理

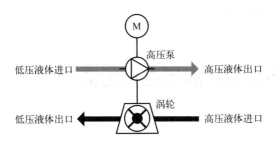

图 1-1　佩尔顿轮工作原理

图。在同一壳体的两个独立腔室分别安装能量回收单元和泵体单元，可最大程度地减小压力能回收过程的能量损失，并且一体式结构有利于设备搬运和简化安装过程。

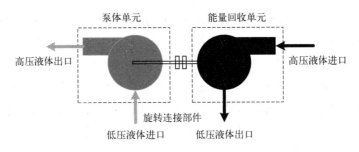

图 1-2　液力透平工作原理

以上两种类型的透平式压力能回收设备的加工装配相对较容易，工作可靠性也较高。但透平式设备均包括两次能量转化过程，即采用"压力能→机械能→压力能"的能量转化形式，能量损失较大，因而能量回收效率较低，一定程度上限制了应用。

1.2.2　容积式压力能回收设备

容积式压力能回收设备基于容积式原理，让高压流体和低压流体在密封腔体内直接接触或通过隔板等间接接触，依据流体帕斯卡定律完成压力能的直接传递。容积式压力能回收设备仅包含一次能量转化过程，即采用"压力能→压力能"的直接能量转化形式，无需借助能量转换，因此能量回收效率较高。

如同换热器实现两股流体的热传递，容积式压力能回收设备可实现两股流体间的压力传递，因此又被称为压力交换器。根据核心部件的结构特征和运行方式，压力交换器可分为活塞式、旋转式等类型，本书另外提出了盘式、旋叶式等结构，具体内容将在后面相关章节介绍。

1.3 余压回收设备典型应用工艺

(1) 海水反渗透系统

将压力能回收设备应用于海水反渗透(seawater reverse osmosis,SWRO)系统开始于 20 世纪 70 年代,随着压力能回收设备以及高效反渗透膜和高效泵的应用和发展,反渗透海水淡化系统的能耗由 20 世纪 70 年代的 $20kW \cdot h \cdot m^{-3}$ 降低至现在的低于 $2kW \cdot h \cdot m^{-3}$,其中压力能回收设备的应用对降低系统能耗起到了关键作用。图 1-3 所示为含有压力能回收设备的反渗透海水淡化系统,该系统由海水供给泵、高压泵、增压泵、反渗透膜组件和压力能回收设备等构成。海水通过海水供给泵输入系统,第一股海水经高压泵增压后直接输入反渗透膜组件,第二股海水经压力能回收设备和增压泵增压后也输入反渗透膜组件,其中增压泵用于补充流体通过反渗透膜组件、压力能回收设备和管网系统等的压力损失。对于进入反渗透膜组件的海水,一部分透过反渗透膜得到淡水,即为反渗透系统的产品;另一部分被反渗透膜截留得到卤水,压力高达约 6MPa,高压卤水通过压力能回收设备将压力能传递给第二股低压海水。

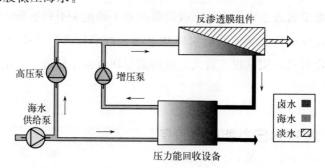

图 1-3 含有压力能回收设备的反渗透海水淡化系统

(2) 水煤浆煤气化灰水处理工艺

水煤浆煤气化的核心技术是加压气流床气化工艺,其关键设备是气化炉,如典型的 GE 煤气化具体工艺流程见图 1-4,包括煤浆制备、煤浆气化、灰水处理和 CO 变换等工序。煤、石灰石、添加剂经称量后加入磨煤机中,与一定量的水混合,磨成一定粒度分布、质量分数为 $60\% \sim 65\%$ 的水煤浆,通过滚筒筛滤去较大颗粒后,经磨煤机出口槽泵和振动筛送进煤浆槽中。煤浆槽中的煤浆由高压煤浆泵送至气化炉工艺烧嘴，与来自空分装置的氧气一起进入气化炉，在1300~1400℃下进行部分氧化生成粗煤气，经气化炉底部的激冷室激冷后，气体和固渣分开。粗煤气经文丘里洗涤器进入碳洗塔，冷却除尘后进入CO变换工序。熔渣被激冷固化后进入破渣机，特大块渣经破碎进入锁斗，定期排入渣池，由捞渣机捞出定期外运。气化炉及碳洗塔中，工艺气洗涤产生的含大量杂质的高压水称为气化黑水；气化黑水经过减压、闪蒸、沉降等过程处理所得杂质含量较少的水称为灰水。来自气化炉-碳洗塔系统的高压黑水经过减压阀降压后送往闪蒸工段除去大部分固体颗粒，再经沉降得到澄清的灰水，然后用多级离心泵加压后送入碳洗塔-气化炉系统循环使用。

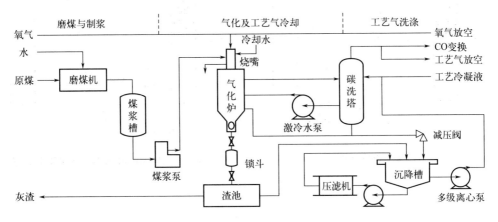

图1-4　GE水煤浆加压气化工艺流程

值得一提的是，气化炉出口黑水压力高达6.5MPa，在管路中因沿程阻力损失压力略有降低，经减压阀后压力降至1.0MPa，然后依次进入4级闪蒸工段。而处理后的常压灰水经过初步加压后变为0.15MPa，之后通过多级离心泵使其压力升至7.0MPa送往气化工序。此时，气化炉出口高压黑水的压力能具有回收潜力，可对来自沉降槽的低压灰水进行加压以回收部分压力能，如图1-5所示。气化炉出口的高压黑水经过压力能回收设备释放压力

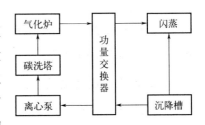

图1-5　加入功量交换器的灰水-黑水
循环工艺流程

能后压力降至1.0MPa，然后进入闪蒸工段。而低压灰水通过压力能回收设备后压力大幅升高，再经补压后送往气化工序。

(3) 湿法脱碳工艺

在湿法脱碳工艺中，溶剂（贫液）在高压下吸收脱除工艺气中的酸性气体，富液在低压下进行再生，再生后的溶剂增压至高压形成循环，如图1-6所示。高压富

液一般采用减压阀降至再生压力，但造成了高压富液压力能的浪费。若采用余压回收设备回收高压富液压力能，则可降低系统能耗，提高经济效益。目前国内大部分脱碳工艺的余压回收设备采用能量回收透平，如图1-7所示。贫液泵、电机及透平同轴连接，高压富液驱动透平的叶轮旋转，辅助电机带动贫液泵增压低压贫液，通过降低贫液泵的电耗实现节能。

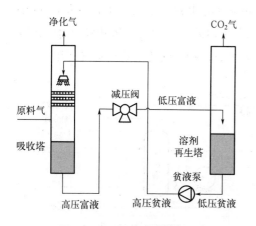

图1-6 湿法脱碳基本流程

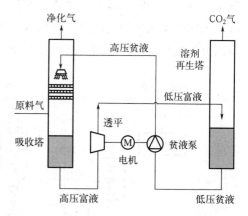

图1-7 应用能量回收透平的湿法脱碳流程

1.4 余压回收设备的发展趋势

随着国民经济的飞速发展和科学技术的突飞猛进，余压回收设备得到了不断发展和完善，目前余压回收设备发展趋势简述如下。

(1) 高效率、高品质设备研发

效率和品质是衡量余压回收设备的两个重要指标，持续提升效率和降低流股掺混是不变的追求。但通常效率和掺混是相互矛盾的，应综合权衡二者的优化。

(2) 适用于大型化、小型化、极端环境的设备研发

为适应不同应用场合、不同工质、不同处理量的需要，需要开发大型、小型和极端环境的余压回收设备。

(3) 创造新的余压回收设备机型

现有余压回收设备机型受限于工作原理模式，或效率较低，或掺混较大，若能开发兼顾效率和掺混的变革性的余压回收设备，将具有十分重要的意义。

（4）设备内部流动规律的研究与应用

在余压回收设备的通流部件中开展空间三维流动、黏性湍流、可压缩流、两相或多相流、非牛顿流体的流场数值分析计算以及改进空间流道几何形状的设计等。

（5）余压回收设备与系统的自动控制

为使余压回收设备安全运行、维持最佳运行工况或按产品生产过程需要改变运行工况等，均需要不断完善自动控制系统。

（6）实现国产化，参与国际市场竞争

目前一些余压回收设备已实现国产化，并随着一些余压回收设备产品的不断升级和成熟，将更多地参与国际市场竞争。

参　考　文　献

[1] 曹峥. 余压回收技术的跨系统应用分析与模拟研究 [D]. 西安：西安交通大学，2018.

[2] 刘凯. 旋转型压力能回收设备内部流场可视化实验及流动机理研究 [D]. 西安：西安交通大学，2018.

[3] 叶芳华. 旋叶式压力交换器解析网格生成技术及内部流动特性研究 [D]. 西安：西安交通大学，2021.

[4] 张栋博. 功量交换理论在 GE 煤气化及 Linde 低温甲醇洗工艺中的应用研究 [D]. 西安：西安交通大学，2012.

[5] 刘芹. 基于 WENO 格式的旋转式压力交换器孔道内压力波动的研究 [D]. 西安：西安交通大学，2015.

[6] 陈志华. 自驱型旋转式压力交换器的数值模拟与实验研究 [D]. 西安：西安交通大学，2016.

[7] Stover R L. Development of a fourth generation energy recovery device. A 'CTO's notebook' [J]. Desalination，2004，165：313-321.

[8] Kim J，Park K，Yang D R，et al. A comprehensive review of energy consumption of seawater reverse osmosis desalination plants [J]. Applied Energy，2019，254：113652.

[9] 王照成，李繁荣，周明灿. 余压能量回收装置在湿法脱碳工艺中的应用 [J]. 化肥设计，2013，51（3）：46-49.

2

旋转式压力交换器

旋转式压力（能）交换器（rotary pressure exchanger，RPE）由于能量回收效率高和掺混低，被广泛应用于海水反渗透系统。相比于未采用余压回收设备的反渗透系统，采用旋转式压力交换器的反渗透系统可节能 40% 左右，显著降低了系统能耗，从而大幅减小海水淡化成本。本章介绍（外驱型）旋转式压力交换器的结构与工作原理，建立数值计算模型，研究孔道内部流体流动特性，探讨设备参数对孔道内部流场结构的影响。

2.1 结构与工作原理

旋转式压力交换器的核心部件有转子、配流盘和套筒，如图 2-1 所示。转子上设有沿周向均匀布置的轴向孔道，转子两端各安装一个配流盘，各配流盘上设有一个高压流体通道和一个低压流体通道。设备运行时，待回收压力能的高压流体由一端配流盘的高压通道流入并进入转子轴向孔道内，将轴向孔道内的待增压低压流体以高压的形式推出，此为增压过程（高压区阶段）；随着转子旋转，泄压后的高压流体被待增压的低压流体从轴向孔道内反向排出，此为泄压过程（低压区阶段）。随着转子不断旋转，增压和泄压过程在轴向孔道内交替进行，从而实现持续稳定的压力能回收过程。

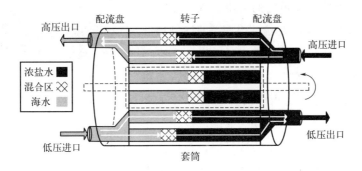

图 2-1　旋转式压力交换器工作原理

　　旋转式压力交换器是反渗透海水淡化系统的关键设备,含有旋转式压力交换器的反渗透海水淡化系统如图 2-2 所示,具体介绍参考 1.3 节内容。

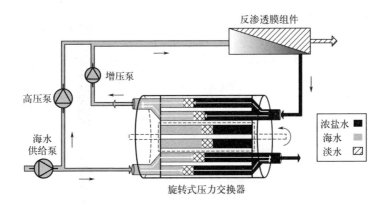

图 2-2　含有旋转式压力交换器的反渗透海水淡化系统

2.2　数值计算模型

　　随着计算流体力学和计算机硬件性能的发展,数值研究方法被广泛应用于科学研究。本节介绍旋转式压力交换器的数值计算模型的构建。

2.2.1　物理模型

　　旋转式压力交换器在工作过程中的主要部件是高速旋转的孔道和静止的配流盘

组件。随孔道的旋转，孔道周期性地与四个进出口连通，完成流体在孔道内的进出过程，并实现压力能回收过程。因此在构建几何物理模型时，对该设备进行简化，只保留进出口管道、配流盘组件、孔道和泄漏区等待考察的流动区域，如图2-3所示。其中泄漏区是指配流盘组件和转子之间存在的间隙，设置该间隙以保证配流盘在工作过程中和孔道之间形成细小的液膜层，在提供润滑的同时又保证间隙密封，为研究方便，该液膜层厚度取值1mm。某规格旋转式压力交换器其他结构参数如表2-1所示。

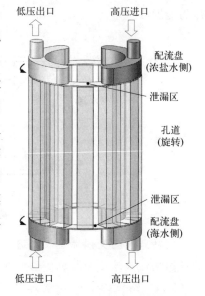

图 2-3　旋转式压力交换器物理模型

2.2.2　基本假设

开展旋转式压力交换器的数值模拟研究之前，提出以下基本假设：

表 2-1　旋转式压力交换器结构参数

部件	结构参数	参数值
配流盘	配流盘内径 R_1/mm	70
	配流盘外径 R_2/mm	105
	覆盖孔道个数 n	5
筒体	筒体半径 R/mm	105
	转子长度 L/mm	265
	孔道个数 N	12

a. 在海水淡化过程中，工作温度一般在 $15\sim25℃$ 区间，在此温度范围内海水的密度和黏度变化范围很小，因此将其视为不可压缩常黏度液体。

b. 配流盘组件在配流盘套筒内旋转，忽略其与套筒内侧间隙流体间的摩擦力。

c. 液体在设备内的流动过程不存在化学反应。

d. 由于液体在设备内停留时间非常短，忽略其与外界间的热量交换和液体流动过程中的热效应。

2.2.3　网格划分

网格质量是数值计算收敛的重要保证，并且决定了模拟结果的准确性，网格数量则决定了所需消耗的计算资源。采用商业软件 ICEM CFD 对物理模型各个部件进行网格划分，利用软件特有的六面体网格映射技术和"O"网格划分技术，整体物理模型均采用了六面体网格，如图 2-4 所示。为了能满足捕捉近壁区流动的条件，对孔道壁面区的网格进行了局部加密，使得该区域 y^+ 在 30～300 之间。为了排除网格质量和数量对数值模拟结果的影响，在开展数值模拟工作之前，还进行了网格无关性验证工作。

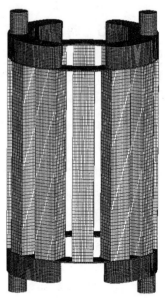

图 2-4 旋转式压力
交换器网格模型

2.2.4 控制方程

流体流动必须遵守质量守恒定律、动量守恒定律、能量守恒定律和组分守恒定律。已假设旋转式压力交换器在工作过程中与外界间的热量交换和液体流动过程中的热效应忽略不计，因此忽略能量耗散，数学模型中仅考虑质量守恒定律、动量守恒定律和组分守恒定律。这些守恒定律在直角坐标系中基本方程如下所示。

质量守恒方程：

$$\nabla \cdot \vec{u} = 0 \tag{2-1}$$

式中，$\vec{u}$ 为速度矢量。

动量守恒方程：

$$\frac{\partial}{\partial t}(\rho \vec{u}) + \nabla \cdot (\rho \vec{u} \vec{u}) = -\nabla p + \mu \nabla \cdot \nabla \vec{u} + \rho \vec{f} \tag{2-2}$$

式中，ρ 为流体密度；p 为静压；μ 为动力黏度；$\vec{f}$ 为质量力。

组分守恒方程：

$$\frac{\partial}{\partial t}(\rho Y_i) + \nabla \cdot (\rho \vec{u} Y_i) = -\nabla \cdot \vec{J}_i \tag{2-3}$$

式中，Y_i 为组分 i 的体积浓度；$\vec{J}_i$ 为组分 i 的扩散通量。根据菲克第一定律，在湍流中 $\vec{J}_i$ 的表达式为：

$$\vec{J}_i = -\left(\rho D_{i,\mathrm{m}} + \frac{\mu_\mathrm{t}}{Sc_\mathrm{t}}\right) \tag{2-4}$$

式中，$D_{i,\mathrm{m}}$ 为组分 i 的质量扩散系数；Sc_t 为湍流施密特数；μ_t 为湍流黏度。

2.2.5 湍流模型

旋转式压力交换器在工作过程中，流体因转子旋转在孔道内周期性振荡流动而呈现出强烈的湍流运动特征，流体的压力、速度和盐分浓度发生剧烈变化。湍流运动中流体微团的波动导致流体微团之间进行动量、能量和物质传递过程，这种波动具有高频、小尺度的特点，导致直接数值模拟求解的方法难度大。ANSYS FLUENT 软件提供了丰富的湍流模型，如雷诺平均 NS 模型（RANS）、大涡模拟（LES）和分离涡模型（DES）等。雷诺平均 NS 模型中的 k-ε 模型在工业流动数值计算中应用最为广泛，具体可划分为三种形式：标准 k-ε 模型、RNG k-ε 模型和 Realizable k-ε 模型。Realizable k-ε 模型对 ε 方程进行了修正，引入了旋转和曲率的相关项，使得应用范围相对于前两个 k-ε 模型进一步扩大，能有效用于旋转均匀剪切流、边界层流动和带有分离流动等工程应用。因此，本文选用 Realizable k-ε 模型，其表达式如下：

$$\frac{\partial}{\partial t}(\rho k) + \frac{\partial}{\partial x_i}(\rho k u_i) = \frac{\partial}{\partial x_j}\left[\left(\mu + \frac{\mu_t}{\sigma_k}\right)\frac{\partial k}{\partial x_j}\right] + G_k + G_b - \rho\varepsilon - Y_M + S_k \quad (2\text{-}5)$$

$$\frac{\partial}{\partial t}(\rho\varepsilon) + \frac{\partial}{\partial x_i}(\rho\varepsilon u_i) = \frac{\partial}{\partial x_j}\left[\left(\mu + \frac{\mu_t}{\sigma_\varepsilon}\right)\frac{\partial\varepsilon}{\partial x_j}\right] + \rho C_1 S_\varepsilon - \rho C_2 \frac{\varepsilon^2}{k + \sqrt{\upsilon\varepsilon}} + C_{1\varepsilon}\frac{\varepsilon}{k}C_{3\varepsilon}G_b + S_\varepsilon$$

$$(2\text{-}6)$$

式中，k 为湍动能；ε 为湍动能耗散率；G_k 为平均速度梯度引起的湍动能 k 的产生项；G_b 为浮力引起的湍动能 k 的产生项；Y_M 为可压缩流体中脉动扩张的贡献；S_k、S_ε 为源项；σ_k、σ_ε 为 k 和 ε 的普朗特数；$C_{1\varepsilon}$、$C_{3\varepsilon}$ 为常数。

2.2.6 边界条件与初始条件

(1) 边界条件

图 2-5 所示为数值计算边界条件，具体设置：a. 高、低压进口选择速度进口作为边界条件，分别为 $U_{HP} = U_{LP} = 2.04\,\mathrm{m \cdot s^{-1}}$，对应的流量 Q_{in} 为 $3.6\,\mathrm{m^3 \cdot h^{-1}}$；b. 高、低压出口选择压力出口作为边界条件，分别为 $p_{HP} = 6\,\mathrm{MPa}$、$p_{LP} = 0.2\,\mathrm{MPa}$；c. 高、低压进口的盐分浓度分别为 $c_{HPi} = 3.5\%$、$c_{LPi} = 1.8\%$；d. 壁面设为无滑移条件，即各壁面上的速度均为 0；e. 对于近壁面的流动均采用壁面函数法处理；f. NaCl 分子扩散系数为 1.5×10^{-9}。

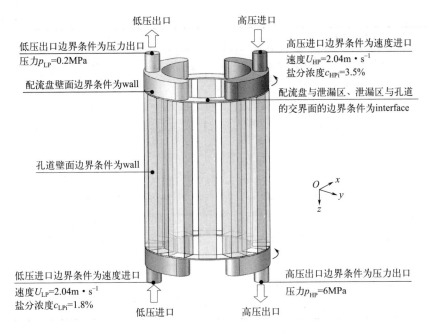

低压出口　　　　高压进口

低压出口边界条件为压力出口
压力p_{LP}=0.2MPa

高压进口边界条件为速度进口
速度U_{HP}=2.04m·s^{-1}
盐分浓度c_{HPi}=3.5%

配流盘壁面边界条件为wall

配流盘与泄漏区、泄漏区与孔道
的交界面的边界条件为interface

孔道壁面边界条件为wall

低压进口边界条件为速度进口
速度U_{LP}=2.04m·s^{-1}
盐分浓度c_{LPi}=1.8%

高压出口边界条件为压力出口
压力p_{HP}=6MPa

低压进口　　　　高压出口

图 2-5　边界条件设置

（2）初始条件

在求解瞬态（非稳态）的问题时，需要给出计算区域内各个计算点的初始值，即初始条件。本文数值模型为瞬态问题，其初始条件如表 2-2 所示。

表 2-2　初始条件设置

参数	初始值
全局流场速度/m·s^{-1}	0
全局压力/Pa	200000
全局盐分浓度/%	1.8

2.2.7　求解器设置

数值模拟中控制方程在 ANSYS FLUENT 软件进行求解，求解器的具体设置如表 2-3 所示。其中时间步长为 0.001s，收敛标准为 0.001，时间步数为 10000。

表 2-3　ANSYS FLUENT 求解器设置

属性	参数
solver type(求解器类型)	pressure based(基于压力)
time(时间)	transient(瞬态)

属性	参数
turbulence model(湍流模型)	realizable k-ε
species transport(组分输运)	activated(激活)
pressure-velocity coupling scheme(压力-速度耦合方案)	SIMPLE
gradient(梯度)	least squares cell based(基于单元的最小二乘法)
pressure(压力)	second order(二阶)
momentum(动量)	second order upwind(二阶迎风格式)
turbulent kinetic energy(湍流动能)	second order upwind(二阶迎风格式)
turbulent dissipation rate(湍流耗散率)	second order implicit(二阶隐式格式)
transient formulation(瞬态公式)	second order implicit(二阶隐式格式)
time step(时间步长)	0.001 s
convergence criteria(收敛标准)	0.001
number of time steps(时间步数)	10000

2.3　内部流动特性

本节对旋转式压力交换器孔道内部的流动过程进行深入数值模拟研究，分析掺混、流线、流型、旋涡、旋流等的形成原因和演化规律，揭示孔道内部流体流动机理。

2.3.1　孔道内部流体掺混

图 2-6 为旋转式压力交换器孔道内部盐分浓度分布的演化过程，掺混区中间浓度面形状并不规整，随孔道相位的变化发生剧烈变形。且随孔道内流体的振荡流动，中间浓度面未出现明显左右移动。在相位 3♯ 时刻，有部分浓盐水流体直接进入到了海水流体中（空心箭头所示），流体在此区域存在强烈的三维流动，导致浓盐水流体被携带至该区域内。在相位 4♯ ～6♯ 时刻，该区域的浓盐水浓度逐渐降低，但该区域周边的盐分浓度显著升高，说明该区域的三维流动现象显著，同样的现象也出现在低压区阶段。

为了定量分析孔道内盐分浓度随孔道相位的变化规律，沿着孔道长度方向，依

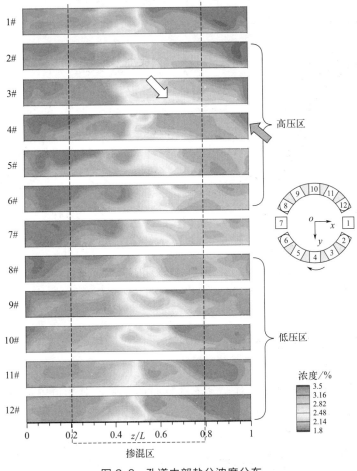

图 2-6 孔道内部盐分浓度分布

次截取了 31 个横向截面，如图 2-7 所示，可获取各截面的平均浓度。据此，对孔道内的盐分浓度的发展过程和变化规律进行分析。图 2-8 为孔道内不同相位时刻的

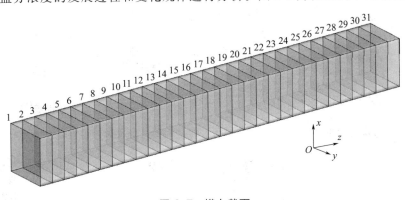

图 2-7 横向截面

盐分浓度曲线，从图中可看出，不同相位盐分浓度曲线差异较大，说明流体流动过程中湍流强度较大，造成孔道内质量传递速率增加。

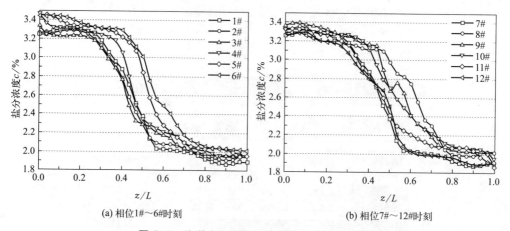

(a) 相位1#~6#时刻

(b) 相位7#~12#时刻

图 2-8　孔道内不同相位时刻的盐分浓度曲线

z—截面距离孔道端面的长度；L—孔道长度

2.3.2　孔道内部流体流线

为更好理解流体流动过程对盐分浓度分布的影响，对孔道内流体流线进行分析。图 2-9 为旋转式压力交换器孔道内部流线图，由于孔道为旋转部件，孔道内的

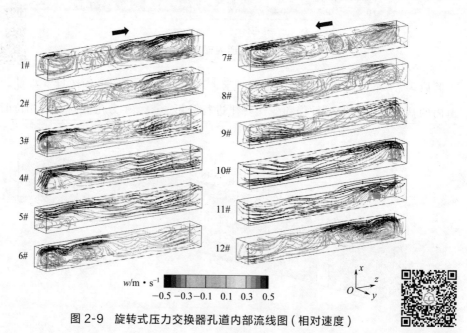

图 2-9　旋转式压力交换器孔道内部流线图（相对速度）

流体会有绕旋转中轴线的旋转速度，该旋转速度会影响孔道内流体相对孔道壁面的流场分析，因此采用流体的相对速度场进行研究分析。

从图 2-9 中可发现，孔道内的滚流与旋流现象明显（如图 2-10 所示）。在相位 1♯ 时刻，孔道右侧的滚流强度明显，且滚流区域的长度几乎占据了孔道长度的一半。结合图 2-6 的浓度场结果可发现，在相位 1♯ 时刻该滚流区域长度与孔道右侧海水的进流长度基本一致。随着孔道进入高压区阶段，孔道右侧的滚流区长度逐渐缩短，但在该区域出现了明显的旋流现象，导致该区域的质量传递速率加剧，进而加剧了浓度掺混。这个现象很好地解释

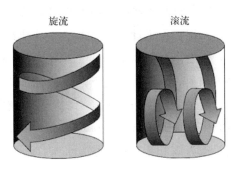

图 2-10　孔道内旋流和滚流运动

了图 2-6 盐分浓度场中，在相应时刻孔道右侧的掺混区域长度没有明显缩短的原因。此外在高压区阶段，流体是以射流的方式并紧贴着孔道上壁面绕过入口侧的旋涡死区而进入孔道内部。在图 2-6 的盐分浓度场中，也能够发现射流是紧贴着孔道上壁面处流动，导致高压区阶段的孔道上壁面区域的浓度增大。在孔道 6♯ 时刻左侧的射流现象显著，但需要说明的是，孔道左侧入口下壁面处的回流并不明显，说明此位置的滚流强度并没有得到很大的增强。而进入相位 7♯ 时刻，射流区的流体因惯性作用继续保持高速向前运动，但因该时刻孔道出口封闭，射流在撞击孔道中心涡团后沿着孔道下壁面向孔道左侧运动，从而形成滚流。

2.3.3　孔道内部流体流型

对于大多数管道流动，层流到湍流的转捩由雷诺数判断。当雷诺数小于 2300 时，可认为处于层流。但实际上，管道单向定常流动与振荡流相比更容易发生湍流转捩。根据管道振荡流实验，诱发转捩的临界雷诺数约为 550。鉴于旋转式压力交换器孔道内流体流动呈振荡流特征，因此对其流态的判断按振荡雷诺数相关准则进行。

振荡雷诺数可表示为：

$$Re_\delta = \frac{u\delta_{st}}{\eta} \tag{2-7}$$

斯托克斯层厚度为：

$$\delta_{st} = \sqrt{2\eta/\omega} \tag{2-8}$$

式中，u 为平均速度，$m \cdot s^{-1}$；η 为动力黏度，$Pa \cdot s$；ω 为振荡频率，s^{-1}。

在旋转式压力交换器中，由于液体是被周期性地注入转子各管道中，振荡运动的频率与旋转周期相关联。众多学者对振荡管流的过渡流结构进行了实验，并对临界雷诺数进行了研究。如图 2-11 所示，四条曲线表示基于实验临界雷诺数的过渡线。工况点位于过渡线之下的流动结构更接近层流，而在高流速或低转速的情况下，会逐渐倾于湍流。虽然不同实验中临界雷诺数测试值略有不同，但均在近似观测等级上。在常见工况下，转速范围 $500 \sim 2000 r \cdot min^{-1}$，平均流速 $4m \cdot s^{-1}$ 以下，流量 $4.5 \sim 60 m^3 \cdot h^{-1}$。基于振荡流过渡准则可看出，大多处于层流区域。本研究中，最大转速为 $1200 r \cdot min^{-1}$，流入速度不大于 $2.5m \cdot s^{-1}$。根据临界雷诺数，认为该工况下的流态为层流。

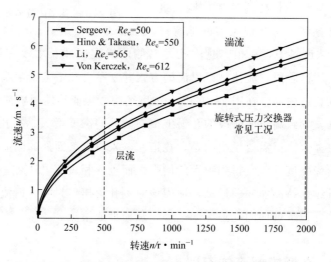

图 2-11 旋转式压力交换器常见工况下的流态划分

化工过程中的流体流型对传质性能有显著影响。考虑到大多数流动系统中不稳定的流动特点和非均匀的速度分布，不同流体元素流经系统所花费的时间不同。通过监测出口处流体元素的浓度，可得到停留时间分布（RTD）。在分析 RTD 数值特性的基础上，揭示该过程的流动特性和混合性能。RTD 分析技术被广泛应用在连续流动系统，如石油化工、食品加工、环境监测、冶金工业等过程工业领域。它所具有的定量特性成为一种评估不稳定和复杂流动的有效方法。

通过在监测出口处注入示踪剂的方法得到 RTD 特征，常见的示踪法包括脉冲法、阶跃法和周期法。对于 RPE，浓盐水由高压入口持续流入，采用 6.5% 的 NaCl 作为数值示踪剂，可得到表示累积 RTD 函数分布：

$$F(t) = \frac{c(t_i)}{c_0} \tag{2-9}$$

式中，$c(t_i)$ 为出口流体中 t_i 时刻示踪剂的浓度；c_0 为恒定的入流浓度。

RTD 密度函数 $E(t)$ 表示流出系统示踪剂在 t 和 $t+\mathrm{d}t$ 之间的时间分布，由下式计算：

$$E(t)=\frac{\mathrm{d}F(t)}{\mathrm{d}t} \tag{2-10}$$

当获得 RTD 函数后，可通过数字特征定量描述流动模式。其中，平均停留时间 τ 代表了流出的示踪剂在流动系统中所花费的平均时间，它是 RTD 的一阶矩：

$$\tau=\int_0^\infty tE(t)\mathrm{d}t \approx \sum_{i=0}^\infty t_i E(t_i)\Delta t_i \tag{2-11}$$

方差 σ_t^2 可用来描述扩散分布的程度，它是 RTD 的二阶矩：

$$\sigma_t^2=\int_0^\infty (t-\tau)^2 E(t)\mathrm{d}t \approx \sum_{i=0}^\infty (t_i-\tau)^2 E(t_i)\Delta t_i \tag{2-12}$$

为了能够在不同结构参数和操作工况下开展参数化 RTD 分析，引入无量纲时间 θ：

$$\theta=\frac{t}{\tau} \tag{2-13}$$

标准化的密度函数 $E(\theta)$ 由下式计算：

$$E(\theta)=\tau E(t) \tag{2-14}$$

标准化方差 σ_θ^2 可由下式计算：

$$\sigma_\theta^2=\frac{\sigma_t^2}{\tau^2} \tag{2-15}$$

当标准化方差趋近 0 时，说明实现了趋于理想的活塞流。当接近 1 时，表明存在由非均匀速度分布和扩散引起的剧烈纵向混合，而流动模式则接近于完全混合的流动。通过标准化方差的大小，可判断孔道内流型趋于活塞流或全混流，从而完成对流型的定量判断。

（1）数值计算模型

与本章其他研究略有不同，本小节研究对象为一种具有延伸进流角的旋转式压力交换器，几何模型、网格划分和控制方程均有所区别，下面进行介绍。几何模型如图 2-12 所示，上定子及下定子端盖上的入流集液槽可沿转子旋转方向的正向、反向或正反两个方向进行延伸。在此情况下，意味着孔道在进入连通区之前先与集液槽延伸部分相接触，使得压力提前与连通区达到一致；反之切出连通区时，仍与延伸部分保持接触。在此，延伸角 α 记为正值，β 记为负值。图中是延伸角为 $\pm30°$ 的情形，表示延伸的集液槽多覆盖了两边各一个孔道的面积。

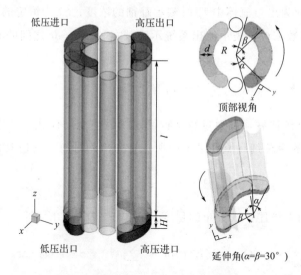

低压进口　　　　高压出口

顶部视角

延伸角(α=β=30°)

低压出口　　　　高压进口

图 2-12　具有延伸进流角的旋转式压力交换器几何模型

　　旋转式压力交换器主要几何参数如下：管道长度 $l=150$mm，集液槽高度 $H=10$mm，管道直径 $d=15$mm，转子半径 $R=40$mm。为了比较具有不同延伸角结构的 RPE 性能，分别设置不同的延伸角角度为：0°、7.5°、15°、22.5°、30° 和 ±30°。图 2-13 为网格模型，采用非结构化网格用于离散计算域，共有 1208717 个节点和 1154100 个网格构成。转子上所有孔道端面均与集液槽端盖的交界面相接触，假设没有间隙存在，各孔道之间不发生泄漏，并采用网格滑移实现提供外部驱动力下转子的稳定旋转。

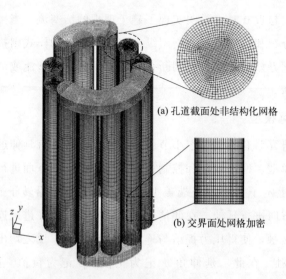

(a) 孔道截面处非结构化网格

(b) 交界面处网格加密

图 2-13　计算流域的网格划分

旋转式压力交换器转子处于高速旋转工作状态，转子孔道内的液体围绕 RPE 中轴线做高速圆周运动，同时也通过高、低压液体间的直接往复接触完成了能量回收过程。因此，研究对象的本质是处于非惯性参考系中的液体进行质量、动量和组分输运的过程，其过程具有高度非定常时序特征。根据流态分析，对于给定工况 $n=1200\text{r}\cdot\text{min}^{-1}$、$u=2.5\text{m}\cdot\text{s}^{-1}$ 时，流动为层流。因此选用层流模型开展数值计算分析。

质量守恒方程：

$$\frac{\partial \rho}{\partial t}+\boldsymbol{\nabla}\cdot(\rho\vec{u})=0 \tag{2-16}$$

动量方程：

$$\frac{\partial}{\partial t}(\rho\vec{u})+\boldsymbol{\nabla}\cdot(\rho\vec{u}\vec{u})=-\boldsymbol{\nabla}p+\boldsymbol{\nabla}\cdot\tau+(\rho\vec{g}+\vec{F}) \tag{2-17}$$

组分输运方程：

$$\frac{\partial}{\partial t}(\rho Y_i)+\boldsymbol{\nabla}\cdot(\rho\vec{u}\,Y_i)=-\boldsymbol{\nabla}\vec{J}_i \tag{2-18}$$

层流条件下，由菲克定律确定的扩散通量 $\vec{J}_i$ 可表示为：

$$\vec{J}_i=-\rho\times D_{i,\text{m}}\cdot\boldsymbol{\nabla}Y_i \tag{2-19}$$

式中，ρ 为密度；$\vec{u}$ 为速度矢量；p 为流体静压；τ 为应力张量；$\vec{g}$ 为重力加速度；$\vec{F}$ 为外界体积力；Y_i 为组分 i 的质量分数。

上述偏微分方程组由 ANSYS FLUENT 软件计算，假设液体为非定常不可压缩状态，无热量交换。高、低压入口流量均设为 $5.0\text{m}^3\cdot\text{h}^{-1}$，针对典型 SWRO 系统在 6.0MPa 膜压力下的操作工况，RPE 出口压力分别设为 6.0MPa、0.2MPa，浓盐水侧 NaCl 质量分数设为 6.5%，新鲜海水侧设为 3.5%，转子由外部电机带动旋转，其转速设为 1000r·min^{-1}，该边界条件位于 RPE 常用工况范围内。

(2) 延伸角对掺混的影响

在 RPE 设备中，由于两种流体的连续接触，盐水不可避免地会与海水发生持续的掺混，RPE 的混合程度由体积掺混率确定：

$$V_\text{m}=\frac{S_\text{HO}-S_\text{LI}}{S_\text{HI}-S_\text{LI}} \tag{2-20}$$

式中，S_HO 为高压出口海水盐度；S_HI 为高压进口的浓盐水盐度；S_LI 为低压进口的海水盐度。因完成余压回收的泄压浓盐水排出系统，方程未考虑低压出口的混合。

由于 RTD 函数是在示踪剂浓度与时间数据的基础上得到的，在体积掺混率

V_m 和累积 RTD 函数 $F(t)$ 之间可观察到线性关系。图 2-14 为具有不同延伸角情形的掺混形成过程，可看出所有曲线呈现出相似趋势，反映出了混合形成过程特征。当高浓度浓盐水由高压进口注入 RPE 中并开始旋转时，在很小的时间延迟后，混合过程急剧增加，然后逐渐减缓，2.0s 左右形成相对稳定的混合状态。结果表明，在 0.6s 后，不同延伸角对混合特性的影响开始显现。±30°情况下，总掺混率保持在最低水平，而 0°具有最高的掺混率。经计算，具有±30°延伸角结构的 RPE 比传统结构 RPE 的掺混率降低 16.05%。

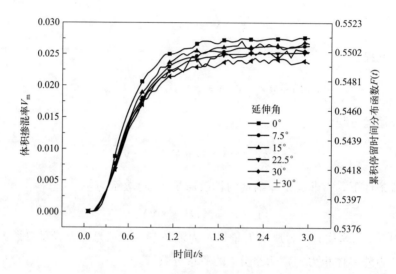

图 2-14　不同延伸角结构 RPE 的掺混过程

通过对比不同集液槽延伸角的 RPE 掺混性能及流型数据，得到基于流型优化的掺混控制机制。不同延伸角下的平均掺混率与标准化方差如图 2-15 所示，可看出掺混性能与流型指标间具有一致的变化趋势，说明在旋转式压力交换器中，标准化方差越小，孔道流越趋近于平推流，则体积掺混作用越小。在压力能回收过程中，当海水和浓盐水直接接触时，轴向扩散由于非均匀的速度分布而增强，然而平推流流型速度分布相对平缓，使得掺混区界面保持稳定。在延伸角结构引入后，掺混率均得到下降，而其中±30°情形下拥有最低的体积掺混率及最小的方差，因此通过引入集液槽延伸角，可使得孔道内流型分布更趋近于平推流，从而降低 RPE 的体积掺混率。

图 2-16 为 $t=2.403s$ 时高压侧的流线分布。图 2-16(a) 为延伸角为 0°时，孔道（左数第一个）刚刚进入高压区时的情形，图 2-16(b) 为延伸角为±30°时的情形。经对比可发现，在没有延伸角时，由孔道旋转和转子-定子的动静干涉可产生明显的旋流。另一个不同在于，当孔道离开连通区域集液槽时，在入口处形成了一

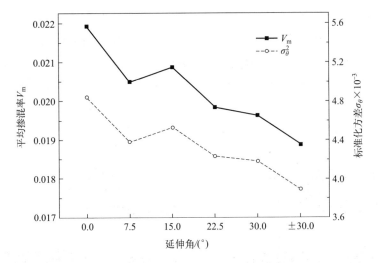

图 2-15　不同延伸角 RPE 的掺混率和标准化方差

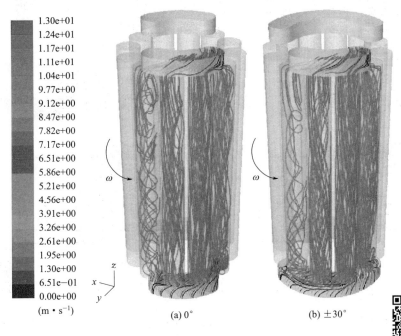

(a) 0°　　　　　　　(b) ±30°

图 2-16　0°和±30°情形下的流线分布

个层流射流,这是由没有延伸角时高压区入口的瞬间离闭造成。由此可看出,非理想的流动结构可通过在两个方向上设置延伸进流角来消除。

为了观察旋转式压力交换器孔道内的速度场和浓度场分布,当流动趋于稳定阶段时,将孔道内的轴向速度分布情况和浓度分布场在圆周面上沿Ⅰ-Ⅰ和Ⅱ-Ⅱ展开。考虑到装置的几何对称以及高、低压区相似的进流特点,高压侧的轴向速度分布和低压侧的组分分布分别显示在图 2-17 中，从图中可看出，连通区内的速度分布相对一致，当孔道由连通区转入密封区时，形成了层流射流现象。靠近密封区壁面的流体几乎处于静止状态，因此当受到剪切力时，这部分流体容易反向运动形成回流区（区域 R），除此区域外的密封区（区域 D）流体保持静止。此外，浓度分布区域可分为高浓度的盐水、掺混区以及低浓度的新鲜海水 3 部分，在密封区中，它们保持相对固定的位置，而在连通区中向前平行推进。

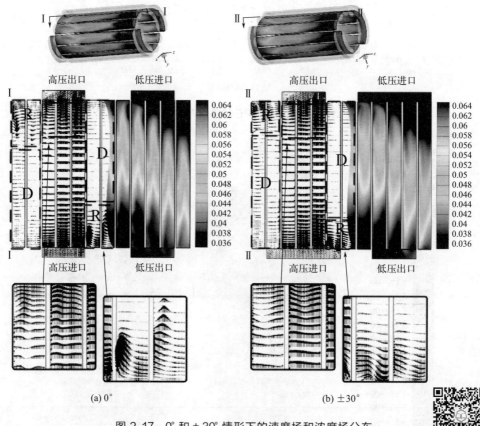

(a) 0°   (b) ±30°

图 2-17　0° 和 ±30° 情形下的速度场和浓度场分布

对比图 2-17(a) 与图 2-17(b) 可发现，孔道进入密封区时的回流区域更加明显且分布范围更大。这可能是由孔道两端突然和集液槽的进出口连通所导致。此时在压力梯度和速度梯度下，产生了速度不稳定区域及旋转运动。对于具有 ±30° 延伸角的 RPE 结构，集液槽进口在出口之前先与孔道连通，并且在出口完全封闭进入密封区时，进口才与孔道开始分离。在此情况下，避免了压力和流量同时发生剧烈变化，使得孔道流动更加趋近于平推流，同时由于浓度场受速度场的影响，图 2-17(b) 中的掺混区更加平缓，有助于实现较低的掺混率。

（3）工况参数对掺混的影响

转速和入流速度等操作参数对旋转式压力交换器两股流体间的掺混有很大影响。旋转式压力交换器内的流场十分复杂，浓度场可能受到层流射流、旋涡流或循环流等不稳定流动结构的影响。在某些操作条件下，转速和入流速度对混合速率的影响可能不同。旋转式压力交换器三维流场具有复杂的流动特点和形式，因此有必要考虑不同工况范围下的 RPE 掺混性能和流动指标。

如图 2-18 所示，当入流速度增加时，可观察到掺混率与转速的趋势发生反转：当入流速度为 $1.0\mathrm{m \cdot s^{-1}}$ 时，掺混率随转速的增大而增大，而在相对较高的 $2.5\mathrm{m \cdot s^{-1}}$ 流速时，掺混率随转速的增大而减小。图中的掺混率趋势在变化，表明此种情况下，装置混合过程受转速和入流速度的共同影响，并取决于其中的主导影响因素。因而可以利用外驱使 RPE 具有可调的转速来控制其混合性能。本图中掺混率随工况操作参数的变化趋势规律并不十分明显，需进一步按照振荡雷诺数对进流速度和旋转速度两个工况操作参数的影响进行描述，结果如图 2-19 和图 2-20 所示。

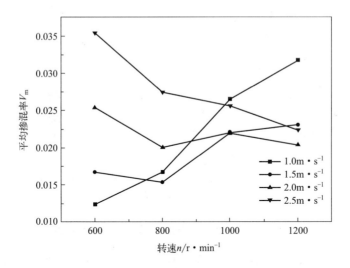

图 2-18　不同操作条件下的掺混率

图 2-19 和图 2-20 为不同振荡雷诺数下的掺混率分布，通过剥离两个操作参数可观察到趋势反转现象。在图 2-19 中，随着转速由 $1200\mathrm{r \cdot min^{-1}}$ 降低至 $600\mathrm{r \cdot min^{-1}}$ 时，曲线的线型逐渐由抛物线变为单调递增曲线，掺混率逐渐显现出与振荡雷诺数正相关的关系。图 2-20 中可观察到相似的现象，随着进流速度的增大，振荡雷诺数与掺混率间由负相关变为正相关。这意味着存在一个降低掺混率的最佳雷诺数，在本研究的工况范围内，最佳雷诺数约为 178。

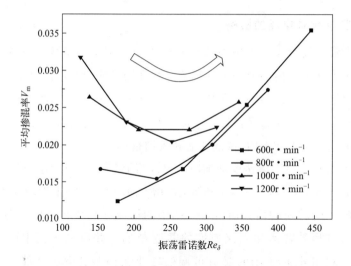

图 2-19 不同转速下掺混率随振荡雷诺数的变化

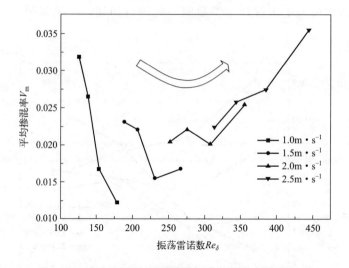

图 2-20 不同进流速度下掺混率随振荡雷诺数的变化

基于 RTD 分析，图 2-21 反映出不同操作工况下的掺混率及流型分布特点。同样地，反映掺混性能的掺混率曲线与反映流型特点的方差曲线显示出很好的一致性。由图可见，当最优雷诺数约为 178 时，RTD 标准方差更趋于 0，在此情况下，孔道流更趋近于理想平推流，使得掺混率达到最小。

2.3.4 孔道内部旋涡的形成与发展

目前在旋涡结构识别上缺乏精确的数学定义，导致不同学者对旋涡的概念有着

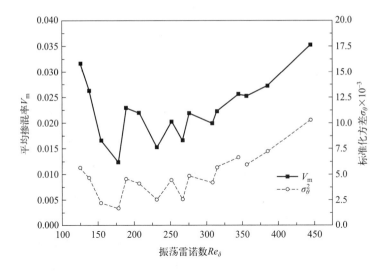

图 2-21　不同操作工况下的掺混率及流型分布特点

不同的定义和解释。现有的旋涡识别方法按原理可分为单点分析法和模式识别法。单点分析法相较于模式识别法计算过程更简便，物理意义更清晰，被众多学者所采纳。目前基于单点分析法常用的方法有涡量判据、速度梯度张量第二不变量 Q 判据、特征方程判别式 Δ 判据和 λ_2 判据等，以下进行简单介绍。

（1）涡量判据

涡量，即速度的旋度，是流体微团角速度的 2 倍。由于旋涡的涡心一般是涡量的集中区域，许多学者用涡量判据的方法来识别旋涡。但是涡量判据的方法不能将纯剪切运动（如边界层流动）区分开来，导致没有旋涡的地方涡量的数值也未必小而错误地显示旋涡结构。

（2）Q 判据

由二阶张量特性得到，不可压缩的局部速度梯度张量 ∇u 的特征方程可写为：

$$\lambda^3 + Q\lambda - R = 0 \tag{2-21}$$

设 λ_1、λ_2 和 λ_3 是特征方程的三个根，则它们之间存在三个独立的不变量，即 P、Q 和 R。式中，Q 为速度梯度张量 ∇u 的第二不变量，其表达式为：

$$Q = \frac{1}{2}(\Omega_{ij}\Omega_{ji} - S_{ij}S_{ji}) \tag{2-22}$$

式中，Ω_{ij} 为涡量张量；S_{ij} 为应变率张量。将 $Q>0$ 的区域定义为旋涡，即认为旋涡的区域内起主导作用的是速度张量中的旋转部分。

（3）Δ 判据

Δ 判据基于 Q 判据的结果，在 $Q>0$ 的基础上增加了不可压缩的局部速度梯度张量∇u 的特征方程的行列式大于零的条件，即：

$$\Delta = \left(\frac{Q}{3}\right)^2 + \left(\frac{R}{2}\right)^2 > 0 \tag{2-23}$$

$$R = \frac{1}{3}(S_{ij}S_{jk}S_{ki} + 3\Omega_{ij}\Omega_{jk}S_{ki}) \tag{2-24}$$

式中，Q、R 分别为速度梯度张量∇u 的第二不变量、第三不变量。

(4) λ_2 判据

基于压力旋涡判据，认为 $S_{ij}S_{ji} + \Omega_{ij}\Omega_{ji}$ 中存在三个实特征值，且 $\lambda_1 \geqslant \lambda_2 \geqslant \lambda_3$，式中 $\lambda_2 < 0$，以确保一个旋涡的断面压力为极小值，以此来判据旋涡。

以上几种旋涡结构的识别方法都需要配合合理的阈值选择，在实际流动过程中，涡量受到黏性作用导致其与流动背景之间缺乏清晰界限。因此选择阈值需避免非真实的旋涡结构被显示出来，又要让大尺度和小尺度旋涡都能被正确显示，这样才能正确地反映出流场内的旋涡结构，符合真实流动的基本特征。考虑上述各种方法的准确性与计算量后，本文选用 Q 判据识别旋转式压力交换器孔道内的旋涡结构。

图 2-22 为一个工作周期下孔道内部旋涡结构叠加盐分浓度分布图，从图中可发现，孔道内的旋涡随着孔道相位的改变而经历着形成、发展和消失的演化过

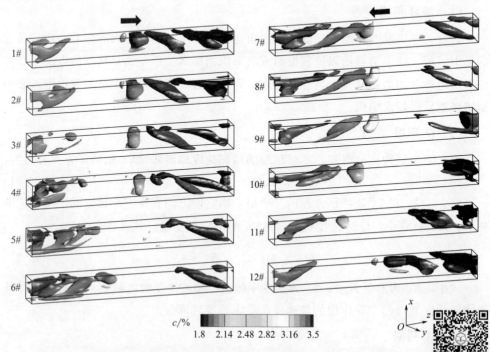

图 2-22　旋转式压力交换器孔道内部旋涡结构叠加盐分浓度分布（$Q = 0.03$）

程，与此同时旋涡的位置也发生着相应的改变。在相位 1♯ 时刻，孔道右侧的旋涡具有明显的展向涡特性，结合图 2-9 流线图来看，这是由孔道右侧的滚流范围增大所导致的。进一步可发现，在该滚流发生区域形成了相对独立的两个旋涡结构。

当孔道相位进入高压区阶段（2♯～7♯），该区域的旋涡尺寸逐步缩小，在相位 5♯ 时两个旋涡合并。此外，孔道中心区域的旋涡对掺混区域的影响显著。孔道中心区域的旋涡也具有 x 方向展向涡的特征，且在孔道内停留的时间较长。从盐分浓度分布上来看，该旋涡区域的盐分浓度变化也更加明显。

2.3.5 孔道内部旋流的形成与发展

孔道内旋流会导致流体在流动过程中产生湍流特性，导致流体在流动的横向截面上产生切向和径向速度，进一步加剧横向截面的扩散速率。因此有必要分析孔道内旋流的形成与发展过程。为了更好研究孔道内旋流的发展过程，沿孔道长度方向依次截取 5 个横向截面，如图 2-23 所示，下文对 5 个截面的流场分布进行详细分析。

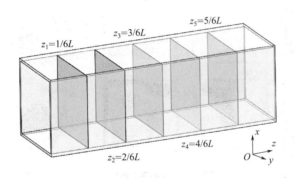

图 2-23　横向截面

由于设备内部流体流动过程的振荡特性，为了研究方便，下文仅对相位 1♯～6♯ 时刻的流场分布进行研究。图 2-24 为孔道内部横向截面相对速度矢量和涡量分布，从图中可发现，旋转式压力交换器孔道内部旋涡的旋转方向不统一，且旋涡结构的发展过程较为复杂。在截面 z_1 上旋涡先以逆时针方向出现，这是因为流体进入孔道后具有了和孔道旋转方向（逆时针）一致的转动动能。当孔道进入相位 5♯ 时，流场中出现了一对旋转方向相反的旋涡团，但在相位 6♯ 时该旋涡团的结构尺寸发生了大的变化。结合流线和旋涡结构分布，这是因为入口射流碰到孔道壁面形成了滚流和旋流，导致截面 z_1 上的流场变化极为剧烈，这进一步解释了在孔道进

（出）口段掺混加剧的原因。

图 2-24 截面 z_3 的旋涡基本以顺时针方向为主，旋涡方向与截面 z_1 旋涡方向相反，这是因为科里奥利力（科氏力）对流体的流动过程产生了影响。根据力学基础知识可知科氏力 f_c 的表达式为 $f_c = 2m\boldsymbol{v} \times \boldsymbol{\omega}$，式中，$m$ 为质点的质量；$\boldsymbol{v}$ 为相对于转动参考系质点的运动速度矢量；$\boldsymbol{\omega}$ 为旋转体系的角速度矢量。根据向量

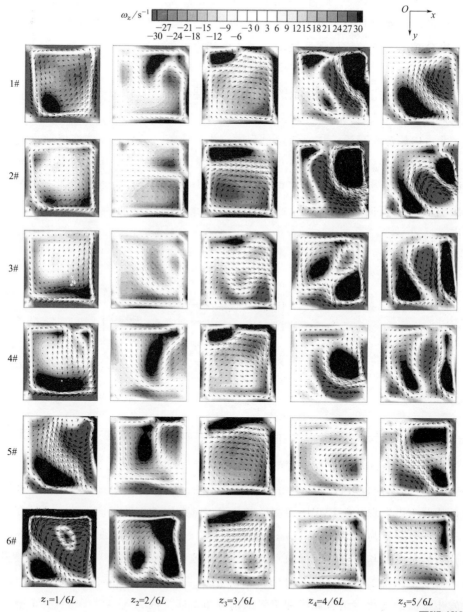

图 2-24 旋转式压力交换器孔道内部横向截面相对速度矢量和涡量分布

的叉乘知识可知，当角速度矢量 ω 具有顺时针方向旋转运动时，科氏力 f_c 的方向指向质点相对运动方向的右侧。由于旋转式压力交换器的转动部件为孔道，且旋转方向为顺时针方向，因此在孔道横截面上的相对速度流场中，流体在运动时受到指向右侧的科氏力 f_c 的作用而向右侧偏移。又由于黏性耗散作用下流体在孔道中心区域时转动动能已基本被消耗，因此在截面 z_3 上流体的流动过程基本被科氏力 f_c 所支配，进而形成了顺时针方向的旋流。在截面 z_4 上，一个逆时针方向旋涡出现在相位 2# 时刻，随着孔道相位的变化，该旋涡在科氏力的作用下涡量逐步减小，到相位 6# 时该截面的旋涡转变为顺时针方向。正是由于科氏力对孔道内流体流动过程的影响，孔道内旋流方向被强制改变，导致孔道内横向截面上的湍流强度增加，因而在孔道中心掺混区域的掺混现象变得更加严重，这正如图 2-6 的浓度分布图所示。根据以上结论，旋转式压力交换器体积混合度较大，是因为孔道内流动过程更为复杂并出现了更强的湍流强度，进而加剧了两股流体间的质量传递速率。

2.4 设备参数对孔道流场结构的影响

在旋转式压力交换器的实际运行过程中，操作参数对设备的性能有重要影响，其中进流流量 Q_{in} 和转速 n_r 对设备性能的影响最大，本节介绍这两个参数对孔道内流体分布特性、旋涡演化过程和流体掺混过程的影响。旋转式压力交换器的结构参数同样对设备性能有显著影响，本节对孔道长度 L、孔道截面形状、配流盘结构形状等结构因素对内部流场的影响作用进行详细分析。

2.4.1 进流流量的影响

为了研究进流流量 Q_{in} 对旋转式压力交换器孔道内流体的分布特性、旋涡的演化过程和流体的掺混过程的影响，设计了 5 种进流流量工况案例，如表 2-4 所示，其中转速 $n_r = 120r \cdot min^{-1}$。

表 2-4　进流流量选取方案

案例序号	1号	2号	3号	4号	5号
进流流量 $Q_{in}/m^3 \cdot h^{-1}$	2.8	3.2	3.6	4.0	4.4
孔道雷诺数 Re_D	2750	3143	3537	3930	4323

图 2-25 为进流流量与体积混合度的变化关系，从图中可发现，随着进流流量的增大，旋转式压力交换器体积混合度的变化呈现出先减小后增大的趋势，说明旋转式压力交换器在工作过程中存在最佳的进流流量工况，使得设备处于最佳工作性能。相对于进流流量为 $3.6m^3 \cdot h^{-1}$ 的工况，进流流量为 $2.8m^3 \cdot h^{-1}$ 和 $4.4m^3 \cdot h^{-1}$ 的工况的体积混合度分别增加了 2.50% 和 1.27%。由此可见，相对于较低的进流流量工况，适当提升进流流量并保持在最佳流量工况点附近，不仅能让设备在高效区间运行，还能提高设备单位时间的处理量，提升设备的工作效率。

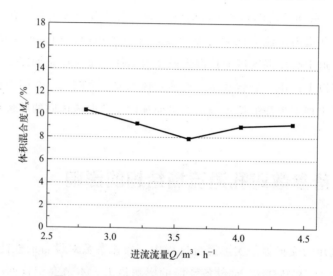

图 2-25　进流流量与体积混合度的变化关系

图 2-26 为不同进流流量工况下孔道内部旋涡结构叠加盐分浓度分布图，可进一步解释进流流量对孔道内部流场分布的影响。从图中可发现，孔道内部旋涡的演化过程具有周期重复性规律。为了描述简洁，只选取孔道相位在密封区阶段的 1♯ 和 7♯ 时刻与高压区阶段的 3♯ 和 5♯ 时刻。在不同进流流量工况下，孔道内旋涡分布结构基本相似。在孔道相位 1♯ 时刻，随进流流量增加，孔道左右两侧的旋涡结构逐渐减小，该现象在孔道左侧旋涡结构（此处旋涡处于消失阶段）的变化最明显。当孔道相位进入高压区阶段时，这个现象则在孔道右侧旋涡结构（此处旋涡处于消失阶段）的变化最明显。在孔道相位 7♯ 时刻，孔道左侧的旋涡结构（此处旋涡处于稳定阶段）则基本一致，而孔道右侧旋涡结构（此处旋涡处于消失阶段）则出现明显的减弱。以上现象说明，进流流量对于旋涡结构的影响主要集中于旋涡消失阶段，而对于旋涡形成与稳定阶段的影响较弱。

结合上一节提到的孔道内旋涡形成原因，增加进流流量可促进孔道出口处旋涡与来流的混合，从而促进旋涡能量的消散，这就是图 2-25 中体积混合度先随着进

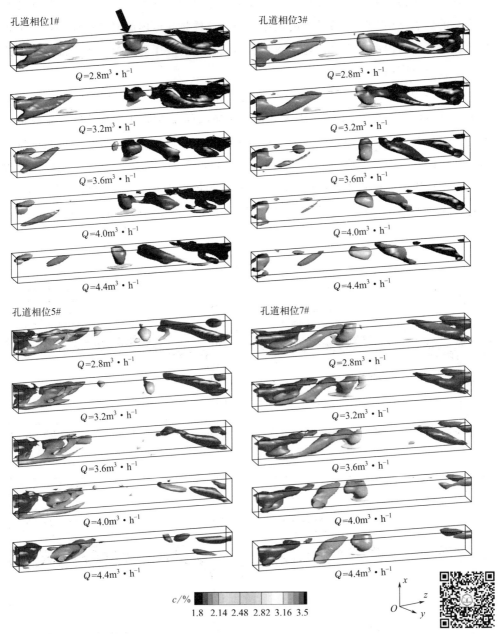

孔道相位1#

$Q=2.8\text{m}^3\cdot\text{h}^{-1}$

$Q=3.2\text{m}^3\cdot\text{h}^{-1}$

$Q=3.6\text{m}^3\cdot\text{h}^{-1}$

$Q=4.0\text{m}^3\cdot\text{h}^{-1}$

$Q=4.4\text{m}^3\cdot\text{h}^{-1}$

孔道相位3#

$Q=2.8\text{m}^3\cdot\text{h}^{-1}$

$Q=3.2\text{m}^3\cdot\text{h}^{-1}$

$Q=3.6\text{m}^3\cdot\text{h}^{-1}$

$Q=4.0\text{m}^3\cdot\text{h}^{-1}$

$Q=4.4\text{m}^3\cdot\text{h}^{-1}$

孔道相位5#

$Q=2.8\text{m}^3\cdot\text{h}^{-1}$

$Q=3.2\text{m}^3\cdot\text{h}^{-1}$

$Q=3.6\text{m}^3\cdot\text{h}^{-1}$

$Q=4.0\text{m}^3\cdot\text{h}^{-1}$

$Q=4.4\text{m}^3\cdot\text{h}^{-1}$

孔道相位7#

$Q=2.8\text{m}^3\cdot\text{h}^{-1}$

$Q=3.2\text{m}^3\cdot\text{h}^{-1}$

$Q=3.6\text{m}^3\cdot\text{h}^{-1}$

$Q=4.0\text{m}^3\cdot\text{h}^{-1}$

$Q=4.4\text{m}^3\cdot\text{h}^{-1}$

$c/\%$

1.8 2.14 2.48 2.82 3.16 3.5

图 2-26 不同进流流量工况下孔道内部旋涡结构叠加盐分浓度分布（$Q=0.03$）

流流量增大而减小的原因。但随着进流流量的增大，孔道中心区域的旋涡（箭头所示）位置向孔道出口侧不断靠近，说明流体在孔道内的进流长度增加，导致两股流体之间的掺混区域增加，从而造成体积混合度增加，如图 2-26 所示。因此在图 2-25 中，当进流流量进一步增加时，体积混合度呈现出增加趋势。结合上述分析，进流流量存在一个最佳值，在最佳值对应工况下孔道出口侧旋涡更易于消失，且保持孔道中心的旋涡结构不靠近被排出的流体区间，这样将孔道内旋涡结构保持在一个较低值，降低孔道内部的质量传递速率，从而使得旋转式压力交换器体积混合度保持在一个较低范围内。

图 2-27 为不同进流流量工况下孔道内旋流数的变化情况，从图中可看出，除了密封区阶段的 1♯ 和 7♯ 时刻中部分孔道区域因回流现象复杂而导致旋流数不一致外，多数时刻下孔道内旋流数的分布较为接近，且趋势基本一致，这说明进流流量对孔道内旋流强度的影响较弱。结合图 2-24 可进一步得知，进流流量对孔道内部旋涡结构影响更侧重于展向涡结构，这是因为展向涡在孔道入口处形成了滚流，当进流流量增加，有益于孔道出口侧的滚流耗散于来流之中，进而促进了展向涡结构的消失。

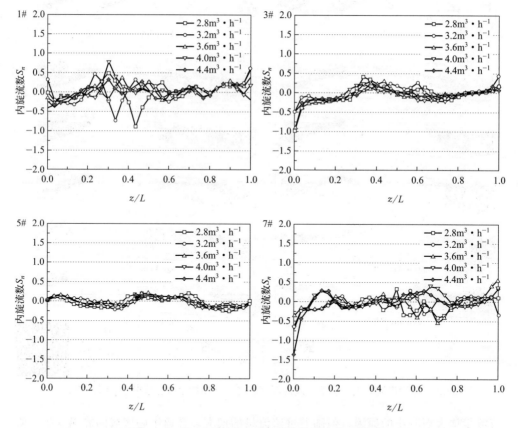

图 2-27　不同进流流量工况下孔道内旋流数的变化情况

图 2-28 为不同进流流量下孔道内部时均盐分浓度分布，从图中可发现，不同进流流量工况下的盐分浓度分布曲线较一致，仅仅在孔道进、出口两侧出现差异。

在低进流流量（2.8m³·h⁻¹）和高进流流量（4.4m³·h⁻¹）工况下，盐分浓度分布低于其他工况，进一步说明了进流流量对孔道内旋涡结构存在影响。

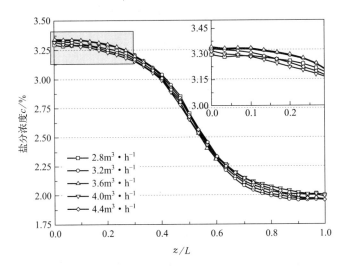

图2-28　不同进流流量工况下孔道内部时均盐分浓度分布曲线

2.4.2　转子转速的影响

为了研究转速 n_r 对旋转式压力交换器孔道内流体分布特性、旋涡演化过程和流体掺混过程的影响，设计了5种转速工况案例，如表2-5所示，其中进流流量 Q_{in} 被设定为 3.6m³·h⁻¹。

表2-5　转速选取方案

案例序号	1号	2号	3号	4号	5号
转速 n_r/r·min⁻¹	60	120	180	240	300

图2-29为转速与体积混合度的变化关系，从图中可发现，随着转速的增加，体积混合度呈现增加的趋势。当转速由 60r·min⁻¹ 上升至 120r·min⁻¹ 时，体积混合度仅仅增加了 0.17%，而转速由 120r·min⁻¹ 继续上升到 180r·min⁻¹ 时，体积混合度增加了 7.03%，相对而言增量大幅提高。由此可见，存在临界转速，当转速超过该临界值时，孔道内部的掺混速率会迅猛增加。为了进一步解释这个现象，需要对孔道内的流场分布进行研究。对比图2-25可发现，相对于进流流量参数的变化，转速的变化对体积混合度影响更为显著，因此转速因素在设计旋转式压力交换器时应被着重考虑。

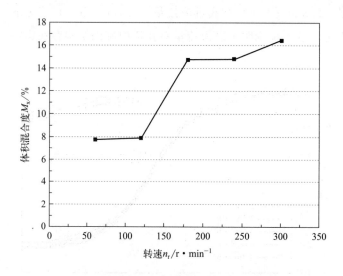

图 2-29　转速与体积混合度的变化关系

图 2-30 为不同转速工况下孔道内部旋涡结构叠加盐分浓度分布图。在低转速下，孔道左右两侧的旋涡结构不明显，但孔道中心区域的旋涡结构（实心箭头所示）依然存在。随着孔道相位的变化，低转速下旋涡的形成与消失过程十分短暂。在孔道相位 7♯时，孔道入口侧的旋涡结构明显分裂成两部分，在孔道中心区域的旋涡结构继承了大部分的能量，导致该区域存在流体扰动。因此即使在低转速下，旋转式压力交换器孔道内部依旧存在强烈的流动扰动和质量传递，导致设备在回收压力能的过程中不可避免存在浓度掺混现象。若想降低孔道内流体间的掺混现象，需要抑制孔道内旋涡的形成过程，从而降低孔道内的流体扰动和质量传递速率。

从图 2-30 中可发现，升高转速，孔道内旋涡结构明显增大。当转速为 $240r \cdot min^{-1}$ 和 $300r \cdot min^{-1}$ 时，旋涡结构几乎占据整根孔道流域。随转速的增加，根据科氏力 $f_c = 2mv\omega$ 可知，转速的增加会导致科氏力增加，因此科氏力对孔道内流体流动的影响大幅增加。在孔道中心区域，由科氏力而形成旋涡结构（空心箭头所示）显著扩大，旋涡强度明显增加。而在孔道入口侧，滚流和旋流的增加也导致了该区域旋涡强度增加。又由于转速的增加，在一个工作周期下通过孔道的流量会降低。结合前一节进流流量对孔道出口处旋涡结构的消失有促进作用，因此孔道内流量的降低不利于孔道出口处旋涡的消失，从而导致在高转速下，孔道出口处的旋涡强度没有明显减弱。在孔道进、出口旋涡和孔道中心区域旋涡共同作用下，不同旋涡之间会形成强烈的剪切效应，导致孔道内湍流强度和掺混程度增大。从盐分浓度分布图（图 2-30）可看出，高转速下孔道两侧流体的浓度相对于低转速已经发生明显变化，这也证明了孔道内已经发生剧烈的掺混现象。

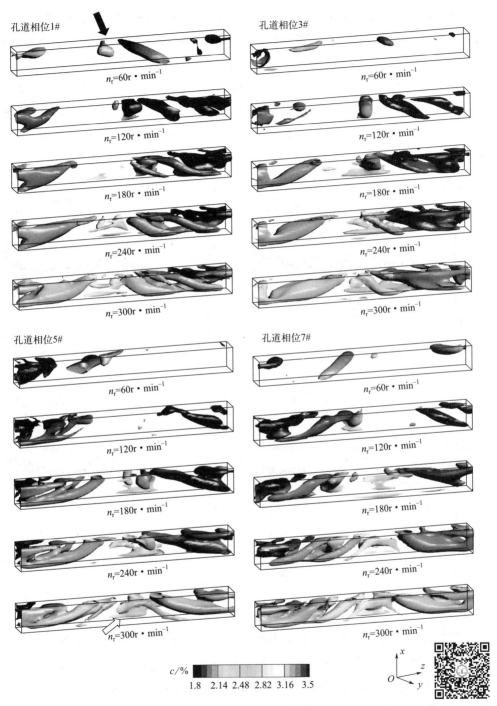

孔道相位1#

$n_r=60r \cdot min^{-1}$

$n_r=120r \cdot min^{-1}$

$n_r=180r \cdot min^{-1}$

$n_r=240r \cdot min^{-1}$

$n_r=300r \cdot min^{-1}$

孔道相位3#

$n_r=60r \cdot min^{-1}$

$n_r=120r \cdot min^{-1}$

$n_r=180r \cdot min^{-1}$

$n_r=240r \cdot min^{-1}$

$n_r=300r \cdot min^{-1}$

孔道相位5#

$n_r=60r \cdot min^{-1}$

$n_r=120r \cdot min^{-1}$

$n_r=180r \cdot min^{-1}$

$n_r=240r \cdot min^{-1}$

$n_r=300r \cdot min^{-1}$

孔道相位7#

$n_r=60r \cdot min^{-1}$

$n_r=120r \cdot min^{-1}$

$n_r=180r \cdot min^{-1}$

$n_r=240r \cdot min^{-1}$

$n_r=300r \cdot min^{-1}$

$c/\%$

1.8 2.14 2.48 2.82 3.16 3.5

图 2-30 不同转速工况下孔道内部旋涡结构叠加盐分浓度分布（$Q = 0.03$）

图 2-31 为不同转速下孔道内旋流数的变化。在图中任意孔道相位时刻下，由于科氏力随转速的增加而加大，高转速工况下孔道中心区域的旋流强度明显增加。科氏力形成的旋流方向与孔道进、出口侧的旋流方向相反，因此在图中旋流数出现正负号交替的孔道区域内必然存在强烈的剪切作用，从而造成强烈的湍流强度。需指出的是，在密封区阶段（孔道相位 1♯ 和 7♯ 时刻），高转速工况孔道中心区域的旋流强度显著增加，导致两股流体接触面的扰动增加。相比低转速工况，高转速造成密封区阶段有更高的质量传递速率。此外，过高转速将导致更大噪声，因此需避免在过高转速下工作。

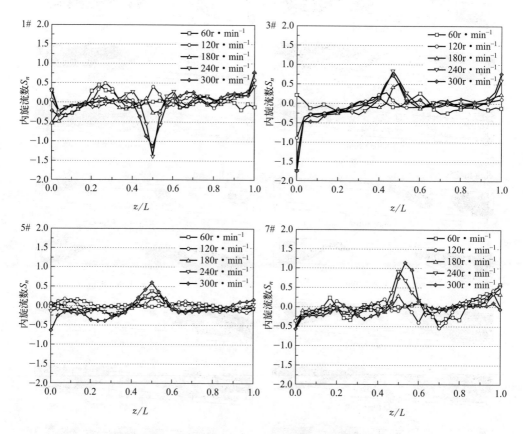

图 2-31　不同转速工况下孔道内旋流数的变化情况

图 2-32 为不同转速工况下孔道内时均盐分浓度分布。随转速的增加，在孔道左（浓盐水侧）、右（海水侧）两侧区域的盐分浓度分布曲线分别呈现明显的下降和上升趋势，这说明旋流强度增加会导致孔道内流体间的掺混加剧。在低转速工况下，60r·min^{-1} 和 120r·min^{-1} 转速下的盐分浓度分布出现一定差异：在 60r·min^{-1} 转速工况下，孔道中心区域浓度梯度要小于 120r·min^{-1} 转速工况，这说明在

60r·min⁻¹转速工况下孔道内掺混区域更大，这一现象在图 2-33 所示的孔道内盐分浓度分布云图中可更直观看出。形成这个现象的原因是：在较低转速工况下，旋转式压力交换器完成一个工作周期的时间相对增加，因此孔道相位在各个阶段的时间增加，两股流体之间接触时间也会延长，进而导致两股流体的掺混程度上升。此外在较低转速工况下，孔道在一个工作周期内的相对进流流量也会增大，导致流体在孔道内的进流长度相对增加，这也会造成两股流体的掺混程度上升。需要指出的是，虽然 60r·min⁻¹ 转速工况下孔道内的掺混区域和两股流体的掺混程度要高于 120r·min⁻¹ 工况，但是该工况下掺混区的流体没有被排出孔道外，故旋转式压力交换器的体积混合度依然保持着一个相对较低的数值。

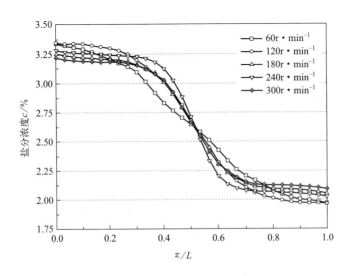

图 2-32　不同转速工况下孔道内部时均盐分浓度分布曲线

　　根据以上分析可知，在进流流量一定时，旋转式压力交换器应保持在合理的转速范围内，既要避免出现过高的转速而导致体积混合度急剧增加，又要避免转速过低而造成孔道内掺混区域扩大。因此旋转式压力交换器存在最佳的转速工况点，以保证设备运行在高效区间，提升设备处理量和工作效率。

2.4.3　孔道长度的影响

　　为了研究孔道长度 L 对孔道内流体分布特性、旋涡的演化过程和流体掺混过程的影响，设计了 4 种孔道长度案例，如表 2-6 所示，设定 $L_0 = 265\text{mm}$ 为基准孔道长度，转速 n_r 和进流流量 Q_{in} 分别被设定为 120r·min⁻¹ 和 3.6m³·h⁻¹。

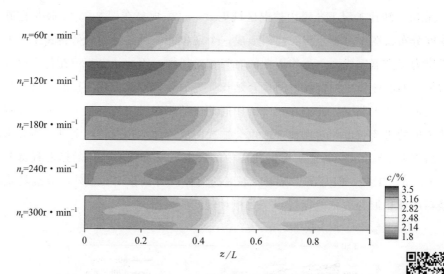

图 2-33 不同转速工况下盐分浓度分布云图（截面 b，$y=0$）

表 2-6 孔道长度选取方案

案例序号	1 号	2 号	3 号	4 号
孔道长度 L_0/mm	238.5	265	291.5	318
无量纲长度 L/L_0	0.9	1.0	1.1	1.2

图 2-34 为孔道长度与体积混合度的变化关系，从图中可发现，随着孔道长度的增加，旋转式压力交换器的体积混合度呈现出单调递减的变化趋势。当孔道长度由 $0.9L_0$ 增加到 $1.1L_0$ 时，设备的体积混合度下降趋势明显；当孔道长度进一步增加到 $1.2L_0$ 时，设备的体积混合度下降趋势减弱。

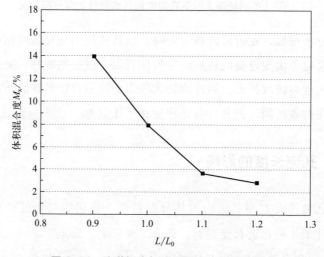

图 2-34 孔道长度与体积混合度的变化关系

图 2-35 和图 2-36 分别给出了不同孔道长度下孔道内部旋涡结构和时均盐分浓度分布图。从图 2-35 中可发现，当孔道长度为 $0.9L_0$ 时，在孔道相位 3# 时刻孔道左侧的旋涡已经与孔道中心处的旋涡相接触，这会导致该区域流体湍流强度大幅增加。该孔道长度工况在孔道相位 1# 和 7# 时刻，孔道中心区域的旋涡相对于其他孔道长度工况下更靠近孔道的出口侧，这会导致孔道下游区域的流体扰动大幅增加。从图中还可发现，孔道长度为 $0.9L_0$ 工况下的孔道中心区域已经出现了明显的浓度掺混现象，这一现象也可在图 2-36 所示的盐分浓度分布曲线中看出。随孔道长度逐渐增加，孔道左、右两侧旋涡结构基本没有发生变化，但这些旋涡彼此之间的距离随之增加，因此两者相互作用也随之减弱，这说明孔道两侧的"入口效应"与孔道长度 L 没有关系。

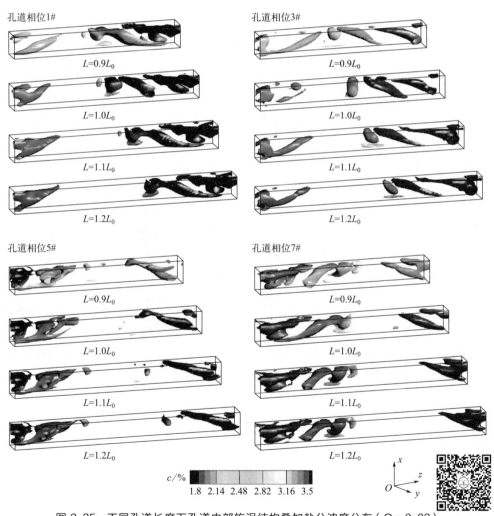

图 2-35　不同孔道长度下孔道内部旋涡结构叠加盐分浓度分布（$Q = 0.03$）

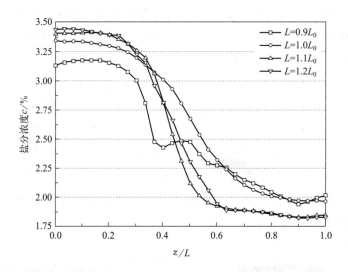

图 2-36　不同孔道长度下孔道内部时均盐分浓度分布曲线

从图 2-36 中孔道内部时均盐分浓度分布曲线可推测出，孔道长度为 $0.9L_0$ 工况下的盐分浓度分布曲线在孔道中心区域显示出高、低盐分的流体互相侵入的形式，这种形式说明该区域的掺混现象非常严重，孔道长度为 $0.9L_0$ 的结构参数已经不适用于本旋转式压力交换器的工作过程，因此在设备的结构设计和选型时应避免选择过短的孔道长度。图中孔道长度的增加使得孔道左、右两侧的掺混现象显著减少，当孔道长度由 $1.1L_0$ 增加到 $1.2L_0$ 时，设备的体积混合度并没有大幅降低。为了解释这个现象，需要对孔道内部旋流的发展过程进行分析。

图 2-37 为不同孔道长度下孔道内旋流数的变化，从相位 3♯ 和 5♯ 时刻可发现，在孔道左、右两侧旋流数分布情况基本一致，再次说明孔道"入口效应"与孔道长度没有关系。但孔道长度对孔道中心区域旋流数有着较大影响：随着孔道长度的增加，因科氏力而形成的旋流的流体长度明显增加。形成该现象是因为当进流流量和转速一定时，"入口效应"在孔道左、右两侧影响区域也是一定的，因此当孔道长度进一步增加时，"入口效应"对于孔道中心区域的影响作用不断减弱，而此时科氏力的影响作用则不断体现，造成在较长孔道长度时孔道内因科氏力而形成的旋流的流体长度增加。

图 2-38 为不同孔道长度下的盐分浓度云图，从图中可清晰地看到孔道中心区域的流体掺混区域（线框圈出）明显增大。正是因为这个原因，导致孔道长度由 $1.1L_0$ 增加到 $1.2L_0$ 时，设备的体积混合度并没有出现大幅的降低。若孔道长度继续增加，会导致设备的轴向尺寸变长，设备整体尺寸也会因此增加不少，牺牲设备紧凑性。

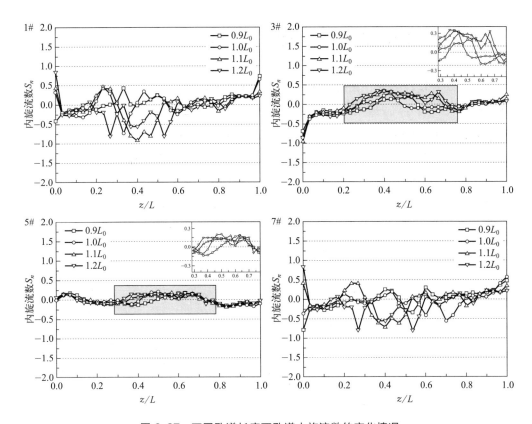

图 2-37　不同孔道长度下孔道内旋流数的变化情况

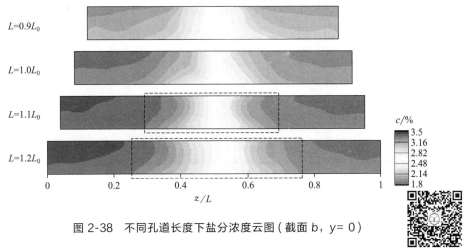

图 2-38　不同孔道长度下盐分浓度云图（截面 b，y= 0）

　　结合上述分析，孔道长度在选取时应充分考虑旋转式压力交换器的进流流量和转速，避免选择过短的孔道长度而导致"入口效应"直接影响孔道中心区域的流体流动，也要避免选择过长的孔道长度而造成科氏力对内部流场的影响。

2.4.4 孔道截面形状的影响

由于缺少设计标准，在旋转式压力交换器的研究中有不少学者针对孔道截面形状进行了优化设计，如圆形孔道、矩形孔道、扇形孔道、橘瓣形孔道以及其他各种形状等，甚至有些研究者为了使转子拥有更大的进流面积，还对孔道的排列方式进行了考察，如径向双层孔道和周向孔道加密的排列方式，但因为各自的结构参数和适应工况等的不同而得到的结论各异。为了研究孔道截面形状以及排列方式对孔道内流体分布特性、旋涡演化过程和流体掺混过程的影响，设计了两种孔道截面形状方案，如图 2-39 所示，考察了孔道截面长径比以及孔道的排列方式对流场的影响。转速 n_r 和进流流量 Q_{in} 分别被设定为 120r·min^{-1} 和 3.6m^3·h^{-1}。

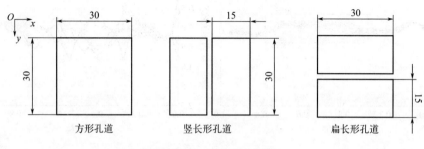

图 2-39 孔道截面形状

表 2-7 显示了不同孔道截面形状对应的体积混合度，可发现孔道截面的形状对设备的体积混合度有重要影响，竖长形孔道方案的体积混合度最低。为了进一步解释孔道截面形状对内部流场的影响作用，需要对孔道内的流场进行详细研究。

表 2-7 不同孔道截面形状的体积混合度

模型方案	方形孔道	竖长形孔道	扁长形孔道
体积混合度 M_x/%	7.89	4.77	5.84

图 2-40 为不同孔道截面形状下孔道内部旋涡结构叠加盐分浓度分布图。从图中可发现，竖长形和扁长形孔道出口处（右侧）的旋涡结构出现了明显的减弱现象，这说明改变孔道截面长径比的影响主要集中于旋涡的消失阶段。这是因为在这两组被考察的方案中各根孔道的实际流通面积仅为方形孔道的一半，因此各根孔道的实际进流流量也缩减一半。结合前面分析，在孔道长度不变的条件下适当减小进流流量能促进孔道出口处旋涡与来流的混合，从而减弱该区域旋涡结构。

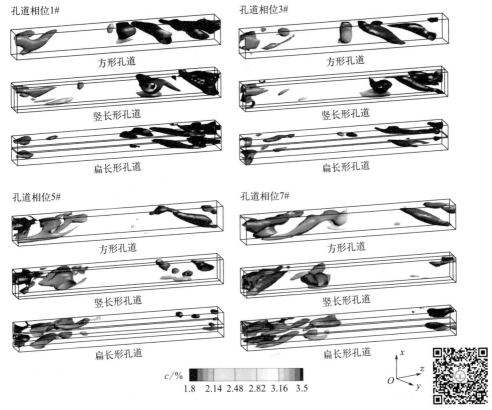

图 2-40　不同孔道截面形状下孔道内部旋涡结构叠加盐分浓度分布（$Q = 0.03$）

在图 2-40 中，两种孔道截面方案（竖长形和扁长形）在孔道进口处（左侧）的旋涡结构则呈现出较大的差异：竖长形孔道方案中的旋涡结构与方形孔道方案的展向涡结构在各个孔道相位时刻基本相似，滚流现象并没有因为孔道截面尺寸在周向方向的缩小而减弱，但在孔道相位 7# 时刻流向涡得到了一定的抑制，说明旋流现象被削弱；扁长形孔道方案中的滚流现象则被大幅度减弱，取而代之的是以因旋流而形成的流向涡为主导，且旋涡结构尺寸相对于方形孔道方案也大幅减小。由上述分析可知，由于孔道内旋涡结构的变化而使得两种截面方案的体积混合度相对于方形孔道方案而降低，这一点也能在图 2-41 的盐分浓度分布曲线中看出。相对于竖长形孔道方案，扁长形孔道的中心区域在孔道相位 1# 时刻出现了明显的旋涡，这也导致了图 2-41 的盐分浓度分布曲线在孔道左、右两侧分别呈现出一定的下降和上升，最终造成该方案的体积混合度的降低幅度相对较小。由于两种孔道截面方案均不能有效抑制孔道的"入口效应"以及孔道内部旋涡结构的形成，因此可推测，进一步改变孔道截面的长径比对孔道内流体分布特性、旋涡的演化过程和流体掺混过程的影响作用有限。

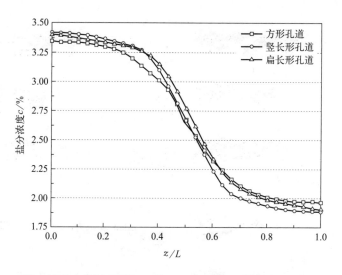

图 2-41 不同孔道截面形状下孔道内部盐分浓度分布曲线

2.4.5 配流盘结构形状的影响

在旋转式压力交换器的结构设计中，配流盘结构设计是一个关键环节，它的结构和形式对设备的整体性能起着至关重要的作用。为了使流体在配流盘和孔道之间进出的流动过程更为通畅，配流盘进口与孔道之间会设置有高、低压流体通道的结构，采用这种结构设计还能使配流盘具有更大的进流面积和流通时间。许多学者对配流盘的结构进行了优化设计，主要集中于对高、低压流体通道的结构形式、内部斜度、端面密封结构以及进口管道位置等，发现这些结构的变化对旋转式压力交换器的性能指标有着重要影响。由于在该研究领域一直缺乏对设备内部流场的详细分析，这些研究并没有指出配流盘结构对设备内部流体流动过程的影响机理，因此在本节中对这一问题展开研究分析。

如图 2-42 所示，原始配流盘的进、出口管道采取居中布置，这种结构有利于流体在转子孔道内的受力均匀分布，使设备在高转速时保持较好的稳定性，但使得转子内流体在各根孔道中的分布不均匀。如图 2-43 所示，当孔道在高、低压流体通道两侧时孔道内的流量较小，而孔道在流体通道中心区域时孔道内的流量最大，使得流体在一个工作阶段（如高压区阶段）内的流速呈现先增大后减小趋势，这可能会导致孔道内的流体扰动加剧，进而造成设备有较高的体积混合度。为解决该问题，将配流盘的进、出口管道位置进行错位布置，使得配流盘所覆盖孔道内的流量基本接近，避免孔道内进流流量出现较大波动。转速 n_r 和进流流量 Q_{in} 分别被设

定为 $120r \cdot min^{-1}$ 和 $3.6m^3 \cdot h^{-1}$。

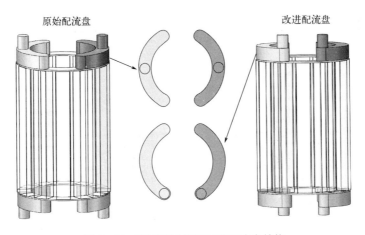

图 2-42 原始配流盘和改进配流盘结构

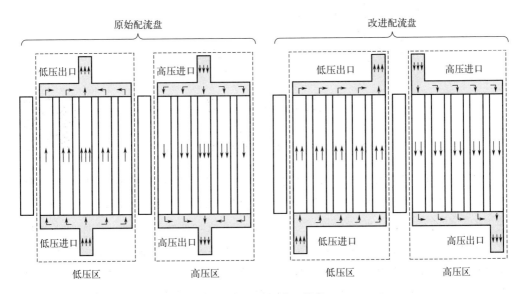

图 2-43 流量分配特性

表 2-8 为两种配流盘方案下的体积混合度，采用改进配流盘结构方案的体积混合度相对更小。图 2-44 为两种配流盘方案下旋转式压力交换器内部孔道流线图，从图中可清晰地发现，采用原始配流盘方案时，配流盘所分配的流体流量主要集中在高（低）压流体通道所覆盖的中间孔道，而采用改进配流盘方案时，设备孔道内的流体流量分布出现明显改观，配流盘高（低）压流体通道所覆盖孔道内的流体流量基本一致，这一点符合图 2-43 中所设计的流量分配情况。

表 2-8　不同配流盘方案的体积混合度

模型方案	原始配流盘结构	改进配流盘结构
体积混合度 M_x/%	7.89	6.63

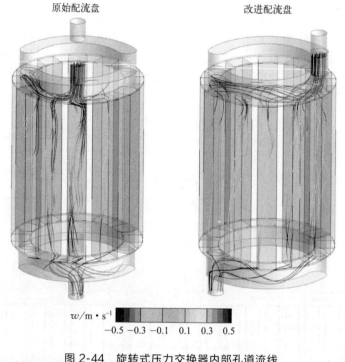

原始配流盘　　　　　　　　　　改进配流盘

w/m·s^{-1}

−0.5 −0.3 −0.1 0.1 0.3 0.5

图 2-44　旋转式压力交换器内部孔道流线

　　图 2-45 为旋转式压力交换器单根孔道出口流量与盐分浓度随时间的变化。从图 2-45(a) 中可看出，改进配流盘方案的流量曲线的尖峰明显被削减，当孔道完全进入配流盘的高（低）压流体通道后，孔道内的流量曲线呈现出一个相对平稳区域，再次说明改进配流盘的结构方案能实现图 2-43 中所示的流量分布，从而保证孔道在一个工作阶段内实现较稳定的进流流量。在图 2-45(a) 中还可发现，在改进配流盘方案中，当孔道进入下一个工作阶段或离开本工作阶段时，孔道内的流量曲线变得更加陡峭，这可能会导致孔道的"入口效应"相对于原始配流盘方案有所增加，这一点会在下文进行分析。在图 2-45(b) 的盐分浓度曲线中，由于改进配流盘方案在一个工作阶段能保持相对稳定进流流量，孔道出口处能保持一段相对恒定的盐分浓度，盐分浓度的下降相对于原始配流盘方案变得更加缓慢，有利于降低设备的体积混合度。

　　图 2-46 所示为不同配流盘方案下旋转式压力交换器孔道内部旋涡结构叠加盐分浓度分布图。在改进配流盘方案下，孔道左、右两侧的旋涡结构尺寸有所缩小，

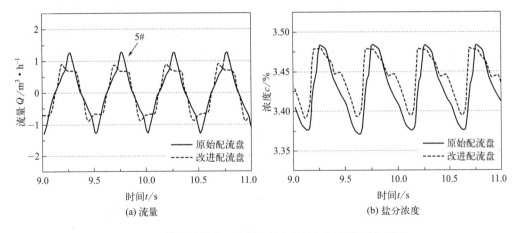

图 2-45　单根孔道出口流量、盐分浓度与时间的变化关系

但旋涡结构以及演化过程基本一致，说明改进配流盘方案并不能对"入口效应"现象起到有效的抑制作用。在孔道中心区域，改进配流盘方案也出现了旋涡，其尺寸也略有缩小。结合表2-8中体积混合度的结果，改进配流盘方案能有效地降低设备的体积混合度，并且能实现相对稳定的进流流量的入口条件，从而促进孔道内旋涡的结构尺寸缩小。但是需要指出的是，改进配流盘方案在孔道相位5♯时刻孔道入口处的流向涡（箭头所示）变得更加明显，结合图2-45(a)中流量曲线在孔道相位5♯时刻变得陡峭的现象，可分析得知这与进流流量的快速变换有关。

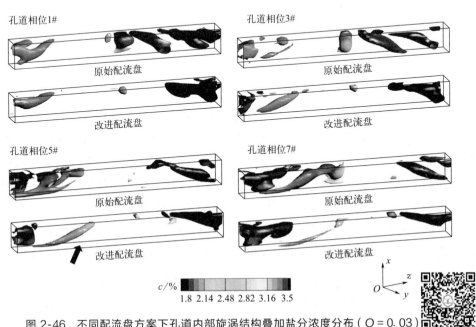

图 2-46　不同配流盘方案下孔道内部旋涡结构叠加盐分浓度分布（$Q = 0.03$）

从图 2-46 整体来看，改进配流盘方案并不会显著改变孔道内旋涡的形成与演化过程。因此，两种方案的盐分浓度分布曲线趋势非常接近，如图 2-47 所示。虽然改进配流盘方案并不能有效抑制孔道内旋涡的形成过程，但能够有效地改善孔道内进流流体的分配情况，降低孔道内流量波动，从而保证旋转式压力交换器在高速运转的工况下保持稳定运行。

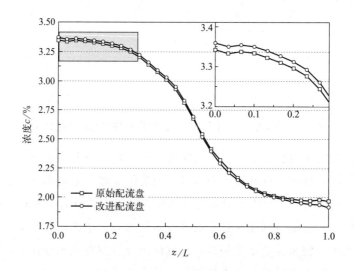

图 2-47　不同配流盘方案下孔道内部时均盐分浓度分布曲线

2.5　本章小结

本章介绍了旋转式压力交换器（RPE）的结构和工作原理，建立了三维数值计算模型，对孔道内部流体掺混、流线、流型、旋涡、旋流等流动特性开展了深入分析，并研究了进流流量、转子转速、孔道长度、孔道截面形状以及配流盘结构形状对旋转式压力交换器孔道内流体分布特性、旋涡演化过程和流体掺混过程的影响。

揭示了旋转式压力交换器孔道内部流体流动机理如下。

a. 由于配流盘与孔道之间的相对旋转运动，在孔道内部流场出现了"入口效应"现象，即孔道入口处存在回流现象和强烈的涡旋运动。"入口效应"导致流体在流动过程中的扰动和对流扩散率增加，造成孔道内部掺混现象。

b. 孔道内部流动由滚流和旋流构成，在孔道的进、出口区域以滚流为主并伴随旋流，而在孔道中心区域因为科氏力作用，旋流方向发生改变，导致该区域的流体扰动急剧增加，造成掺混加剧。孔道内滚流和旋流伴随着流向涡和展向涡结构的形成，旋涡结构会随着孔道相位变化而发生周期性形成、发展、稳定和消失的演化过程。

c. 提出了一种全新的延伸角进流结构，发现掺混性能与流型有紧密联系。采用延伸进流角后的 RPE 装置可有效消除由孔道瞬间启闭所产生的非理想流动，其中 ±30° 情形具有最小的体积掺混率，相比无延伸角的传统 RPE 结构掺混率降低约 16.05%。当振荡雷诺数约为 178 时，体积掺混率降为最低。

获得了操作参数和结构因素对流场结构的影响规律如下。

a. 进流流量 Q_{in} 对孔道内旋涡的影响主要集中在旋涡的消失阶段，且更侧重于对展向涡结构的影响，而对流向涡的影响相对较弱。当孔道转速恒定时，旋转式压力交换器存在一个最佳的进流流量工况，在这个最佳工况下孔道内的旋涡和流体扰动最小，并使得设备的体积混合度处于一个较低的范围内。

b. 孔道转速 n_r 对孔道内部旋涡的形成与演化过程有重要影响。随着孔道转速 n_r 的逐渐增加，孔道左、右两侧的"入口效应"变得更加显著，孔道中心区域因科氏力而形成的旋流现象也变得更加明显，最终导致旋涡充满了整根孔道，造成剧烈掺混。旋转式压力交换器应保持在合理的转速范围内，既要避免出现过高的孔道转速而导致设备的体积混合度急剧增加，又要避免转速过低而造成孔道内掺混区域的扩大。

c. 孔道长度 L 对孔道中心区域的旋流有一定的影响，但对孔道左、右两侧旋涡的形成与演化过程基本没有影响。随着孔道长度的增加，"入口效应"对于孔道中心区域流场结构的影响作用不断减弱而科氏力影响逐渐增加，设备的体积混合度不断降低但下降趋势逐渐变小。过长的孔道不利于设备的加工及安装过程，还会导致设备的运行稳定性变差，因此在设备的结构设计时需要权衡利弊。

d. 孔道截面形状对孔道内部的流场有着重要影响，竖长形和扁长形孔道截面方案均能够有效降低设备的体积混合度。两种孔道截面方案均能够促使旋涡在消失阶段的结构显著变小，但竖长形孔道截面方案对旋涡形成阶段的影响较弱，而扁长形孔道截面方案则使得入口处的旋涡变得更加破碎，造成的掺混现象相对于竖长形孔道截面方案有所增加。

e. 采用进、出口管道错位布置的改进配流盘结构，可有效地改善孔道内进流流体的分配情况，并将孔道内进流流量的变化控制在一个相对平稳的过程，避免孔道内出现较大的流量波动，从而实现设备在高速运转工况下的稳定运行，并且可降低设备的体积混合度。

参 考 文 献

［1］ 刘凯. 旋转型压力能回收设备内部流场可视化实验及流动机理研究［D］. 西安：西安交通大学，2018.

［2］ Liu K，Deng J Q，Ye F H. Numerical simulation of flow structures in a rotary type energy recovery device［J］. Desalination，2019，449：101-110.

［3］ 曹峥. 余压回收技术的跨系统应用分析与模拟研究［D］. 西安：西安交通大学，2018.

［4］ Cao Z，Deng J Q，Yuan W J，et al. Integration of CFD and RTD analysis in flow pattern and mixing behavior of rotary pressure exchanger with extended angle［J］. Desalination and Water Treatment，2016，57（33）：15265-15275.

3

旋转式压力交换器自驱性能

    旋转式压力交换器按驱动方式分为外驱型和自驱型，外驱型由电机提供动力，自驱型旋转式压力交换器（self-driven rotary pressure exchanger，SD-RPE）运行无需外界输入动力，通过对进流端盖的特殊设计，转子受到连续进流流体冲击作用，实现装置的连续运行和高、低压流体间压力能的交换。SD-RPE 具有结构简单、压力交换效率高、产品品质高、流体介质成分要求低等优点。本章介绍 SD-RPE 的结构和工作原理，建立数值计算模型，分析设备工作性能，研究结构和操作参数对设备性能的影响。

3.1 SD-RPE 的结构与工作原理

    SD-RPE 主要部件为转子、带有螺旋通道的端盖、套筒。套筒与转子之间充满流体，形成水力轴承，对转子旋转提供支承，而对转子材料则要求其水润滑性好、耐磨性高，在转子和端盖之间为使得泄漏维持在较低水平，其间的间隙需保持在微量范围内，其工作原理如图 3-1 所示。装置运行时，转子上一部分孔道连接高压盐水端盖通道，此时高压盐水流进这部分孔道，孔道内的低压海水被增压，同时在高压盐水的推动下，排出孔道，即增压过程。同时，另一部分孔道连接原料海水端盖通道，原料海水流进这部分孔道，孔道内做功后的泄压盐水被原料海水推出孔道，即泄压过程。在转子的高速旋转下，孔道交替经过高压区-密封区-低压区三个区域，实现流体连续压力交换过程。

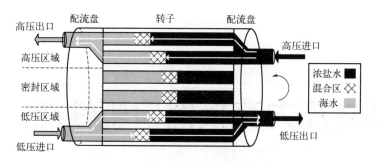

图 3-1　自驱型旋转式压力交换器工作原理

SD-RPE 三维结构如图 3-2 所示，该装置由转子、端盖、套筒、进出流管道以及中轴等部件组成，端盖与套筒以法兰连接。沿转子中心线，设置不锈钢中轴，中轴与转子固定粘接，以保证转子旋转过程中保持较好的对中度以及实现转子径向定位，防止发生偏心旋转造成转子与筒体或端盖直接接触产生磨损。轴端与端盖中心孔沿径向保持较小的间隙，可自由旋转，之间无摩擦。

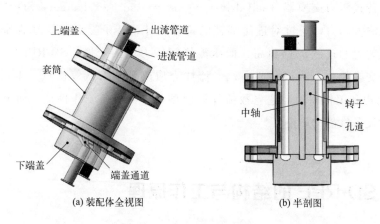

(a) 装配体全视图　　　　　　　　(b) 半剖图

图 3-2　SD-RPE 三维结构

端盖三维结构如图 3-3 所示，端盖进、出流通道结构相同，由两部分组成，分别为直流通道和螺旋楔形通道。进流流体沿端盖螺旋楔形通道流动，以一定倾角进入孔道，流体切向速度增大，增加推动转子旋转的切向力矩，使得转子保持高速运动。

图 3-4 所示为转子三维结构，转子为圆柱形，在端面沿圆周开有圆形贯通孔道，在套筒内受流体驱动高速旋转，使高、低压流体在孔道内实现持续的压力交换。两股流体直接接触，导致流股间发生掺混，但在掺混区会形成液柱活塞，阻隔

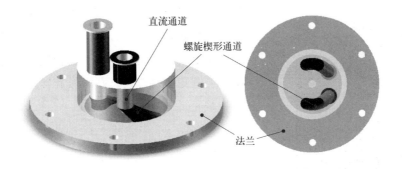

图 3-3　端盖三维结构

流股间混合，保证高压出口新鲜海水品质。转子外面中间部分直径比两端略小，目的是减小转子与套筒之间的接触面积，从而减小转子转动过程中与套筒之间的摩擦，有利于转子自行启动。

图 3-4　转子三维结构

3.2　数值计算模型

(1) 物理模型

　　SD-RPE 工作过程中，转子高速旋转，转子孔道内的液体在围绕其中心轴线做高速圆周运动的同时，也通过直接接触完成了高、低压液体间的能量交换回收的过程。构建 SD-RPE 的几何物理模型时，对转子流动区域进行简化，忽略转子与套筒间隙之间的流通区域，在转子高速旋转时，外部液体可作为相对静止处理。SD-

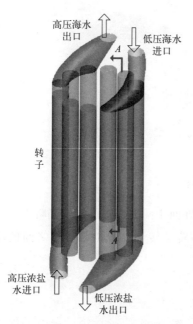

图 3-5 SD-RPE 几何物理模型

RPE 几何模型如图 3-5 所示，模型包络区域为流体流动区域，主要包含两部分，分别为端盖通道和转子孔道。端盖通道作为流体进出设备的通道，与孔道直接连通。孔道做旋转运动，端盖则保持静止。

建立图 3-5 中沿转子孔道圆心所在圆周所构成的圆柱面，并沿 A-A 方向展开，如图 3-6 所示。端盖通道展开呈梯形，类似于空间螺旋曲面投影到平面的二维图形，从图中可知，端盖通道关键尺寸有进出口直径 d_i、螺旋升角 α、进出口错角 θ、垂直高度 H、底面中心线弧度 β；此时，端盖通道前端面为螺旋弧面，弧面中线为螺旋线，螺旋升角为其螺旋角度，其对流体流向变化有重要作用；进出口错角为通道沿竖直方向两端面之间的交错角。

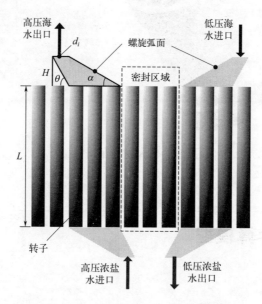

图 3-6 SD-RPE 沿 A-A 方向展开的截面

从俯视视角建立端盖通道与转子位置关系的投影图，如图 3-7 所示。通道与转子交界面（黑色区域）为弧形环面，中心线沿孔道中心线圆周分布，可用覆盖孔道个数 n、底面中心线弧度 β 和交界面中心线弧长 l，表示其与转子的尺寸关系。而转子的关键结构参数有：转子半径 R，孔道直径 d，转子长度 L，孔道个数 N。

SD-RPE 结构参数及参数间关系如表 3-1 所示。

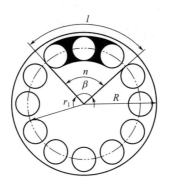

图 3-7　转子俯视图

表 3-1　SD-RPE 结构参数表

部件	参数	结构	参数关系
端盖通道	α	螺旋升角	
	l	交界面中心线弧长	$l = R\beta$
	θ	进出口错角	$\theta = \arctan[(6l\tan\alpha)/(R\pi)]$
	n	覆盖孔道个数	
	β	底面中心线弧度	$\beta = 2\pi n/N$
转子	H	垂直高度	$H = l\tan\alpha$
	R	转子半径	
	d	孔道直径	
	L	转子长度	
	N	孔道个数	

采用 Solidworks 软件对 SD-RPE 几何建模，采用 ICEM CFD 软件进行网格划分和边界设置，采用 ANSYS FLUENT 软件进行模型计算，选择非稳态模型，运用 k-ε 模型湍流方程、组分输运方程和动网格技术，计算得到转子转速变化特性曲线、内部速度分布云图、内部浓度分布云图、高压出口浓度变化曲线和压力能交换效率等数据，利用停留时间分布分析和频谱分析等手段对计算结果进行分析，开展以下研究。

a. 自驱动研究：通过观察转子转速变化特性曲线，确定装置启动时间和稳定转速，对装置部件运动机制进行分析，总结装置自驱动规律。

b. 混合过程研究：分析高压出口浓度变化特性，研究高压出口浓度变化的频域特性，并据此探寻转子孔道内部混合过程与转子转动的关系，并观察分析不同时刻的内部浓度分布云图，探究高、低压流体混合区的运动规律，分析混合区盐分扩散与流型的关系，确定影响混合过程的因素变量。

c. 压力交换过程研究：观察装置高、低压进、出口压力变化曲线，分析各进、出口压力变化规律，研究装置内部部件之间的动静干涉，并通过频谱分析等手段，分析压力脉动规律，以及压力脉动与压力交换过程中能量损耗的关系。

SD-RPE 几何物理模型如图 3-5 所示，结构尺寸如表 3-2 所示。

表 3-2　模型结构参数尺寸表

部件	结构参数	参数值
端盖通道	螺旋升角 $\alpha/(°)$	30
	覆盖孔道个数 n	3
转子	转子半径 R/mm	45
	孔道直径 d/mm	15
	转子长度 L/mm	150
	孔道个数 N	12

本文 SD-RPE 试验装置采用有机玻璃作为转子材料，有机玻璃密度小，耐磨性好，具有自润滑性能，有利于转子在旋转过程中形成液膜，减小摩擦，有助于转子自启动的实现。有机玻璃转子密度 $\rho = 1.18 \times 10^{-8} \, kg \cdot m^{-3}$，质量 $m = 0.751kg$，质量特性如表 3-3 所示。

表 3-3　转子质量特性　　　　　　　　　　　　　单位：$kg \cdot m^{-2}$

X 方向惯性矩	Y 方向惯性矩	Z 方向惯性矩
1742.40×10^{-6}	1742.40×10^{-6}	669.75×10^{-6}

（2）控制方程

① 质量守恒方程

$$\frac{\partial \rho}{\partial t} + \frac{\partial(\rho u)}{\partial x} + \frac{\partial(\rho v)}{\partial y} + \frac{\partial(\rho w)}{\partial z} = 0 \tag{3-1}$$

引入矢量符号 $\mathbf{div}(\boldsymbol{a}) = \partial a_x/\partial x + \partial a_y/\partial y + \partial a_z/\partial z$，式(3-1) 写成：

$$\frac{\partial \rho}{\partial t} + \mathbf{div}(\rho \vec{u}) = 0 \tag{3-2}$$

式(3-1) 和式(3-2) 中，ρ 为密度；t 为时间；$\vec{u}$ 为速度矢量；u、v、w 为速度矢量 $\vec{u}$ 在 x、y、z 三个方向的分量。

本章研究的流体是不可压缩流体，密度 ρ 是常数，则式(3-1) 可变为：

$$\frac{\partial u}{\partial x} + \frac{\partial v}{\partial y} + \frac{\partial w}{\partial z} = 0 \tag{3-3}$$

② 动量守恒方程

$$\begin{cases} \dfrac{\partial(\rho u)}{\partial t}+\mathbf{div}(\rho uu)=-\dfrac{\partial p}{\partial x}+\dfrac{\partial \tau_{xx}}{\partial x}+\dfrac{\partial \tau_{yx}}{\partial y}+\dfrac{\partial \tau_{zx}}{\partial z}+F_x \\[3mm] \dfrac{\partial(\rho v)}{\partial t}+\mathbf{div}(\rho vu)=-\dfrac{\partial p}{\partial y}+\dfrac{\partial \tau_{xy}}{\partial x}+\dfrac{\partial \tau_{yy}}{\partial y}+\dfrac{\partial \tau_{zy}}{\partial z}+F_y \\[3mm] \dfrac{\partial(\rho w)}{\partial t}+\mathbf{div}(\rho wu)=-\dfrac{\partial p}{\partial z}+\dfrac{\partial \tau_{xz}}{\partial x}+\dfrac{\partial \tau_{yz}}{\partial y}+\dfrac{\partial \tau_{zz}}{\partial z}+F_z \end{cases} \quad (3\text{-}4)$$

式中，p 为微元体压力；τ_{xx}、τ_{xy} 和 τ_{xz} 为黏性应力 τ 的分量；F_x、F_y 和 F_z 为微元体体积力。

黏性应力 τ 由下式计算得到：

$$\begin{cases} \tau_{xx}=2\mu \dfrac{\partial u}{\partial x}+\lambda \mathbf{div}(u) \\[3mm] \tau_{yy}=2\mu \dfrac{\partial v}{\partial y}+\lambda \mathbf{div}(v) \\[3mm] \tau_{zz}=2\mu \dfrac{\partial w}{\partial z}+\lambda \mathbf{div}(w) \\[3mm] \tau_{xy}=\tau_{yx}=\mu\left(\dfrac{\partial u}{\partial y}+\dfrac{\partial v}{\partial x}\right) \\[3mm] \tau_{xz}=\tau_{zx}=\mu\left(\dfrac{\partial u}{\partial z}+\dfrac{\partial w}{\partial x}\right) \\[3mm] \tau_{yz}=\tau_{zy}=\mu\left(\dfrac{\partial v}{\partial z}+\dfrac{\partial w}{\partial y}\right) \end{cases} \quad (3\text{-}5)$$

式中，μ 为动力黏度；λ 为第二黏度，$\lambda=-2/3$。将式（3-5）代入式（3-4）可得：

$$\begin{cases} \dfrac{\partial(\rho u)}{\partial t}+\mathbf{div}(\rho uu)=\mathbf{div}(\mu \,\mathbf{grad}u)-\dfrac{\partial p}{\partial x}+S_u \\[3mm] \dfrac{\partial(\rho v)}{\partial t}+\mathbf{div}(\rho vu)=\mathbf{div}(\mu \,\mathbf{grad}v)-\dfrac{\partial p}{\partial y}+S_v \\[3mm] \dfrac{\partial(\rho w)}{\partial t}+\mathbf{div}(\rho wu)=\mathbf{div}(\mu \,\mathbf{grad}w)-\dfrac{\partial p}{\partial z}+S_w \end{cases} \quad (3\text{-}6)$$

式中，$\mathbf{grad}()=\partial()/\partial x+\partial()/\partial y+\partial()/\partial z$；$S_u$、$S_v$ 和 S_w 为广义源项；$S_u=F_x+s_x$，$S_v=F_y+s_y$，$S_w=F_z+s_z$，而其中 s_x、s_y 和 s_z 由下式计算得到：

$$\begin{cases} s_x=\dfrac{\partial}{\partial x}\left(\mu \dfrac{\partial u}{\partial x}\right)+\dfrac{\partial}{\partial y}\left(\mu \dfrac{\partial v}{\partial x}\right)+\dfrac{\partial}{\partial z}\left(\mu \dfrac{\partial w}{\partial x}\right)+\dfrac{\partial}{\partial x}(\lambda \,\mathbf{div}u) \\[3mm] s_y=\dfrac{\partial}{\partial x}\left(\mu \dfrac{\partial u}{\partial y}\right)+\dfrac{\partial}{\partial y}\left(\mu \dfrac{\partial v}{\partial y}\right)+\dfrac{\partial}{\partial z}\left(\mu \dfrac{\partial w}{\partial y}\right)+\dfrac{\partial}{\partial y}(\lambda \,\mathbf{div}v) \\[3mm] s_z=\dfrac{\partial}{\partial x}\left(\mu \dfrac{\partial u}{\partial z}\right)+\dfrac{\partial}{\partial y}\left(\mu \dfrac{\partial v}{\partial z}\right)+\dfrac{\partial}{\partial z}\left(\mu \dfrac{\partial w}{\partial z}\right)+\dfrac{\partial}{\partial z}(\lambda \,\mathbf{div}w) \end{cases} \quad (3\text{-}7)$$

③ 能量守恒方程

$$\frac{\partial(\rho T)}{\partial t}+\mathbf{div}(\rho u T)=\mathbf{div}\left(\frac{k}{c_p}\mathbf{grad}\,T\right)+S_T \tag{3-8}$$

式（3-8）还可写成展开形式：

$$\frac{\partial(\rho T)}{\partial t}+\frac{\partial(\rho u T)}{\partial x}+\frac{\partial(\rho v T)}{\partial y}+\frac{\partial(\rho w T)}{\partial z}$$

$$=\frac{\partial}{\partial x}\left(\frac{k}{c_p}\frac{\partial T}{\partial x}\right)+\frac{\partial}{\partial y}\left(\frac{k}{c_p}\frac{\partial T}{\partial y}\right)+\frac{\partial}{\partial z}\left(\frac{k}{c_p}\frac{\partial T}{\partial z}\right)+S_T \tag{3-9}$$

式中，c_p 为比热容；T 为温度；k 为传热系数；S_T 为黏性耗散项。

④ 组分质量守恒方程

$$\frac{\partial(\rho c_s)}{\partial t}+\mathbf{div}(\rho u c_s)=\mathbf{div}[D_s\,\mathbf{grad}(\rho c_s)]+S_s \tag{3-10}$$

式中，c_s 为组分 s 的体积浓度；ρc_s 为组分的质量浓度；D_s 为组分的扩散系数；S_s 为系统内部单位时间内单位体积通过化学反应产生的组分质量。

将组分守恒方程各项展开，式（3-10）可改写为：

$$\frac{\partial(\rho c_s)}{\partial t}+\frac{\partial(\rho c_s u)}{\partial x}+\frac{\partial(\rho c_s v)}{\partial y}+\frac{\partial(\rho c_s w)}{\partial z}$$

$$=\frac{\partial}{\partial x}\left[D_s\frac{\partial(\rho c_s)}{\partial x}\right]+\frac{\partial}{\partial y}\left[D_s\frac{\partial(\rho c_s)}{\partial y}\right]+\frac{\partial}{\partial z}\left[D_s\frac{\partial(\rho c_s)}{\partial z}\right]+S_s \tag{3-11}$$

⑤ 刚体动力控制方程

自驱型旋转式压力交换器的转子运动由进流流体驱动，其运动形式由本身结构和流体状态所决定，在 ANSYS FLUENT 软件中有专门用于求解刚体受流体驱动的六自由度（sixdof）求解器。六自由度求解器通过读取求解对象受到的外力和力矩，用于计算对象重心的平移或转动，刚体平动的动力控制方程表达式为：

$$\vec{v}_G=\frac{1}{m}\sum\vec{f}_G \tag{3-12}$$

式中，$\vec{v}_G$ 为刚体重心的平动加速度矢量；m 为刚体质量；$\vec{f}_G$ 为重心所受合力。

刚体转动的动力控制方程表达式为：

$$\dot{\vec{\omega}}_B=L^{-1}(\sum\vec{M}_B-\vec{\omega}_B\times L\vec{\omega}_B) \tag{3-13}$$

式中，$\dot{\vec{\omega}}_B$ 为刚体角加速度矢量；L 为刚体惯量张量；$\vec{M}_B$ 为刚体力矩矢量；$\vec{\omega}_B$ 为刚体角速度矢量。

⑥ 控制方程的通用形式

为便于对各控制方程进行分析，并用同一程序对各控制方程进行求解，建立了各基本控制方程的通用形式。比较四个基本控制方程式(3-2)、式(3-6)、式(3-8)和式(3-10)可看出，尽管这些方程中因变量各不相同，但均反映了单位时间单位体积内物理量的守恒性质。如用 ϕ 表示通用变量，则上述各控制方程都可表示成以下通用形式：

$$\frac{\partial(\rho\phi)}{\partial t}+\mathbf{div}(\rho u\phi)=\mathbf{div}(\Gamma\,\mathbf{grad}\phi)+S \tag{3-14}$$

其展开形式为：

$$\frac{\partial(\rho\phi)}{\partial t}+\frac{\partial(\rho u\phi)}{\partial x}+\frac{\partial(\rho v\phi)}{\partial y}+\frac{\partial(\rho w\phi)}{\partial z}$$
$$=\frac{\partial}{\partial x}\left[\Gamma\,\frac{\partial(\phi)}{\partial x}\right]+\frac{\partial}{\partial y}\left[\Gamma\,\frac{\partial(\phi)}{\partial y}\right]+\frac{\partial}{\partial z}\left[\Gamma\,\frac{\partial(\phi)}{\partial z}\right]+S \tag{3-15}$$

式中，ϕ 为通用变量，代表 u、v、w、T 等求解变量；Γ 为广义扩散系数；S 为广义源项。式(3-15) 中各项依次为瞬态项、对流项、扩散项和源项。对于特定的方程，ϕ、Γ 和 S 具有特殊的形式。

(3) 湍流方程

目前使用最广泛的湍流数值模拟方法是 Reynolds 平均法，该方法湍流模型有 Reynolds 应力模型和涡黏模型，本章采用涡黏模型。湍流涡黏模型假设：黏性应力和雷诺应力与时均的作用之间存在着可以比拟的特性。据牛顿内摩擦定律，黏性应力等于流体的动力黏性系数与应变率的乘积，根据确定湍流涡黏性系数的方程的数目，涡黏模型又分为代数模型、一方程模型、两方程模型等。本章采用的是最广泛应用的标准 k-ε 模型，即分别引入关于湍动能 k 和耗散率 ε 的方程。黏性应力方程为：

$$-\rho\,\overline{u_i'u_j'}=\mu_i\left(\frac{\partial u_i}{\partial x_j}+\frac{\partial u_j}{\partial x_i}\right)-\frac{2}{3}\left(\rho k+\mu_i\frac{\partial u_i}{\partial x_i}\right)\delta_{ij} \tag{3-16}$$

式中，μ_i 为湍动黏度；u_i 为时均速度；δ_{ij} 为 Kronecker 符号（当 $i=j$ 时，$\delta_{ij}=1$；当 $i\neq j$ 时，$\delta_{ij}=0$）；k 为湍动能，其表达式为：

$$k=\frac{\overline{u_i'u_i'}}{2}=\frac{1}{2}(\overline{u'^2}+\overline{v'^2}+\overline{w'^2}) \tag{3-17}$$

湍动耗散率的方程式如下：

$$\varepsilon=\frac{\mu}{\rho}\overline{\left(\frac{\partial u_i'}{\partial x_k}\right)\left(\frac{\partial u_i'}{\partial x_k}\right)} \tag{3-18}$$

湍动黏度 μ_t 可表示成 k 和 ε 的函数，即：

$$\mu_t=\rho C_\mu\frac{k^2}{\varepsilon} \tag{3-19}$$

式中，C_μ 为经验常数。

在标准 k-ε 模型中，k 和 ε 是两个未知量，与之相对应的输运方程为：

$$\frac{\partial(\rho k)}{\partial t}+\frac{\partial(\rho k u_i)}{\partial x_i}=\frac{\partial}{\partial x_j}\left[\left(\mu+\frac{\mu_t}{\sigma_k}\right)\frac{\partial k}{\partial x_j}\right]+G_k+G_b-\rho\varepsilon-Y_M+S_k \quad (3\text{-}20)$$

$$\frac{\partial(\rho\varepsilon)}{\partial t}+\frac{\partial(\rho\varepsilon u_i)}{\partial x_i}=\frac{\partial}{\partial x_j}\left[\left(\mu+\frac{\mu_t}{\sigma_\varepsilon}\right)\frac{\partial\varepsilon}{\partial x_j}\right]+C_{1c}\frac{\varepsilon}{k}(G_k+C_{3c}G_b)-C_{2c}\rho\frac{\varepsilon^2}{k}+S_\varepsilon$$

$$(3\text{-}21)$$

式中，G_k 为湍动能 k 由平均速度梯度引起的产生项；G_b 为湍动能 k 由浮力引起的产生项；Y_M 为脉动扩张；C_{1c}、C_{2c} 和 C_{3c} 为经验常数；σ_k、σ_ε 为与湍动能 k 和耗散率 ε 对应的 Prandtl 数；S_k、S_ε 为用户定义的源项。

基于上述分析，当流动为不可压，且不考虑用户自定义的源项时，$G_b=0$，$Y_M=0$，$S_k=0$，$S_\varepsilon=0$，这时标准 k-ε 模型为：

$$\frac{\partial(\rho k)}{\partial t}+\frac{\partial(\rho k u_i)}{\partial x_i}=\frac{\partial}{\partial x_j}\left[\left(\mu+\frac{\mu_t}{\sigma_k}\right)\frac{\partial k}{\partial x_j}\right]+G_k-\rho\varepsilon \quad (3\text{-}22)$$

$$\frac{\partial(\rho\varepsilon)}{\partial t}+\frac{\partial(\rho\varepsilon u_i)}{\partial x_i}=\frac{\partial}{\partial x_j}\left[\left(\mu+\frac{\mu_t}{\sigma_\varepsilon}\right)\frac{\partial\varepsilon}{\partial x_j}\right]+C_{1c}\frac{G_k\varepsilon}{k}-C_{2c}\rho\frac{\varepsilon^2}{k} \quad (3\text{-}23)$$

（4）网格划分

本模型运用动网格模型实现水力驱动，采用的网格光顺（smoothing）技术和再生（refreshing）技术，基于四面体网格和三角形网格。因此，本模型采用 ICEM CFD 划分非结构化网格，体网格为四面体网格，面网格为三角形网格。模型网格如图 3-8 所示，网格数为 885431，节点数为 156616。

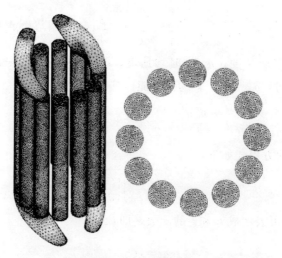

图 3-8　模型网格

（5）基本假设

为便于建立 SD-RPE 内流体传递过程的物理模型，做如下假设：

a. 不同浓度海水的密度和黏度在一定温度范围内变化较小，因此将其视为不可压缩常黏度流体。

b. 考虑到转子转动模型的简化，假设转子端面与端盖间隙中没有发生高、低压流体的串流，流体接触传递过程中没有发生压力泄漏损失。

c. 转子旋转时，忽略其与套筒内侧间隙液体的摩擦力、与端盖间的作用力。

d. 考虑到高、低压流体温度皆为常温，流体在孔道内停留时间短，并且装置内部与外界接近为绝热状态，因此假设模型中不涉及热量交换，没有明显的热效应。

e. 液体传递过程中无化学反应。

（6）动网格设置

实现转子自驱动是本模型关键技术，本文采用动网格（dynamic mesh）技术和六自由度（sixdof）模型实现流体驱动转子运动。动网格技术对网格质量和参数设置要求高，精确动网格设置至关重要。动网格模型求解流场区域边界发生运动的问题，运动形式分为预定义和未定义运动。对于预定义运动，通过定义运动物理量，如位移轨迹、平移速度和角速度等，实现网格边界运动形式的定义。对于未定义运动，运动形式由流体流动决定。本模型转子转动区域为未定义运动，其转动变化由流体流动决定。

如图 3-9 所示，模型网格分为三部分，分别为中间转子孔道转动区域（rigid body），两边端盖通道静止区域（static body）。三部分由两个交界面连接组成连续的流动区域，每个交界面均由一对 interface 组成。在孔道轮廓包络的流动区域中，孔道两侧端面的动网格运动属性为转动面（rigid face），其整个流动区域则为转动

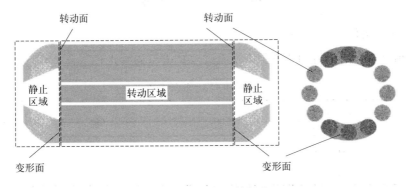

图 3-9　动网格区域划分

体（rigid body）。在两个端盖包络的区域中，与孔道接触的端面则都为变形面（deforming face）。由于转子的运动方向垂直于运动面，因此选用弹簧近似光滑模型和局部重划模型作为网格的光顺方式和更新方式。在划分网格时应尽量保证不同区域连接面的网格尺寸保持一致，网格质量要求较高，一般要求网格扭曲率大于 4.0。

（7）边界条件与初始条件

① 边界条件

边界条件的设置如图 3-10 所示，选用速度入口和压力出口的边界类型，高、低压入口的速度为 $5m \cdot s^{-1}$，盐分浓度分别为 3.5%、1.8%；高、低压出口的压力分别为 6MPa、0.2MPa，盐分浓度分别为 1.8%、3.5%；NaCl 分子扩散系数为 1.5×10^{-9}。

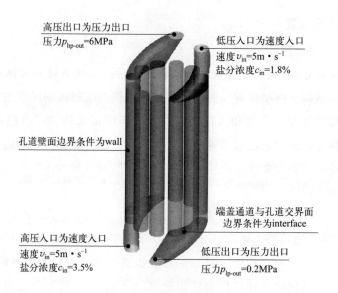

图 3-10　模型边界条件

② 初始条件

数值计算需要设置初始条件，对全局参数进行初始化，如表 3-4 所示。

表 3-4　模型初始条件

参数	初始值
全局流场速度/$m \cdot s^{-1}$	0
全局压力/Pa	200000
全局盐分浓度/%	1.8

3.3 设备工作性能

3.3.1 自驱动特性

（1）转子转速变化特性

图 3-11 所示为自驱动旋转式压力交换器的转子转速变化曲线图。n_r 为转子转速，单位为 $r \cdot min^{-1}$；β_r 为转子转动加速度，单位为 $r \cdot min^{-2}$。在 $0 \sim 0.55s$ 内，转子迅速启动，转速 n_r 快速增大，从 $0 r \cdot min^{-1}$ 增速到 $679.5 r \cdot min^{-1}$，转动加速度 β_r 呈线性减小，从 $1.12 \times 10^5 r \cdot min^{-2}$ 减小到 $0.275 \times 10^5 r \cdot min^{-2}$；在 $0.55 \sim 1.0s$ 内，转子转动加速度继续减小，转速增幅随之大幅减小，呈平缓加速趋势，并趋于稳定，在 $1.0s$ 时刻达到 $755 r \cdot min^{-1}$；在 $1.0s$ 后，转子转速已基本稳定在 $755 r \cdot min^{-1}$，启动过程结束，进入稳定运行阶段。因此，SD-RPE 转子转速变化分为三个阶段：快速启动阶段、缓慢增速阶段、恒定转速转动阶段。

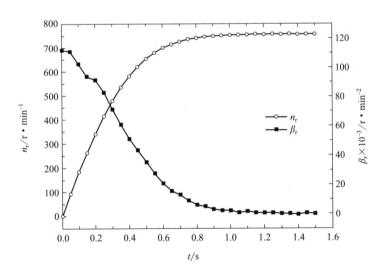

图 3-11 转速 n_r 与转动加速度 β_r 变化曲线

（2）速度场变化特性

由上文可知，转子转速变化分为快速启动、缓慢增速、恒定转速转动三个阶段，现分别从三个阶段分析 SD-RPE 自驱动过程。为了直观说明装置中速度场随时间的变化，将圆柱面沿 A-A 方向展开得到平面图，如图 3-12 所示。

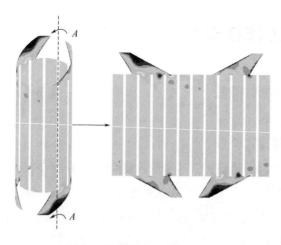

图 3-12　圆柱面展开示意

　　a. 在快速启动阶段，选择 $t=0.12\text{s}$、0.36s 和 0.54s 时刻为代表，对装置自驱动效果有直接贡献作用的流体切向速度分布规律进行对比分析。图 3-13（a）～（c）分别描述了三个时刻的切向速度分布，在自驱动 $t=0.12\text{s}$ 时刻，装置端盖高、低压流体进流通道同时出现高速切向速度流体聚集区，其对应切向速度显著大于转子内部主体流体切向速度，两者的速度差驱动转子开始旋转；在自驱动 $t=0.36\text{s}$ 时刻，转子内流体主体切向速度增加，与端盖通道之间的速度差减小，端盖通道内部存在较低速切向速度流体区，转速增速减缓；在自驱动 $t=0.54\text{s}$ 时刻，孔道内部较低速切向速度流体区基本消失，但在密封区仍存在数个低速旋涡区。

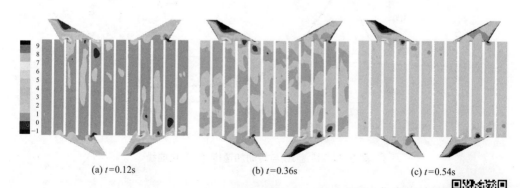

(a) $t=0.12\text{s}$　　　　　(b) $t=0.36\text{s}$　　　　　(c) $t=0.54\text{s}$

图 3-13　快速启动阶段切向速度分布展开云图

　　b. 在缓慢增速阶段，选择 $t=0.81$、0.99s 和 1.05s 时刻为代表，图 3-14（a）～（c）分别描述了三个时刻的切向速度分布。在自驱动 $t=0.81\text{s}$ 时刻，

端盖通道内流体与转子孔道内部流体切向速度逐渐趋于一致，但转速仍在缓慢增大；在自驱动 $t=0.99\text{s}$ 时刻，端盖通道内部存在较低速切向速度流体区，对转子产生的减速作用与高速流体区的加速作用产生抵消，维持转子恒定转速旋转；在 $t=1.05\text{s}$ 时刻，孔道流体切向速度分布基本与 $t=0.99\text{s}$ 时刻相同，转子维持恒定转速转动，增速阶段结束。

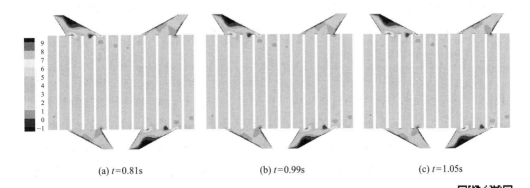

(a) $t=0.81\text{s}$ (b) $t=0.99\text{s}$ (c) $t=1.05\text{s}$

图 3-14　缓慢增速阶段切向速度分布展开云图

c. 在恒定转速转动阶段，选择 $t=1.11\text{s}$、1.44s 和 1.50s 时刻为代表，图 3-15(a)～(c) 分别描述了三个时刻的切向速度分布，从图中可看出，三个时刻切向速度分布基本一致，表明转子处于恒定转动过程。

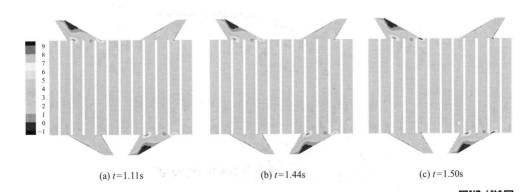

(a) $t=1.11\text{s}$ (b) $t=1.44\text{s}$ (c) $t=1.50\text{s}$

图 3-15　恒定转速转动阶段切向速度分布展开云图

综上，SD-RPE 的自驱动过程可总结为：高、低压流体流经端盖通道后，流体流动方向发生变化，在端盖与转子交界面，沿切向方向产生较高速度分量，与转子形成速度差，推动转子快速转动，随着转子转速的增加，速度差逐渐减小，转子加速度减小，转速逐渐趋于稳定，保持恒定转速转动。

3.3.2 掺混特性

(1) 高压出口浓度变化特性

新鲜海水进入压力交换器增压后由高压出口排出，进入反渗透海水淡化系统的反渗透膜组件。高压出口海水的盐分浓度对系统性能有重要影响，控制盐分浓度有助于减小系统耗能。因此，研究高压出口浓度变化有重要意义。

① 高压出口浓度变化过程

图 3-16 所示为相同进流速度下，高压海水出口浓度变化和转子转速变化曲线，其中 n_r 和 c_{ho} 分别为转子转速和高压出口浓度。在转子启动到缓慢增速阶段初期，即从点 0 到点 1 对应的横坐标时刻，高压出口浓度呈周期性衰减振荡变化，直到点 A 对应时刻后，呈小幅的等幅波动。这是由于在转子启动阶段，转速由小增大，孔道内未能形成稳定的液柱活塞，海水与浓盐水在孔道内产生剧烈掺混，高压出口浓度随着转子旋转呈现周期性波动。在转速增大过程中，转子孔道扫过端盖通道的时间逐渐缩短，掺混区域浓度较高的海水流出时间缩短，使得高压出口浓度波动幅度逐渐减小。在转子稳定阶段，转速恒定，孔道扫过端盖通道时间不变，高压出口浓度波动幅度基本不变。

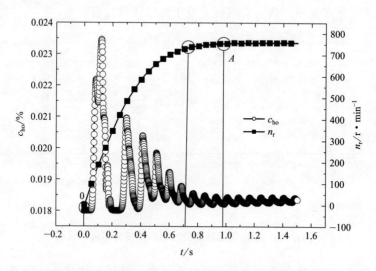

图 3-16 高压出口浓度 c_{ho} 与转速 n_r 随时间变化曲线

② 高压出口浓度脉动特性

由上文可知，转子稳定运行时的转速为 $755 \text{r} \cdot \text{min}^{-1}$，转子转动工频 $f_N = 12.6 \text{Hz}$。选取 $t = 0.65 \sim 1.5 \text{s}$ 时段的高压出口浓度数据进行傅里叶变换，如图 3-17

所示，得到浓度波动频域图，其中 Camp 为高压出口浓度最大脉动幅值，f 为脉动频率。高压出口浓度在工频（12.6Hz）处出现最大峰值，并在 $f_1=2f_N$、$f_2=3f_N$、$f_3=4f_N$ 处出现峰值，说明高压出口浓度波动曲线中含有基频为工频的主波，以及频率为 2～5 倍工频的谐波。

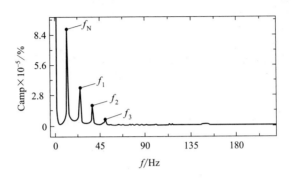

图 3-17　高压出口浓度脉动频域

（2）体积混合度

在压力交换器中，海水和浓盐水存在掺混，体积混合度作为衡量混合程度的指标，由式(3-24) 和式(3-25) 计算。低压出口浓盐水直接排走，因此混合过程不予考虑。本模型体积混合度 $M_x=1.9\%$，表明高压出口海水浓度较低，压力交换品质较好。

$$M_x = \frac{\overline{c}_{ho} \times Q_{ho} - c_{li} \times Q_{li}}{c_{hi} \times Q_{hi} - c_{li} \times Q_{li}} \tag{3-24}$$

$$\overline{c}_{ho} = \frac{\int_{t_i}^{t_n} c_{ho} \, \mathrm{d}t}{t_n - t_i} \tag{3-25}$$

式中，$\overline{c}_{ho}$ 为稳定运行时高压出口浓度均值；c_{li}、c_{hi} 为低压海水入口浓度和高压盐水入口浓度；Q_{ho}、Q_{li} 和 Q_{hi} 为高压出口、低压入口和高压入口流量；t_i 为稳定运行开始时刻；t_n 为运行结束时刻。

（3）混合过程分析

① 混合区的形成

由上文可知，转子转动呈现快速启动、缓慢增速和恒定转速转动三个阶段，高、低压流体在孔道内离心力逐渐增大并趋于稳定，其流动型态以及流体间混合会受到转子运动的影响。图 3-18 所示为启动阶段不同时刻盐分浓度分布图，高压浓盐水自下而上进入孔道，低压新鲜海水自上而下进入孔道。图中红色区域代表的是高浓度盐水，浓度为 3.5%；蓝色区域为低浓度海水，浓度为 1.8%，两者间的过渡部分即为混合区。

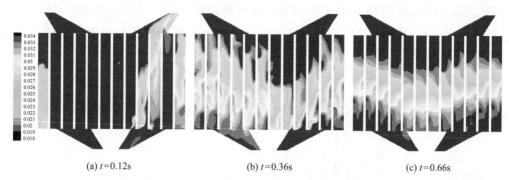

(a) t=0.12s (b) t=0.36s (c) t=0.66s

图 3-18   不同时刻盐分浓度分布展开云图

在 t=0s 初始时刻孔道内全部为新鲜海水，在每一次孔道与定子集液槽的交汇过程中，都会有高压浓盐水注入孔道。

在 t=0.12s 时刻，浓盐水充满部分密封区，在高压区与新鲜海水形成不规则的混合区，这是由于此时转子转速较慢，孔道扫过集液槽时间较长，浓盐水流入孔道内的量较多，导致混合区的浓盐水直接溢出到新鲜海水出口通道。

在 t=0.36s 时刻，各个孔道内逐渐形成混合区，混合区呈现出形状不规则、盐分分布散乱等特点，还没形成规则的液柱活塞，此时，孔道内盐分扩散剧烈，混合区布满整个孔道，高压出口新鲜海水品质较低，尚未满足生产要求。

在 t=0.66s 时刻，转速达到 $720 \mathrm{r \cdot min^{-1}}$，即将进入稳定转动阶段，流体所受离心力即将趋于稳定，流体运动状态也趋于稳定。此时，逐渐形成规则的混合区，浓度梯度指向轴向方向，盐分沿轴向均匀分布。

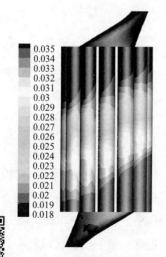

图 3-19   稳定阶段盐分浓度分布

综上，稳定混合区的形成过程为：高、低压流体驱动转子启动，大量浓盐水注入高压区孔道，与新鲜海水发生剧烈混合，随转速增大，孔道扫过端盖通道时间缩短，进入孔道内的浓盐水逐渐减少，并且流入孔道内流体沿切向的速度与转速的速度差逐渐减小，流动方向以轴向为主，使得孔道内浓度梯度主要沿轴向分布，混合区逐渐接近于规则的圆柱体，形成稳定的液柱活塞。

② 混合区的运动

图 3-19 所示为稳定阶段装置盐分浓度分布图，孔道内混合区规则分布，随着孔道位置变化，混合区在孔道内的轴向位移也在改变。对单个孔道

在一个周期内的浓度分布进行跟踪监测，得到单个孔道周期内不同时刻浓度分布图，如图 3-20 所示，表现了混合区随着转子旋转在孔道内往复移动的情况，形成了事实上的液柱活塞。混合区在孔道内的运动轨迹如图 3-21 所示。

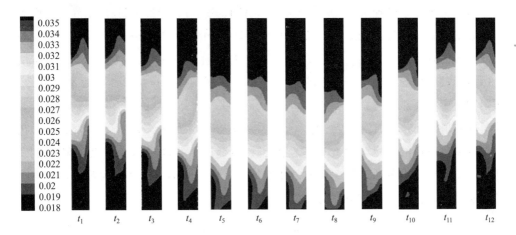

图 3-20　单个孔道周期内不同时刻浓度分布

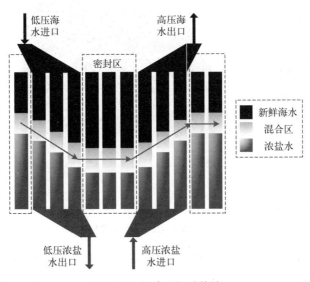

图 3-21　混合区运动轨迹

3.3.3　压力交换特性

（1）压力脉动特性

SD-RPE 工作过程中表现出较强的内部压力脉动特性。旋转装置压力脉动产生的主要原因有进出口回流、动静部件的相互干涉等。RPE 转子孔道不断切割端盖通道，形成动静干涉，导致端盖通道内流体压力脉动，脉动特征可通过频谱分析得到。

由上文可知，转速 $n_r = 755 \mathrm{r} \cdot \min^{-1}$，即转频为 $f_r = 12.58 \mathrm{Hz}$，动静干涉面为端盖通道和转子孔道的交界面，流体压力脉动信号的频率成分中含有与孔道和端盖通道相关的频率成分。转子孔道数 $N = 12$，端盖通道数 $M = 2$。图 3-22 为高压出口压力脉动时域图，图 3-23 为由快速傅里叶变换得到的高压出口压力脉动频域图。从图中可看出，压力分别在频率 $f_1 = 150.96 \mathrm{Hz}$、$f_2 = 301.92 \mathrm{Hz}$、$f_3 = 452.88 \mathrm{Hz}$ 处出现峰值，而 $f_1 = 12 f_r = 1/2 f_2$，即压力脉动基频为 $N f_r$，所以基频恰好为孔道扫过端盖通道的频率，因此通过监测装置内部压力脉动即可获得转子转速。另外，在孔道扫过端盖通道频率谐波的线性组合处压力脉动也出现较大峰值，也证明了端盖通道和孔道间存在很强的动静干涉。

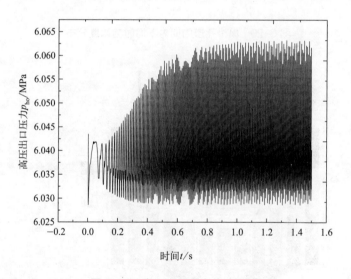

图 3-22　高压出口压力脉动时域

由图 3-23 还可发现，除了上述频率外，在频谱图中还存在一些低频低幅值的脉动谐波成分。图 3-24 为高压进口通道的流场速度矢量图，从图中可看出高压进口通道内有涡结构出现，因此低频低幅值的成分与流场结构有关。

（2）压力交换效率

压力交换效率作为 SD-RPE 性能评价指标，是结构优化的重要内容。压力交换效率采用式（3-26）计算，本模型效率计算得到 $\eta = 98.53\%$，表明压力交换效率较高。

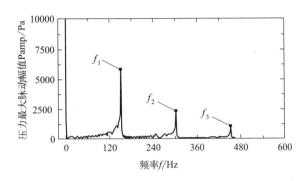

图 3-23 高压出口压力脉动频域

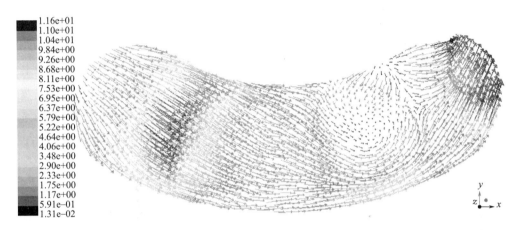

图 3-24 高压进口通道速度矢量

$$\eta = \frac{p_{ho}Q_{ho} - p_{li}Q_{li}}{p_{hi}Q_{hi} - p_{lo}Q_{lo}} \tag{3-26}$$

式中，p_{ho}、p_{li}、p_{hi}、p_{lo} 分别为高压海水出口、低压海水进口、高压盐水进口、低压盐水出口的压力，Pa；Q_{ho}、Q_{li}、Q_{hi}、Q_{lo} 分别为高压海水出口、低压海水进口、高压盐水进口、低压盐水出口的质量流量，kg·s^{-1}。

3.4 结构参数对工作性能的影响

在以往的研究中，为简化数值计算的复杂程度，给定转子转速和进流流速为操作条件，这不符合自驱型压力交换器实际运行机制，其模拟结果只可作为研究装置运行性能的参考性信息。自驱型装置在运行中依靠进流流体作用于转子，使得转子高速旋转完成压力交换和流体掺混过程。针对这一不足，本研究建立水力驱动的压力交换器模型，转子的旋转取决于装置结构和进流流体流速，在运行机制上与实际产品达到高度契合。通过对装置结构参数化，建立装置结构参数序列，设计正交数值实验方案，研究结构参数与操作参数对转子转速变化特性、装置内部流体速度分布规律、流体混合过程和压力能交换效率的影响。

3.4.1 主次结构参数分析

（1）正交数值实验方案设计

本文所采用的 SD-RPE 自驱动模型结构较复杂，包含网格数较多，模型计算时间耗时较长，为了有针对性地开展结构参数的数值研究，需要对结构参数的主次作用加以分析，考虑到数值实验组数较多，因此本节采用正交实验方法，对实验方案进行设计。正交实验通过设计专门的正交表，对各变量进行有序系统的实验，其实验结果具有很强的代表性和准确性。正交实验的主要元素包括实验指标、实验因素和实验因素水平等。

衡量实验结果的量称为实验指标，也称反应变量，本文中的指标为转子转速、体积混合度和压力交换效率，属于数量指标，并且都是可观察的随机变量。影响实验指标或反应变量的分布的量称为实验因素或自变量。在实际中，因素可能是定量因素也可能是定性因素。本次数值实验中所选的结构参数包括转子长度、端盖通道覆盖孔道个数（下文可简称覆盖孔道个数）和端盖通道螺旋升角，都属于实验因素。

本研究在恒定操作条件下，设计不同结构参数对动力性能和压力能交换性能影响的实验方案。通过对计算实验结果进行极差分析，研究各变量对装置性能的作用效果。从上文可知，对于端盖通道结构，螺旋升角 α 和交界面覆盖孔道个数 n 为关键的独立结构变量；对于转子结构，为减少实验次数，更直接地研究转子主要结构尺寸长度 L 对装置性能的影响，设定端盖进口直径 d_i、转子半径 R、孔道直径 d 和孔道个数 N 为恒定值，分别为 15mm、45mm、15mm 和 12 个；选取转子长度 L、交界面覆盖孔道个数 n、螺旋升角 α 为正交数值实验的变化因素，A、B、C 为相应编码，按每个因素选 3 个水平数确定因素水平表，如表 3-5 所示。根据 $L_9(3^4)$ 正交表，设计的正交实验方案如表 3-6 所示。

表 3-5　因素水平表

序号	L/mm	n/个	α/(°)
1	120	2	10
2	150	3	20
3	180	4	30

表 3-6　正交实验方案表

序号	因子				实验方案		
	A	B	C	D	转子长度 L/mm	覆盖孔道个数 n/个	升角 α/(°)
1	1	1	1	1	120	2	10
2	1	2	2	2	120	3	20
3	1	3	3	3	120	4	30
4	2	1	2	3	150	2	20
5	2	2	3	1	150	3	30
6	2	3	1	2	150	4	10
7	3	1	3	2	180	2	30
8	3	2	1	3	180	3	10
9	3	3	2	1	180	4	20

（2）正交数值实验结果

正交实验把各个影响因素都考虑进来，比较全面地对每个因素都进行了定性的分析。通过计算得到各个因素每个水平下的转子转速变化曲线、混合度和压力能交换效率。表 3-7 为 1~9 号实验方案的转速与启动时间。

表 3-7　1~9 号方案的转速与启动时间

实验方案	1 号	2 号	3 号	4 号	5 号	6 号	7 号	8 号	9 号
转速 n_r/r·min^{-1}	1350	840	605	1080	755	955	990	1090	653
启动时间 t_s/s	0.4	0.7	0.85	0.5	0.8	0.58	0.53	0.49	0.83

表 3-8、表 3-9 和表 3-10 分别为转子转速、体积混合度和压力能交换效率的计算结果，每个因素对应着各个水平的总和，例如转子长度的一水平总和是 1、2 和 3 号实验方案的结果总和，均值也即这三个计算结果的平均值，各个因素的极差是由该因素对应的三个计算结果中最大值减去最小值得到的。

（3）主次结构参数分析

① 转子运动特性的主次影响因素

各结构变量对转子转速变化的均值极差如表 3-8 所示，三个结构变量中，覆盖孔道个数和螺旋升角对转速影响的均值极差分别为 402r·min^{-1} 和 349r·min^{-1}，相比转子长度，这两者对转速影响占主要作用，转子长度为影响转速变化的次要因素。

表 3-8　转子转速计算结果总结　　　　　　　单位：r·min^{-1}

项目	转子长度 L	覆盖孔道个数 n	螺旋升角 α
一水平总和	2795	3420	3395
二水平总和	2790	2685	2573
三水平总和	2733	2213	2350
一水平均值	932	1140	1132
二水平均值	930	895	858
三水平均值	911	738	783
均值极差	21	402	349

② 体积混合度的主次影响因素

各结构变量对体积混合度的均值极差如表 3-9 所示，三个结构变量中，转子长度对体积混合度影响的均值极差最大为 7.87%，其次是螺旋升角的 5.6%，最后是覆盖孔道个数的 4.7%，由此可得，转子长度是影响体积混合度的最主要因素，覆盖孔道个数和螺旋升角为次要因素。

表 3-9　体积混合度计算结果总结　　　　　　　单位：%

项目	转子长度 L	覆盖孔道个数 n	螺旋升角 α
一水平总和	32.1	25.2	25.8
二水平总和	10.0	14.3	15.8
三水平总和	8.5	11.1	9.0
一水平均值	10.7	8.4	8.6
二水平均值	3.33	4.77	5.3
三水平均值	2.83	3.7	3.0
均值极差	7.87	4.7	5.6

③ 压力能交换效率的主次影响参数

各结构变量对压力能交换效率的均值极差如表 3-10 所示，螺旋升角对压力交换效率影响的均值极差为三者中最大值（5.16%），为最主要影响因素；其次，覆盖孔道个数极差为 4.08%，在三者中亦为主要因素；而转子长度为次要因素，其值的变化对压力能交换效率影响甚小。

表 3-10　压力能交换效率计算结果总结　　　　　　单位：%

项目	转子长度 L	覆盖孔道个数 n	螺旋升角 α
一水平总和	286.58	280.96	277.51
二水平总和	289.14	287.97	291.63
三水平总和	286.4	293.19	292.98
一水平均值	95.53	93.65	92.50
二水平均值	96.38	95.99	97.21
三水平均值	95.47	97.73	97.66
均值极差	0.91	4.08	5.16

3.4.2　转子长度的影响

为了能够更详细深入地对转子长度的影响效果进行研究，设计了针对转子长度的计算实验。将转子长度设计为单一变量，其余结构参数为固定值，建立 7 组数值模型，展开转子长度对 SD-RPE 影响规律的研究。各组模型除转子长度外的结构参数如表 3-11 所示，转子长度的取值如表 3-12 所示。

表 3-11　模型固定结构参数表

部件	结构参数	参数值
端盖通道	螺旋升角 $\alpha/(°)$	30
	覆盖孔道个数 n	3
转子	转子半径 R/mm	45
	孔道直径 d/mm	15
	孔道个数 N	12

表 3-12　转子长度选取方案

模型序号	1 号	2 号	3 号	4 号	5 号	6 号	7 号
转子长度 L/mm	120	130	140	150	160	170	180

（1）转速变化特性

图 3-25 所示为不同转子长度下转速随时间的变化曲线，由图可知，随转子长度增加，转速变化趋势基本一致，且达到稳定的时间相差不大，均为 1s 左右。图 3-26 所示为转子转速与转子长度的关系，随转子长度的增加，转速呈小幅减小趋势。这是由于，随转子长度的增加，转子质量增大，端盖与转子交界面切向速度不变的情况下，转子获得的切向加速度减小。

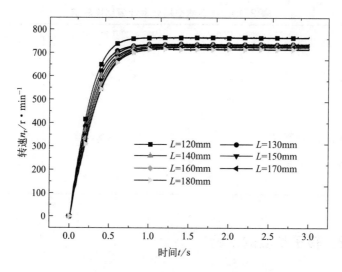

图 3-25　转速 n_r 变化曲线

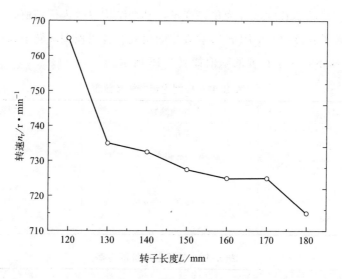

图 3-26　转速 n_r 与转子长度 L 的关系

（2）掺混特性

① 高压出口浓度变化特性

图 3-27 所示为 1～7 号模型高压出口浓度变化曲线，随着转子长度的增加，高压出口浓度衰减振荡的时间增加，等幅振荡的幅度减小，并且稳定阶段平均浓度减小。这是由于转子长度增加导致转子转速减小，转子达到稳定转动时间增加，因此高压出口浓度衰减振荡时间增加；另外由于转子长度增大，高压区孔道内混合区到达高压出口距离变大，而孔道扫过端盖时间变化不大，使得稳定阶段出口浓度的平

均值较小。

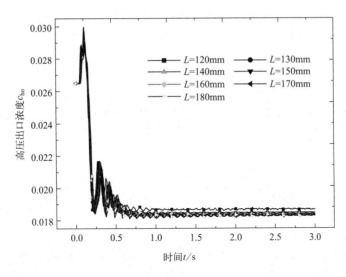

图 3-27　高压出口浓度 c_{ho} 变化曲线

② 高、低压流体混合过程

图 3-28 所示为体积混合度与转子长度的关系，可看到随着转子长度增大，体积混合度整体呈减小趋势，转子长度越长，孔道内部混合区移动空间离端盖通道距离越远，盐分对流扩散到出口的时间越长，而越不容易发生混合区溢出现象。而当 $L \geqslant 150\text{mm}$ 时，随着转子长度的增加，混合度减小趋势减缓，说明转子长度为 150mm 时，即已满足混合度的要求。

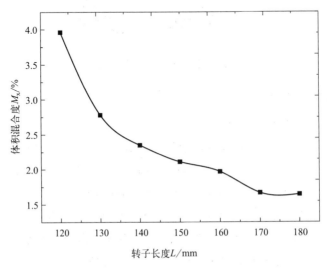

图 3-28　体积混合度 M_x 与转子长度 L 的关系

图 3-29 所示为 1～7 号模型内部浓度分布云图。在 $L=120$mm 时，孔道内部混合区轮廓呈现散乱、不规则的状态，盐分浓度梯度方向混乱；而随着转子长度增加，混合区分布越加规则，盐分浓度梯度方向越加平行于轴向方向。因此，转子长度的增加可有效控制盐分的对流扩散。

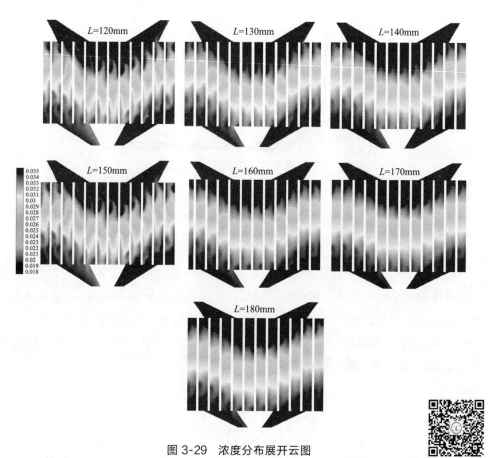

图 3-29　浓度分布展开云图

(3) 压力交换特性

① 高压入口通道压力脉动

　　表 3-13 所示为 1～7 号模型的转动频率，对 1～7 号模型高压入口压力脉动曲线作频谱分析，得到高压入口的压力脉动频域图，如图 3-30 所示。1 号模型压力分别在频率 $f_1=153$Hz、$f_2=306$Hz、$f_3=459$Hz 处出现峰值，并且 $f_1=12f_r=1/2f_2=1/3f_3$，即压力脉动基频为 $12f_r$，而转子孔道个数 $N=12$，基频恰好为孔道扫过端盖通道的频率，因此通过监测内部压力脉动即可获得转子转速。对比图 3-30(b)～(g)，2～7 号模型压力脉动规律同 1 号模型相似。从图中还可看出，随转子长度的增大，压力脉动幅度变化不大。

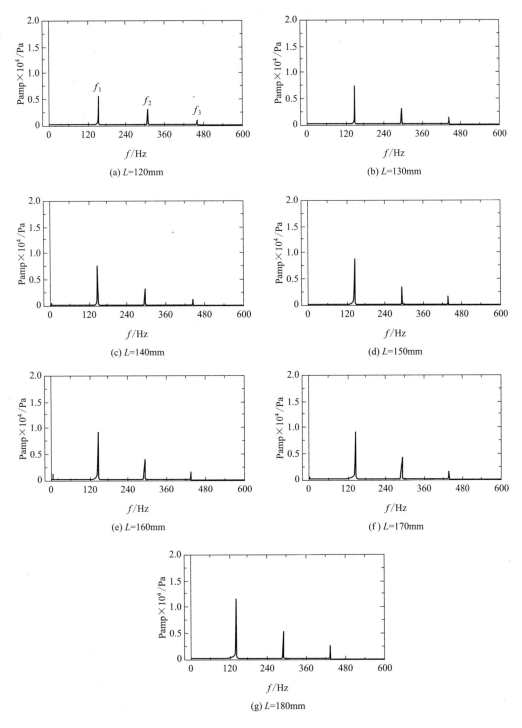

图 3-30 高压入口压力脉动频域

表 3-13　1～7 号模型的转动频率

模型序号	1 号	2 号	3 号	4 号	5 号	6 号	7 号
转动频率 f_r/Hz	12.75	12.25	12.20	12.13	12.10	12.00	11.90

② 压力交换效率

图 3-31 所示为 SD-RPE 的压力交换效率与转子长度的关系，从图中可看出，增大转子长度，压力交换效率无明显变化，即转子长度对压力交换效率无显著影响，这与上文正交实验结果吻合。

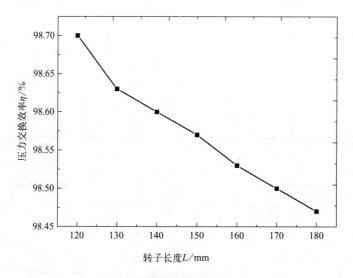

图 3-31　压力交换效率 η 与转子长度 L 的关系

3.4.3　端盖通道覆盖孔道个数的影响

端盖通道覆盖孔道个数作为离散型结构变量，由于端盖通道特殊的螺旋楔形结构，参数一般取值为 $2 \sim 0.5N-2$（N 为孔道个数），本章转子孔道个数固定为 12 个，因此端盖通道覆盖孔道个数 n 的取值分别为 2、3、4。

(1) 转速变化特性

图 3-32 所示为转子转速与覆盖孔道个数 n 的关系，从图中可看到，增加覆盖孔道个数，转子转速显著减小。原因在于，在端盖通道进口端面面积和流速不变的情况下，随端盖通道与孔道交界面的面积增大，交界面处流体平均速度减小，而转子驱动力来源于交界面处流体在切向方向的动量，转子受到的驱动力减小，启动加速度减小。

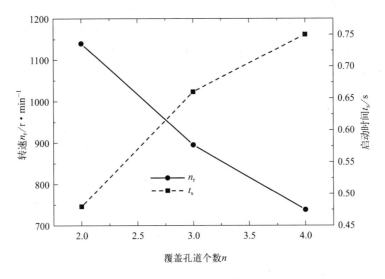

图 3-32　转速 n_r、启动时间 t_s 与覆盖孔道个数 n 的关系

（2）掺混特性

如图 3-33 所示，随着覆盖孔道个数的增加，体积混合度减小。这是由于随着覆盖孔道个数增加，端盖通道与孔道交界面面积增大，分布到各孔道内的流体速度减小，轴向上的速度分量也因此减小，从而使得孔道内高低压流体具有较弱的湍流强度，可形成轴向长度较短的液柱活塞，从而提高高压出口海水品质。

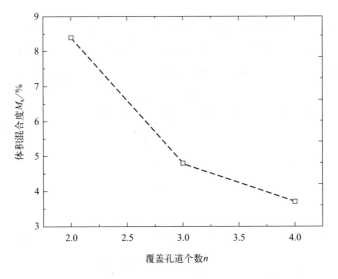

图 3-33　体积混合度 M_x 与覆盖孔道个数 n 的关系

（3）压力交换特性

图 3-34 所示为压力交换效率与覆盖孔道个数的关系，从图中可看出，随覆盖孔道个数的增加，压力交换效率增大。因此，可通过增加孔道个数的方法，来提升 SD-RPE 的压力交换效率。

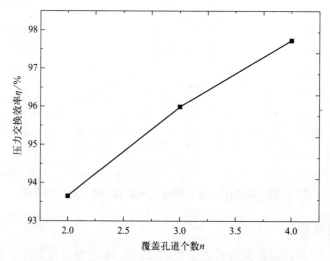

图 3-34　压力交换效率 η 与覆盖孔道个数 n 的关系

3.4.4　螺旋升角的影响

为了深入研究螺旋升角的影响效果，设计了针对转子长度的计算实验。将转子长度设计为单一变量，其余结构参数为固定值，建立 5 组数值模型，各组模型除螺旋升角外的结构参数保持一致，如表 3-14 所示，螺旋升角的取值如表 3-15 所示。

表 3-14　模型固定结构参数表

部件	结构参数	参数值
转子	转子半径 R/mm	45
	孔道直径 d/mm	15
	孔道个数 N	12
	转子长度 L/mm	180
端盖通道	覆盖孔道个数 n	3

表 3-15　螺旋升角选取方案

模型序号	1 号	2 号	3 号	4 号	5 号
螺旋升角 α/(°)	10	15	20	25	30

(1) 自驱动过程

① 转子运行特性

图 3-35 所示为 1～5 号模型转速变化曲线，随着螺旋升角的增大，转子转速达到稳定的时间增加，且稳定时转速减小。图 3-36 所示为转速与螺旋升角的关系，随着螺旋升角的增大，转子转速显著减小。端盖通道螺旋升角为通道前端面的关键结构参数，其决定了流体几何区域在竖直方向的流动角度，直接影响流体在各方向的速度分布，因此螺旋升角越大，流体在水平切向上的速度分量越小，作用于转子的切向力矩也就越小，转子的转动加速度减小。

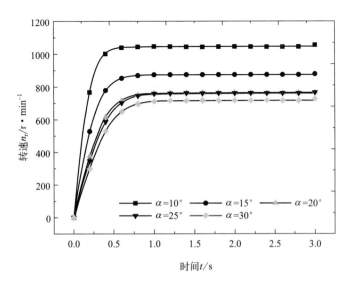

图 3-35 转速 n_r 变化曲线

② 自驱动特性

图 3-37 为转子稳定转动时装置内部切向速度分布图。对于不同结构的装置，内部流体切向速度分布皆不同。对于转速较大的模型，其进流通道存在不同面积的高速切向速度流体聚集区，在此区域流体的驱动加速作用下，转子内流体主体切向速度显著高于其余实验方案。随着螺旋升角 α 的减小，通道高速流体聚集区域面积增大，对转子加速作用增大，转子所能达到的最大转速增加。

对于转速较小的模型，其进流通道同时存在不同面积的低速切向速度流体聚集区（深蓝色区域），此区域流体切向速度显著小于转子内主体切向速度，阻碍转子持续加速。随着螺旋升角 α 的增大，通道低速流体聚集区域面积增大，对转子转动阻碍作用加剧，转子所能达到的最大转速减小。

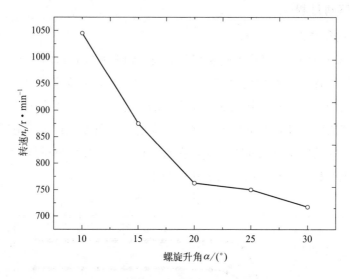

图 3-36　转速 n_r 与螺旋升角 α 的关系

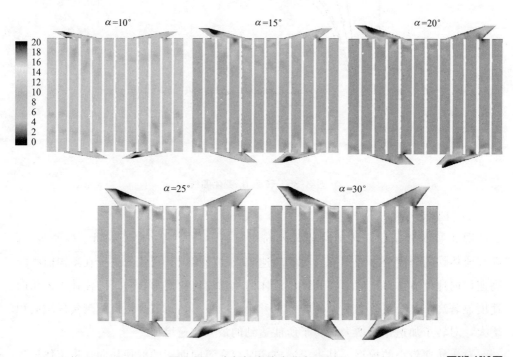

图 3-37　内部切向速度分布展开图

(2) 混合过程

① 高压出口浓度

图 3-38 所示为 1～5 号模型高压出口浓度变化曲线，对比各组曲线变化趋势，

可观察到当 $\alpha = 10°$ 时,高压出口浓度衰减振荡的时间显著低于其他模型,而稳定阶段平均浓度显著高于其他模型。随着螺旋升角的增大,高压出口浓度降低。

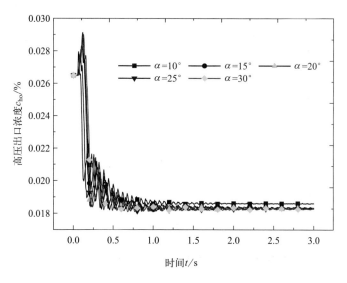

图 3-38　高压出口浓度 c_{ho} 变化曲线

② 体积混合度

图 3-39 所示为体积混合度与螺旋升角的关系,混合度随着螺旋升角的增大而减小。这是由于螺旋升角增大,使得流体进入孔道更接近于垂直进入,有利于形成平推流,得到形状更加规则的掺混区域,使得盐分从盐水扩散到海水更加困难。图 3-40 所示为 1~5 号模型内部浓度分布展开云图,随螺旋升角增大,孔道内部混合区形状更加规整,浓度梯度方向越加接近轴向方向。

(3) 压力交换过程

① 高压入口通道压力脉动

对 1~5 号模型高压入口压力脉动曲线作频谱分析,图 3-41 所示为各模型高压入口压力变化频域图,表 3-16 所示为 1~5 号模型转子的转动频率。从图 3-41(a)中可看到,1 号模型压力分别在频率 $f_1 = 209.04\mathrm{Hz}$、$f_2 = 418.08\mathrm{Hz}$、$f_d = 373.13\mathrm{Hz}$ 处出现峰值,而 $f_1 = 12f_r = 1/2f_2$,即压力脉动基频为 $12f_r$;从图 3-41(a)~(e) 中可看到,当 $\alpha = 10°$ 时,在频率 $f_d = 373.13\mathrm{Hz}$ 处出现较大峰值,而当螺旋升角 α 为其他值时,除了在倍数基频处出现较大峰值外,其他频率出现的幅值较小,说明当螺旋升角较小时,端盖通道内会出现较大的动静干涉,导致其他频率的压力脉动谐波出现。

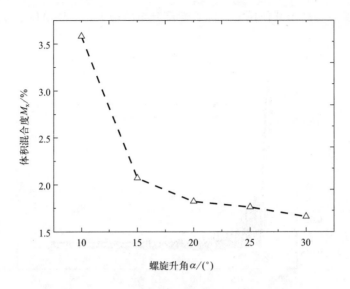

图 3-39　体积混合度 M_x 与螺旋升角 α 关系

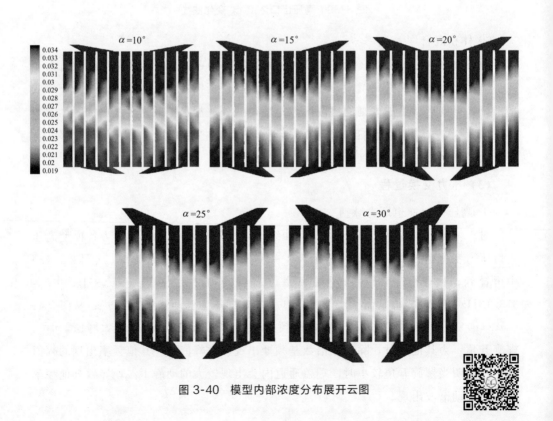

图 3-40　模型内部浓度分布展开云图

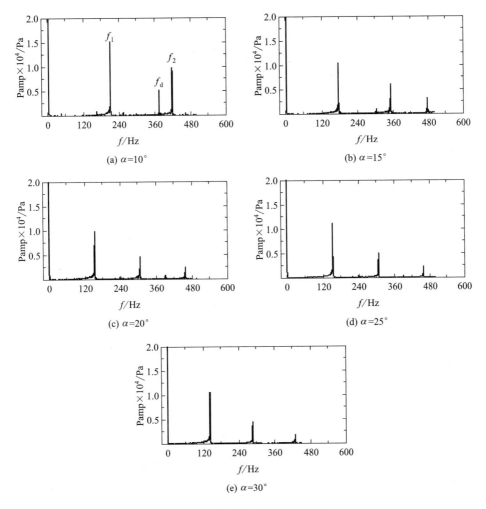

图 3-41　高压入口压力脉动频域

表 3-16　1~5 号模型转子转动频率

模型序号	1 号	2 号	3 号	4 号	5 号
转动频率 f_r/Hz	17.42	14.58	12.7	12.5	11.96

② 压力交换效率分析

图 3-42 所示为压力交换效率与螺旋升角的关系，其中 Pamp 代表压力最大脉动幅值，单位为 Pa。从图中可知，随螺旋升角的增加，压力交换效率增大，最大脉动幅值减小。压力脉动是一种消耗能量的运动形式，压力脉动的幅值表征着能量消耗的多少，因此，螺旋升角增大，压力脉动幅值减小，从而使得压力交换效率增加。

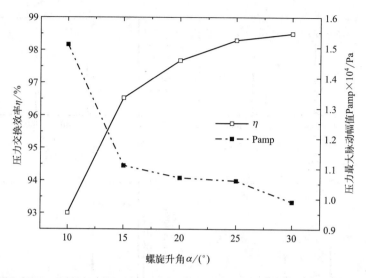

图 3-42 压力交换效率 η、压力最大脉动幅值 Pamp 与螺旋升角 α 的关系

3.4.5 结构参数的影响规律总结

通过上文的研究，转子长度、覆盖孔道个数和螺旋升角等三个结构参数对自驱型压力交换器自驱动过程、混合过程和压力交换过程的影响规律如下。

自驱动过程：覆盖孔道个数和螺旋升角为转速和启动时间主要影响变量，转子长度为转速变化和启动时间次要影响变量；随着转子长度的增加，转速和启动时间呈小幅减小趋势，随着覆盖孔道个数的增加，螺旋升角的增大，转子的转速显著减小，启动时间显著增加；随着覆盖孔道个数的减少和螺旋升角的减小，通道高速流体聚集区域面积增大，对转子加速作用增大，转子所能达到的最大转速增加。

压力交换过程：螺旋升角和覆盖孔道个数为压力能交换效率主要影响变量，转子长度为次要影响变量；随着升角的增大，覆盖孔道个数的增加，压力能交换效率逐渐增大。

混合过程：三个结构变量中，转子长度为最主要影响因素，覆盖孔道个数和螺旋升角为次要影响因素；增加转子长度可有效控制高低压流体中盐分的对流扩散，减小体积混合度；随着覆盖孔道个数的增加，流体湍流强度减小，掺混区域长度减小，掺混随之减弱；增大螺旋升角，流体在孔道内越有利于形成平推流，掺混区域形状越规则，从而减弱掺混。三个结构参数的增大都有利于控制掺混，但并不都是越大越好，在设计过程中需综合考虑各结构变量之间的关系，以及结构变量和操作条件的匹配关系。

3.5 操作参数对工作性能的影响

在 SD-RPE 实际运行过程中，操作参数处于动态变化，研究操作参数变化对设备性能的影响规律具有重要意义。本节主要研究进流速度、操作压力和进流流体浓度等对 SD-RPE 性能的影响，设计了针对每个操作参数的数值计算实验。

3.5.1 进流速度的影响

设计针对进流速度的计算实验，建立了不同进流速度下的数值模型。在各模型中，高、低压流体进流速度相同，下文中两股流体的进流速度简称为进流速度 v_{in}。几何结构保持不变，如表 3-17 所示；进流速度作为单一变量，9 组取值如表 3-18 所示。

表 3-17 模型固定结构参数表

部件	结构参数	参数值
端盖通道	螺旋升角 $\alpha/(°)$	20
	覆盖孔道个数 n	3
转子	转子半径 R/mm	45
	孔道直径 d/mm	15
	孔道个数 N	12
	转子长度 L/mm	180

表 3-18 进流速度选取方案

模型序号	1 号	2 号	3 号	4 号	5 号	6 号	7 号	8 号	9 号
进流速度 $v_{in}/m \cdot s^{-1}$	2	3	4	5	6	7	8	9	10

（1）自驱动特性

图 3-43（a）为 1～9 号数值模型的转子转速变化曲线，分别对应 $v_{in}=2\sim10m \cdot s^{-1}$ 的模型，从图中可看出，随着进流速度增大，转子转速显著增大，稳定时间明显缩短。图 3-43（b）所示为转子稳定时转速随进流速度变化图，从图中可

看出，随着速度增大，转速线性增大，进流速度与转速成正比关系，比例系数与模型结构有关。

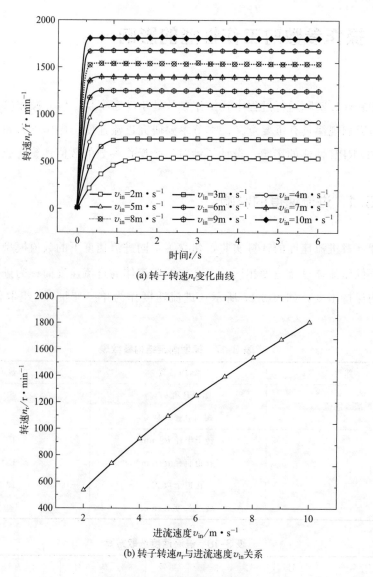

(a) 转子转速n_r变化曲线

(b) 转子转速n_r与进流速度v_{in}关系

图 3-43　转子运动特性变化

图 3-44 为 1~9 号模型的内部切向速度展开云图，从图中可看到，随着进流速度增大，孔道区域主体切向速度增大（颜色由深蓝逐渐变为浅蓝），进流通道高速区面积逐渐增大，且速度增大（浅蓝-绿色-红色），说明进流速度增大，高、低压流体流经端盖通道作用于转子的切向力矩增大，导致转子转动加速度增大。

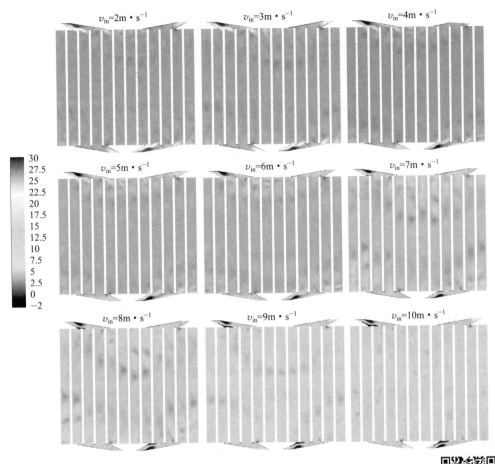

图 3-44 切向速度分布展开

（2）混合过程与流型分析

图 3-45 为不同进流速度下的体积混合度 M_x 和标准方差 σ^2，体积混合度的定义见式(3-24)，标准方差的定义见式（2-15），两个参数分别代表流体混合程度和流型特征。由图可得，随着进流速度增大，两个参数都表现出协同增大的变化趋势。标准方差越小，流体流型越接近于平推流，高、低压流体混合效果越小。这是由于当新鲜海水和浓盐水发生接触时，产生混合区，随着速度梯度的不规则度和分子扩散速率的增大，盐分的轴向扩散加剧。而当进流速度减小时，流型越接近于速度梯度均匀分布的平推流，使得两股流体中的盐分扩散减弱，除非混合区交界面受到扰动而破坏或者直接流出高压出口通道。标准方差可作为描述混合程度的另一指标，其作用与体积混合度类似。因此，优化流型特征是控制混合的有效措施。

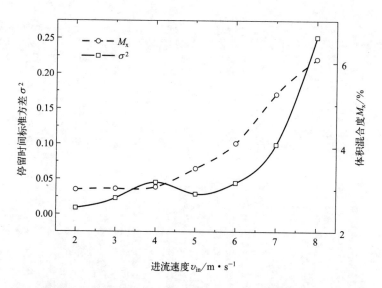

图 3-45　体积混合度 M_x 和停留时间标准方差 σ^2 与进流速度 v_{in} 关系

（3）压力交换效率

图 3-46 为不同进流速度下的压力最大脉动幅值 Pamp 和压力交换效率 η，随着进流速度增大，压力交换效率减小，而压力脉动最大幅值逐渐增大。说明进流速度越大，转子转速增大，孔道与端盖通道之间的动静干涉增强，压力脉动越剧烈，压力损耗增大，有效压力能交换减少。因此，控制压力脉动有助于减小能量损耗，提高压力交换效率。

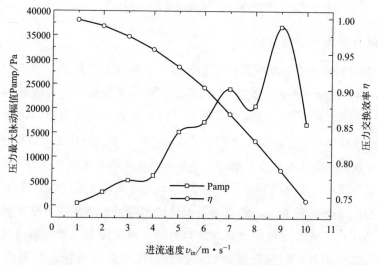

图 3-46　压力最大脉动幅值 Pamp 和压力交换效率 η 与进流速度 v_{in} 关系

3.5.2 高压进流压力与盐分浓度的影响

高压浓盐水状态参数动态变化，其压力、盐分浓度常常发生波动。为了研究高压入口流体进流压力和盐分浓度变化对装置性能的影响，建立了两组数值模型，分别为恒定结构参数下，不同高压入口压力和盐分浓度的数值模型，如表 3-19 所示。两组模型分别以进流压力和盐分浓度作为单一变量，取值分别如表 3-20 和表 3-21 所示。图 3-47 所示为不同高压入口进流压力下的转子转速 n_r、体积混合度 M_x 和压力交换效率 η，可看出入口压力对转子转速和体积混合度几乎没有影响，对压力交换效率影响较为显著。图 3-48 所示为不同高压入口进流盐分浓度下的转子转速 n_r、体积混合度 M_x 和压力交换效率 η，可看出进流盐分浓度对三项性能均几乎没有影响。

表 3-19 模型结构参数表

部件	结构参数	参数值
端盖通道	螺旋升角 $\alpha/(°)$	30
	覆盖孔道个数 n	3
转子	转子半径 R/mm	45
	孔道直径 d/mm	15
	孔道个数 N	12
	转子长度 L/mm	150

表 3-20 进流压力选取方案

模型序号	1 号	2 号	3 号	4 号	5 号	6 号	7 号	8 号	9 号	10 号
进流压力 p_{hi}/MPa	1.545	2.045	2.545	3.045	3.545	4.045	4.545	5.045	5.545	6.045

表 3-21 进流浓度选取方案

模型序号	1 号	2 号	3 号	4 号	5 号	6 号
进流浓度 $c_{hi}/\%$	2.0	2.5	2.8	3.0	3.5	3.8

3.6 本章小结

本章介绍了自驱型旋转式压力交换器（SD-RPE）的结构和工作原理，分析了

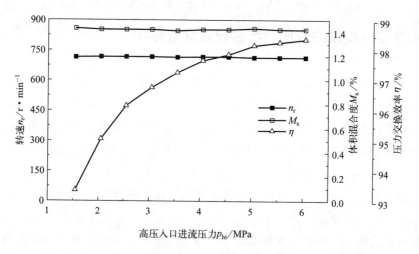

图 3-47　转子转速 n_r、体积混合度 M_x 和压力交换效率 η 与高压入口进流压力 p_{hi} 关系

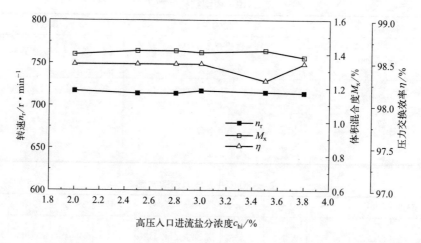

图 3-48　转子转速 n_r、体积混合度 M_x 和压力交换效率 η 与进流盐分浓度 c_{hi} 关系

该设备的自驱动特性、掺混特性和压力交换特性，研究了结构参数（转子长度、端盖通道覆盖孔道个数、螺旋升角）和操作参数（进流速度、高压进流压力与盐分浓度）对设备性能的影响规律。主要结论如下。

a. 揭示了 SD-RPE 的自驱动特性、掺混特性和压力交换特性。研究结果表明，自驱动过程分为快速启动阶段和稳定转动阶段，其驱动力来源于高、低压流体在端盖出口速度与转子转速形成的切向速度差。随着转子转速增大，高、低压流体在孔道内逐渐形成稳定的混合区；在转子转速稳定后，混合区在孔道内随着转子的转动做往复运动。通过频谱分析发现高压出口压力表现出非周期性脉动特征，其脉动曲线包含以孔道扫过端盖通道频率为基频的主波，以及频率为多倍基频的谐波，因此在实际装置运行中，可通过监测压力的脉动测得转子转动的频率。此外，转子孔道与端盖通道间存在较强的动静干涉，导致流体压力出现损耗。

b. 获得了结构参数和操作参数对自驱型压力交换器各项性能的影响规律。研究结果表明，端盖通道覆盖孔道个数和螺旋升角是转子转速、启动时间和压力交换效率的主要影响变量，随着端盖通道覆盖孔道个数和螺旋升角的增加，转速显著减小，启动时间显著增加，压力交换效率增大。转子长度是影响体积混合度的主要因素，转子长度的增加有利于减小体积混合度，控制掺混。另外，转速与进流速度成正比。随着进流速度减小，高压流体的停留时间分布标准方差减小，流体流型越接近于平推流，高、低压流体混合程度越弱。增大进流速度会增强孔道与端盖通道之间的动静干涉，导致压力损耗增大，有效压力交换减少。进流压力对转子转速和体积混合度几乎没有影响，对压力交换效率影响较显著，成正相关关系。

参 考 文 献

[1] 陈志华. 自驱型旋转式压力交换器的数值模拟与实验研究 [D]. 西安：西安交通大学，2016.

[2] 陈志华，邓建强，梅玫，等. 自驱型旋转式压力交换器的结构优化与动态性能研究 [J]. 化工机械，2017，44（4）：419-425.

[3] 陈志华，邓建强，曹峥，等. 自驱型旋转式压力交换器性能模拟与结构优化 [J]. 化工机械，2015，42（5）：669-675.

4

可视化实验与流动控制技术

4.1 旋转式压力交换器可视化实验

考察轴向孔道内部流场结构最有效、最直接的方法是流场可视化实验。由于孔道高速周期性旋转，难以通过可视化实验方法捕捉孔道内部的流动过程。在国内外以往的研究中，多数学者借助数值模拟计算的方法对孔道内部的流动过程进行研究，但这些数据和结果缺乏相应的实验结果作为验证参考。本节设计旋转式压力交换器可视化设备（visualization apparatus of rotary pressure exchanger，V-RPE）和实验系统，开展了粒子图像测速技术（particle image velocimetry，PIV）内部流场可视化实验，为流场特征和动量、质量的传递机理展开深入研究提供了相应的实验数据。

4.1.1 可视化实验设备与系统

(1) 旋转式压力交换器可视化设备

旋转式压力交换器可视化设备（旋转配流盘式压力交换器）又称旋转式压力能回收设备可视化装置（visualization apparatus of rotary energy recovery device，

V-RERD)，其结构保留了旋转式压力交换器的压力能回收原理，即容积式压力能回收技术，作者创新性地设计了旋转配流盘结构，采用孔道固定不动而配流盘高速旋转的结构设计，忽略离心力和科氏力对压力能回收过程的影响，该设备的工作流程示意图如图 4-1 所示。

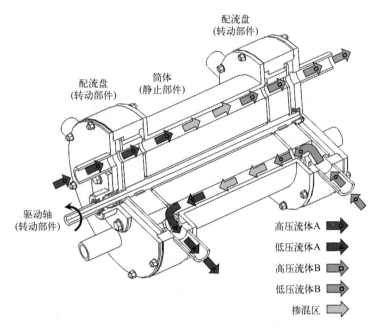

图 4-1　旋转式压力交换器可视化设备的工作流程

　　由于旋转配流盘式压力交换器采用了配流盘（端盖）旋转而孔道静止的设计方案，传统的配流盘结构不能满足此方案中两股流体在同一孔道中实现交替进出的工作过程。为了解决这一问题，配流盘结构被重新设计，如图 4-2 所示采用配流盘和配流盘盖板的组合方案。在该结构中，配流盘和配流盘盖板的组合形成了高、低压两个单独腔室，高、低压两股流体分别进入对应的腔室中。在电机的驱动下，配流盘组件高速旋转，高、低压腔室交替与孔道接触，从而实现高、低压两股流体交替进出孔道，完成压力能回收的整个过程。在装置运行时，回收高压流体 A 中的压力能并用以增加低压流体 B 的压力的工作过程如下。

　　a. 低压流体 B 从低压进口进入低压腔，并流入配流盘的扇形通道所覆盖的轴向孔道，在低压流体 B 充满轴向孔道的同时将该轴向孔道内泄压后的流体 A 以低压形式排出，低压流体 A 经过配流盘组件的扇形通道流入到低压腔，最终低压流体 A 经过低压出口被彻底排出，此为旋转式压力交换器可视化设备的泄压阶段（低压区阶段）。

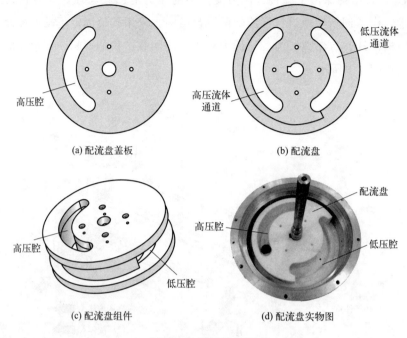

图 4-2　配流盘组件

b. 在外部电机的驱动下，配流盘组件继续旋转，当充满低压流体 B 的轴向孔道被配流盘的月牙形通道所覆盖时，进入旋转式压力交换器可视化设备的增压阶段（高压区阶段）。高压流体 A 从高压进口进入高压腔，并流入配流盘组件的月牙形通道，在高压流体 A 充满轴向孔道的同时将轴向孔道内的低压流体 B 以高压形式排出，流体 B 经过配流盘组件的月牙形通道流入到高压腔，最终流体 B 经过高压出口以高压的形式被彻底排出，完成设备的增压阶段（高压区阶段）。

c. 随着配流盘组件不断旋转，轴向孔道的流体不断经过增压（高压区）、密封（密封区）和泄压（低压区）三个阶段，实现高压流体 A 中的压力能传递给低压流体 B，完成压力能的交换和回收过程。

（2）PIV 可视化实验系统

PIV 是一种瞬态、多点、非接触式的速度场测量技术，作为一种重要的流体测量技术手段，被广泛运用到各种复杂流动的实验研究中。本实验采用丹麦 Dantec 公司的二维 PIV 测试系统，测试系统的详细布局如图 4-3 所示。PIV 系统的主要部件包括 Nd：YAG 双脉冲激光发生器、片光源透镜、高速 CCD 相机、窄带滤波镜、时间同步控制器（含外触发器）、计算机和图像后处理软件，具体参数设置如表 4-1 所示。以下对 PIV 系统各部件以及相应参数的选择和设置进行简要介绍。

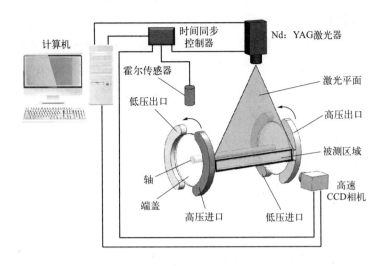

图 4-3　PIV 测试系统布局

表 4-1　PIV 测试系统的主要部件和参数

主要部件	参数	
Nd:YAG 双脉冲激光发生器	型号:Nd:YAG	波长:532nm
	脉动宽:4~15ns	最大脉冲能量:200mJ
	最大频率:100Hz	片光可调厚度:0.5~4mm
	片光发射角:31°	
高速 CCD 相机	型号:SpeedSense 9040	分辨率:1632×1200 pixel
	EMS 内存:6GB	
光学镜头	Nikon AF Micro 60mm f/2.8D	
时间同步控制器(含外触发器)	型号:80N77	通道数:8
	输入通道数:2	输出信号:TTL 5V
	最大频率:80MHz	
图像后处理软件	Dynamic Studio v3.42	
示踪粒子	聚酰胺颗粒	颗粒密度:1.04g·cm^{-3}
	颗粒直径:30μm	

① Nd:YAG 双脉冲激光发生器

Nd:YAG 双脉冲激光发生器用来为 PIV 测试系统提供所需要的光源,具有工作频率高、脉冲能量强等特点。在激光出口处装有片光源透镜,可将激光转换成 0.5~2mm、散发角为 31°的片光。实验所用的激光器能发射出最大 200mJ 的激光脉冲，可满足大多数的流场测量需求。在实验中根据实际情况调节激光脉冲能量，使得被测流场区域中绝大多数的示踪粒子被照亮，亮度满足拍摄要求即可。通过调节脉冲时间间隔，激光发生器发射出两束激光，照亮被测量区域的示踪粒子，高速 CCD 相机拍摄对应的两帧图片。为了满足"1/4 法则"，根据实验中实际流体流速来调节脉冲间隔时间，使得两帧图片中的示踪粒子发生的位移满足 $1/2\sim1/4$ 个最小问询区域。在本实验中，激光厚度被调成最小的 0.5mm，避免较厚的片光源照亮其他层的示踪粒子而得到错误的流场信息。激光出口侧与被拍摄对象距离约 0.5m，以保证被测量区域具有较为一致的激光强度。

② 时间同步控制器

时间同步控制器用来实现本实验中激光发生器、高速 CCD 相机和时间触发器三者间的协调运行，当时间触发器发出上升沿的触发信号时，时间同步控制器获得信号并向高速 CCD 相机和激光发生器发出指令，使得两者之间的相机曝光时间和激光发射时间能够相互匹配，获得正确和清晰的示踪粒子图像，这就是时间同步控制器的时序控制作用。

③ 时间触发器

本 PIV 测试实验中运用到了两种时间触发器：内触发器和外触发器。内触发器是 PIV 系统内部集成的，通过 Dynamic Studio v3.42 软件设置所需要的触发频率，从而控制每组图像间的拍摄时间间隔。在使用内触发器时，内触发频率设置为 10Hz。由于内触发方式不能准确获得特定孔道相位的流场信息，即不能保证 PIV 拍摄过程与被测量物体相位的严格同步，这时需要用到外触发器来保证每次拍摄的是同一时刻的孔道相位。实验中所用到的外触发器主要部件是霍尔传感器，当电机转轴转动到特定角度时，轴上的磁体与霍尔传感器接触产生 5V 的上升沿信号，时间同步控制器接收到信号时再给激光发生器和高速 CCD 相机发出指令进行拍摄，从而获得特定相位的流场信息。在外触发工作过程中，PIV 内部集成的内触发器停止工作。

④ 高速 CCD 相机

高速 CCD 相机是 PIV 测试系统的成像设备，用来对激光照亮的区域进行拍摄并将存储的图像数据通过数据线传输给计算机进行后处理。在本实验中相机前端还装有一颗 Nikon AF Micro 60mm f/2.8D 微距镜头，通过调节镜头上的聚焦环可更加清楚地拍摄微小流域的流场信息。在 Dynamic Studio v3.42 软件中，相机有单帧单曝光和双帧双曝光两种拍摄模式。在本实验拍摄过程中，相机模式选择为双帧双曝光。为了获得统计意义上的收敛结果，在拍摄时均流场时总共采集 1000 组图像；

在采用"锁相"拍摄模式时，总共采集 400 组图像。

⑤ 示踪粒子

示踪粒子的作用是用来表征被测流体的速度，根据被测流体的不同，示踪粒子的形态可分为固态（如空心玻璃珠，用于液体测量）和液态（如油滴，用于气体测量）。示踪粒子的选择有三个基本因素：散射性、跟随性和沉降速度。其中，示踪粒子与被测流体间跟随性的好坏直接决定了所得到流场信息的准确度。当示踪粒子粒径过大时，其跟随性降低；粒径过小，其对激光所形成的米氏散射作用减小，相机难以获得清晰的粒子图像。因此当被测流体为液体时，一般取 $10\sim50\mu m$ 粒径大小的示踪粒子为宜；当被测流体为气体时，一般取 $1\sim10\mu m$。在本实验中最终选择粒径为 $30\mu m$ 的聚酰胺颗粒作为示踪粒子。在进行 PIV 测试实验时，示踪粒子在被测流体中的浓度也决定了所得到流场信息的准确度。粒子浓度过大时，所得到的图像中粒子间会出现重叠情况，PIV 后处理程序难以识别每个粒子的位移；粒子浓度过低，又难以表征被测区域的真实速度信息，因此通常建议在每个问询区域中包含 $5\sim8$ 颗粒子为宜。所以在进行 PIV 拍摄实验时，粒子的浓度需要缓慢增加，直到满足测量要求。

⑥ 图像后处理软件

实验所涉及的 PIV 设置操作和后处理都是在丹麦 Dantec 公司出品的 Dynamic Studio v3.42 商业软件中完成的。在该软件的系统设置窗口，不仅能设置相机的拍摄模式，还能设置激光和相机的拍摄频率以及两帧图像的时间间隔。

图 4-4 和图 4-5 分别为实验系统流程图和实物图。实验系统包括：V-RERD、PIV 测试系统、高压水泵、低压水泵、高压水箱、低压水箱、除气泡水箱、数据采集系统和电控系统。实验介质为清水，通过高、低压水泵将清水输入实验系统，通过球阀和旁路来控制高、低压进口管路的流量。由于流体被泵排出时伴随有气泡，气泡进入到可视化实验段会影响 PIV 拍摄过程，因此流体在进入实验段前需流经除气泡水箱，消除流体中的气泡。当高、低压流体在 V-RERD 完成压力交换后，又分别通过高、低压出口管路回到对应的水箱中，从而实现闭式循环实验。在各个进、出口管路中设有采样阀，用于后续浓度测试实验的浓度分析。V-RERD 通过联轴器与外部变频电机连接，通过变频器实现相应的设定转速。实验系统主要部件的型号和参数见表 4-2。

当高速 CCD 相机拍摄完原始的流场图像后，进行大量的数据处理工作以获得具体流场信息，如图 4-6 所示，涉及图像标定、图像处理以及数据后处理三块内容。

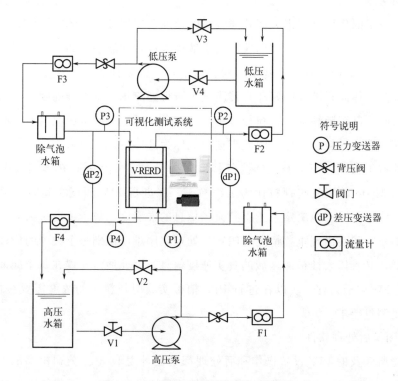

图 4-4 V-RERD 可视化实验系统流程

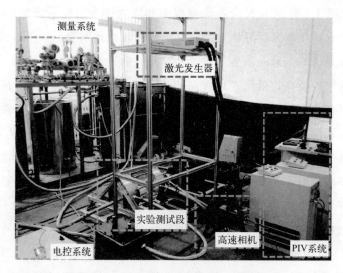

图 4-5 V-RERD 可视化实验系统实物

表 4-2　主要部件的型号和参数

编号	部件名称	型号	规格参数	数量
1	高压泵	25LG-10×15	扬程 150m,流量 $3m^3 \cdot h^{-1}$	1
2	低压泵	25LG-10×5	扬程 50m,流量 $3m^3 \cdot h^{-1}$	1
3	电磁流量计	DLHL-25	量程 $0.18 \sim 17.66m^3 \cdot h^{-1}$,精度 0.5%	4
4	压力变送器 1	XY3151GP5S22M4B3	量程 $0 \sim 1$MPa,精度 0.2%	2
5	压力变送器 2	XY3151GP7S22M4B3	量程 $0 \sim 6$MPa,精度 0.2%	2
6	差压变送器	3051CD3A25A1AB4M5	量程 $0 \sim 0.2$MPa,精度 0.075%	2
7	变频电机	YVF2-132M-4	功率 7.5kW,频率 $0 \sim 100$Hz	1
8	变频器	ACS550-01-031A-4	功率 15kW,输出频率 $0 \sim 500$Hz	1
9	霍尔传感器	KJT-HJ12M-ZNK	响应频率 50kHz	1

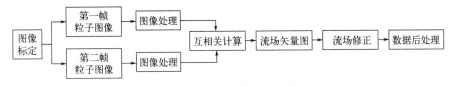

图 4-6　PIV 图像处理流程

a. 图像标定。PIV 图像标定的过程是告诉计算机高速 CCD 相机所拍摄原始图片的实际尺寸和具体拍摄比例,这样计算机才能真实地计算出被测流场的实际流速。因此在图像处理之前,需要完成相应的 PIV 图像标定过程。

b. 图像处理。在完成图像标定过程后对图像进行处理:对原始图像进行相应亮度调节,使得图像中的粒子获得正确的曝光,方便下一步数据后处理过程;对不需要计算的流场区域截取或建立遮挡(mask)操作,生成新的计算域(region of interest),减少数据后处理计算量;将原始图像划分出多个细小的问询区域(interrogation area),并求解该区域的流速信息。

在后处理软件求解问询区域流速时,推荐采用互相关算法(adaptive correlation)。和其他算法(杨氏条纹法、自相关算法)相比,互相关算法具有较高的空间分辨率和较宽的测量动态范围。问询区域的尺寸根据实际情况选择,一般推荐 32×32 或者 64×64。采用 25% 或者 50% 的重叠率对问询区域内的示踪粒子轨迹进行处理,能够得到更加准确的速度矢量信息。在图像处理过程中,通过峰值验证(peak validation)的方法还能对无效的矢量信息进行排查和替换,消除流场中不合理的速度矢量结果。

c. 数据后处理。当获得了被测流场的速度矢量信息后,还需要将数据导入到自编的 MATLAB 程序进行处理分析,进一步得到如平均速度、脉动速度等流场信息,并通过如 Tecplot、CFD-Post 后处理软件进行后处理分析。

由于全尺寸、多孔道的结构设置会导致激光平面被其他孔道所遮盖,影响 PIV

实验的拍摄过程。为了方便实验设备的调试和 PIV 测试实验的开展，在此次实验中旋转式压力交换器可视化设备仅配备了单根孔道，该设备的三维模型和实物图分别如图 4-7 和图 4-8 所示，模型的尺寸参数见表 4-3。测试段孔道由 5mm 有机玻璃制成，截面尺寸为 30mm×30mm×265mm。由于有机玻璃不能承受较高的压力，此次内部流场可视化实验在低压条件下进行。实验测试转速为 120r·min^{-1}，进流流量为 0.3m^3·h^{-1}。基于孔道的水力直径的雷诺数 Re_D 定义为：

$$Re_D = \frac{D_h U}{\gamma} \tag{4-1}$$

式中，D_h 为孔道水力直径；U 为进流流速；γ 为运动黏度。

通过计算，本实验所对应的雷诺数 Re_D 为 3537。

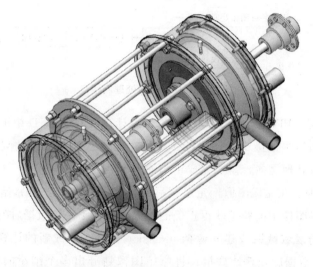

图 4-7　三维模型结构

图 4-8　单管旋转配流盘式压力交换器实物

表 4-3　模型结构参数

部件	结构参数	参数值
配流盘	配流盘内径 R_1/mm	70
	配流盘外径 R_2/mm	105
筒体	覆盖孔道个数 n	5
	筒体半径 R/mm	105
	转子长度 L/mm	265
	孔道个数 N	1

为了详细研究孔道内流体运动过程呈现出的三维流动特征，PIV 实验分别对孔道内的 a、b、c 和 d 四个截面进行了拍摄分析，如图 4-9 所示。坐标轴 x、y 和 z 分别表示孔道内流体的垂直壁面、展向和流向的三个方向，原点 O 建立在孔道中心处。

旋转式压力交换器可视化设备在运行过程中存在着动静干涉作用，流体在孔道内的流动过程因配流盘和孔道间相对位置的改变而发生变化。为了详细研究不同时刻的流场分布，需要对孔道相位（配流盘与孔道间的相对位置）

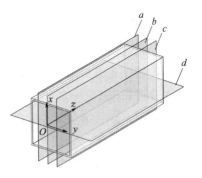

图 4-9　孔道中的测量平面

进行详细标定，通过"锁相"同步方法获得特定孔道相位下的内部流场分布，研究内部流场中湍流拟序结构的演化过程。当配流盘在变频电机的带动下进行绕轴旋转运动时，配流盘和孔道的相对位置发生周期性变化。又由于旋转式压力交换器可视化设备的工作特性，在海水增压过程和卤水泄压过程中只是流体流动方向的改变。因此为了简化实验，在本实验中只研究如图 4-10 所示密封区阶段和海水高压区阶段的 6 组相位（相位间隔 30°）。本实验通过霍尔传感器的磁电效应来实现"锁相"同步测量（图 4-3），具体实施方法如下。在电机与转动轴间的联轴器旁装有霍尔传感器，根据相位需要在联轴器的特定位置装有细小的钕铁硼磁铁。当钕铁硼磁铁随着电机转动与霍尔传感器接触时，霍尔传感器发出 5V 的上升沿信号给 PIV 测试

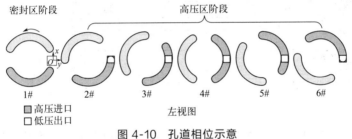

图 4-10　孔道相位示意

系统的时间触发器，进而给高速 CCD 相机和激光器发出拍摄信号。随着电机不断转动，每当钕铁硼磁铁与霍尔传感器进行一次接触时，PIV 测试系统完成一次拍摄。由于霍尔传感器的效应频率高达 50kHz，同步过程中的滞后误差可忽略不计。在"锁相"同步测量过程中，PIV 测试系统的内部触发器停止工作，霍尔传感器作为外部触发器指导 PIV 测试系统进行拍摄。当获得足够多组的原始图像并进行数据平均处理后，就能获得该相位时刻的流场信息。

4.1.2 孔道内部的流场结构

图 4-11 所示为孔道相位 1♯ 至 6♯ 时刻截面 d 上孔道内部瞬时涡量场和速度矢量分布。在孔道相位 1♯ 时刻（密封区阶段），此时没有流体由孔道左侧入口流入到孔道内部；孔道相位 2♯ 至相位 6♯ 时刻（高压区阶段），此时流体由左向右侧流动。在孔道相位 1♯ 中，虽然孔道内部没有流体进入，但是孔道内部部分流体在惯性的作用下，继续保持上一阶段——低压区阶段中流体由右向左侧的流动过程。此时孔道左侧出现了一对旋涡——旋涡Ⅰ（蓝色箭头所示）和旋涡Ⅱ（黄色箭头所示）。旋涡Ⅰ与旋涡Ⅱ彼此间的旋转方向相反。旋涡Ⅰ靠近孔道左侧并紧贴着孔道下壁面，而旋涡Ⅱ则紧贴着孔道上壁面。当孔道进入高压区阶段时，即孔道相位

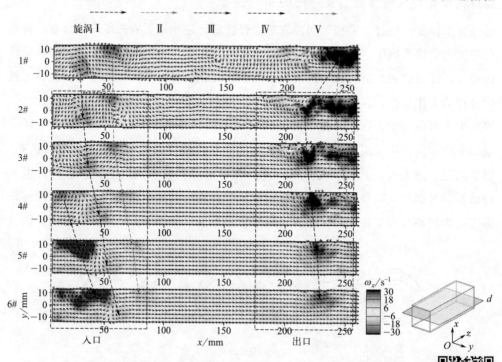

图 4-11　孔道相位 1# 至 6# 时刻截面 d 上孔道内部瞬时流场分布特性

2♯至6♯时，这一对旋涡随着进流流体的运动而沿着流动方向前移，在此过程中各自涡量也随着相位的变化而不断减小。在孔道相位6♯时，这一对旋涡基本消失。

旋涡Ⅲ则出现在孔道相位4♯时刻，起初旋涡Ⅲ涡量很小且旋转运动不明显。当进入到孔道相位5♯时，旋涡Ⅲ的涡量显著增大，旋转运动明显加剧。从速度矢量箭头的方向可看出，旋涡Ⅲ的位置出现了明显的回流现象，这一现象在孔道相位6♯时刻最为明显。回流现象的产生，会导致流体进入孔道内的阻力增加，造成压力能回收效率降低。因此，回流现象与压力能回收效率间的关系需要进一步研究。

在孔道相位1♯时刻的密封区阶段，孔道右侧上壁面区域存在一较大尺寸的旋涡Ⅴ。该旋涡Ⅴ与孔道相位6♯时刻的旋涡Ⅲ的旋转方向相反，但旋涡彼此间的结构尺寸大致相当且涡量幅值大体接近。需要说明的是，在高压区阶段与低压区阶段，孔道内的流体流动方向相反，各个阶段的流动过程属于振荡流形式，因此流动过程在一个工作周期内存在流动对称性，所以旋涡Ⅴ和旋涡Ⅲ的形成原因和演化过程一致。当孔道进入高压区孔道相位2♯时，旋涡Ⅴ在惯性的作用下继续沿着上一阶段的流动方向（低压区阶段，流动由右向左）继续向左侧运动，且旋涡尺寸进一步拉长。但在此时刻，旋涡Ⅴ的中心区域出现了分裂，旋涡Ⅴ靠近孔道内侧区域出现了新的旋涡Ⅳ。在孔道相位3♯至相位6♯时刻，旋涡Ⅴ随着高压区阶段的流体流动而不断被推出孔道外，在孔道相位6♯时刻旋涡Ⅴ基本消失；与此同时，旋涡Ⅳ则一直停留在孔道内侧，其位置没有随着流体的流动而发生很明显的变化，但涡量逐渐减小。根据流体在高压区阶段和低压区阶段的流动对称性可知，旋涡Ⅳ和旋涡Ⅱ的形成原因和演化过程一致。

据上述分析可发现，旋转式压力交换器在一个完整工作周期内，经历密封阶段—高压区阶段—密封区阶段—低压区阶段的完整循环，孔道内的旋涡会经历形成—发展—稳定—消失四个阶段。随着旋转式压力交换器不断运行，孔道内部的旋涡则周期性经历上述四个阶段，造成孔道内部的流动扰动加剧，从而导致高压海水出口侧的盐分浓度增加。由于旋涡Ⅴ周期性被排出孔道，这会导致出口侧存在严重的压力波动现象，在海水淡化系统中因其工作设备的噪声增加，并对下游设备产生危害，因此有必要抑制孔道内部旋涡的形成与脱落过程。

图4-12所示为孔道轴线上的涡量分布，随着相位的变化，旋涡Ⅰ和旋涡Ⅱ的涡量不断减小，到孔道相位6♯时刻基本消失。旋涡Ⅲ则伴随着高速旋转运动出现在孔道相位5♯时刻。孔道右侧出口处可清晰地看到旋涡Ⅳ和Ⅴ的分裂过程，最终在孔道相位6♯时刻，旋涡Ⅴ基本被排出到孔道外侧。此外图中还能清晰地发现在

孔道中间区域的涡量基本为零，且该区域的涡量不会随着相位的变化而发生改变，说明该区域流体流动过程中扰动较小，该流体稳定区域被定义为液柱活塞。液柱活塞在孔道中间区域的形成，能有效地隔绝孔道左、右两侧不稳定区域的相互作用，避免孔道内部两股流体间发生强烈的质量传递，从而有效降低压力能回收设备的掺混现象。

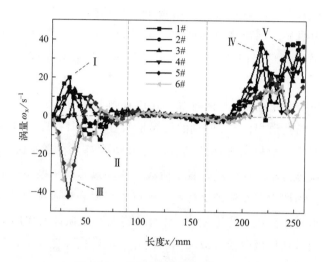

图 4-12　孔道轴线上的涡量分布

图 4-13 所示为孔道内部流场的速度分布图。图 4-13(a) 中，孔道右侧在相位 1♯时刻存在明显的高速回流区，该区域对应着图 4-12 中旋涡 V 的位置。随着孔道位置由孔道相位 1♯ 进入到相位 6♯ 时刻，该区域的速度不断减小，最终与进流速度（孔道中心区域）基本接近。在这个过程中，在孔道左侧也形成了一高速回流区并在孔道相位 6♯ 时刻达到速度最大值。从图中可发现孔道左、右两侧回流区的变化趋势与图 4-12 中旋涡的演化趋势基本对应。在图 4-13(b) 中，随着相位变化，流体在 y 方向上的变化趋势与图 4-13(a) 中 z 方向基本一致，但在孔道中间区域，流体在 y 方向上的变化相对较小。从图 4-13(a) 中可发现，回流的形成与配流盘与孔道间的相对旋转运动有关：流体在配流盘时具有和配流盘旋转方向一致的旋转动能，当流体进入孔道时在该旋转动能下产生和配流盘旋转方向一致的切向速度，因此流体在进入孔道时会撞击孔道壁面，产生强烈旋转运动并引起回流和旋涡，即前文提到的"入口效应"现象。

图 4-14 所示为孔道轴线上的速度分布，可清楚表示流体在孔道内速度的变化关系和趋势。从图 4-14(a) 可发现，随孔道相位变化，孔道内回流区速度幅值和回流区长度不断增加，而孔道出口处（右侧）高速区速度幅值则相应减小，直到与进

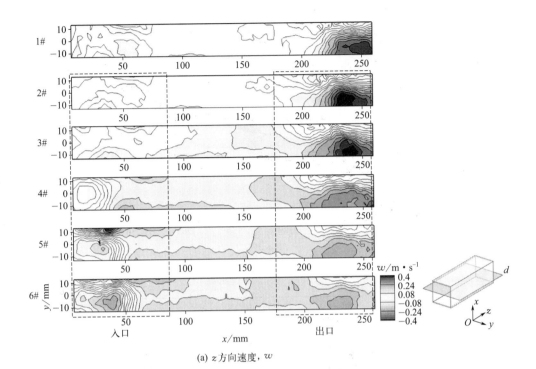

(a) z 方向速度，w

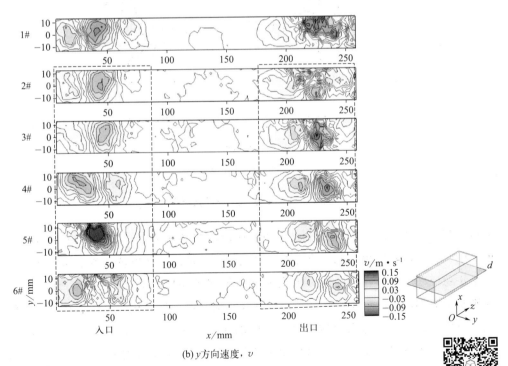

(b) y 方向速度，v

图 4-13　截面 d 上孔道内部速度云图

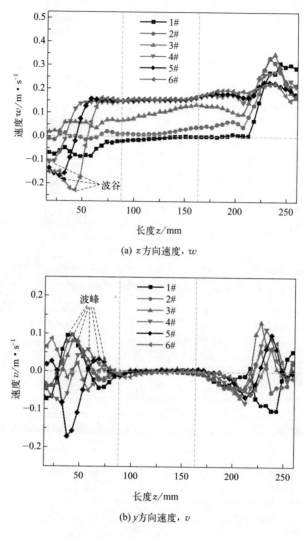

(a) z方向速度，w

(b) y方向速度，v

图 4-14　孔道轴线上的速度分布

流速度基本一致。图 4-14（b）中也存在相应的趋势和现象，回流区在 y 方向的速度不断减小，但孔道出口侧一直存在一速度峰值。从图中还发现孔道中间区域存在一个平稳流动区域，在该区域 z 方向速度幅值在各相位时刻基本一致，而在 y 方向则基本为零，再次证明了液柱活塞的存在。随孔道相位变化，液柱活塞内流体被入口流体推挤着向孔道出口侧流动，其内部速度变化只发生在 z 方向，即顺流方向；而在 y 方向基本无速度，呈现出平推流特性。因此孔道内液柱活塞能有效防止两股流体相互之间的质量掺混。

图 4-15 为截面 d 上孔道内部的时均流场分布，由于孔道内部流场的周期性运动，流场均呈现出左右对称结构，且在孔道两侧均出现较高的流体扰动区域，这就是瞬时流场中的"入口效应"现象。从图中还可发现孔道的中间区域存在"液柱活塞"，该区域中流速较小且湍流动能较小，如图 4-15(e) 所示。

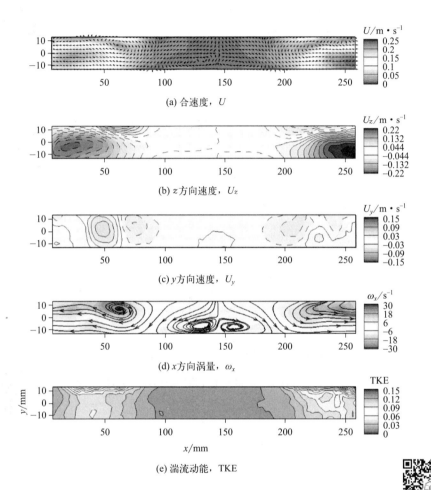

(a) 合速度，U

(b) z 方向速度，U_z

(c) y 方向速度，U_y

(d) x 方向涡量，ω_x

(e) 湍流动能，TKE

图 4-15 截面 d 上孔道内部时均流场分布特性

图 4-16 为孔道内部三个垂直截面上的时均流场分布，各个截面上的流场分布也呈现出左右对称结构，"入口效应"和"液柱活塞"也能被清晰地识别出来。需要指出的是，截面 a 和截面 c 上的流场结构彼此间存在一些差异：如在涡量云图中，截面 a 的流动方向由孔道上壁面至下壁面，而在截面 c 中的流动方向却相反。从图 4-17 中也可以发现不同截面在孔道左右两侧的速度部分存在差异，而在孔道中间区域差异较小，说明孔道左右两侧存在强烈的三维扰动现象。

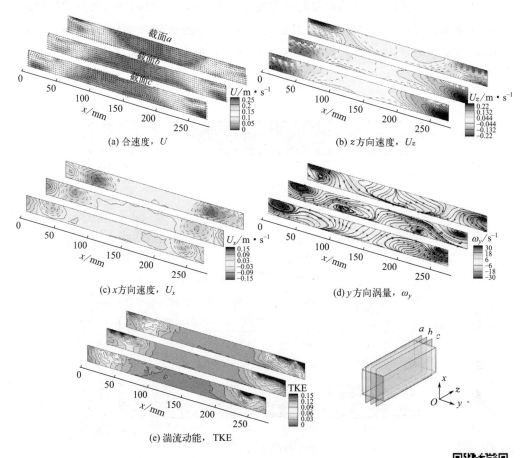

(a) 合速度，U

(b) z 方向速度，U_z

(c) x 方向速度，U_x

(d) y 方向涡量，ω_y

(e) 湍流动能，TKE

图 4-16　截面 a、b 和 c 上孔道内部时均流场分布特性

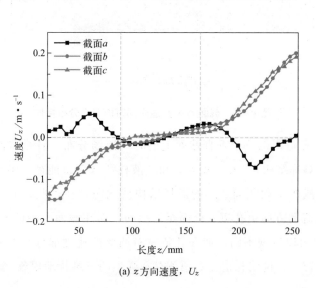

(a) z 方向速度，U_z

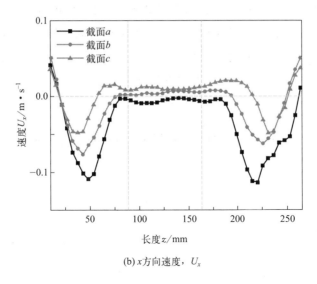

(b) x方向速度，U_x

图 4-17　截面 a、b 和 c 中心线上的时均速度分布

4.2　有限通道内分隔板流动控制技术

由于旋转式压力交换器工作原理的特殊性，难以直接采用流场可视化实验的方法对孔道的内部流场进行考察，也难以通过实验方法开展高效流体流动控制技术的研究。因此根据孔道的结构形式（有限通道）以及内部旋涡的形成和演化过程的特性，通过实验的方式来考察分隔板控制技术对有限通道内拟序涡的抑制作用。在实验中，有限通道内放置圆形钝体产生湍流流动和拟序涡结构，分析圆形钝体尾迹区的拟序涡的运动特性和演化过程。目前在有限通道条件下钝体绕流的研究领域中，还没有学者通过可视化实验的方法考察分隔板控制技术对圆柱体的尾迹流动特性的影响。因此有必要开展 PIV 可视化实验，对分隔板控制技术在有限通道条件下展开定性和定量的研究。此研究结果不仅能丰富分隔板控制技术在圆柱绕流方面的研究领域，还能为后续的旋转式压力交换器内部湍流结构的高效控制提供指导思路。

图 4-18 为实验模型示意图，直径 $D=30\text{mm}$ 的圆柱体放置在阻塞比 β（$\beta=D/W$，W 是方槽宽度）为 0.3 的方槽通道内。方槽由透明的有机玻璃制成，其内部尺寸为 3000mm（长）×100mm（宽）×50mm（高）。进流速度 $U_c=0.08\text{m}\cdot\text{s}^{-1}$

和 $0.10\mathrm{m} \cdot \mathrm{s}^{-1}$，基于圆柱体直径的雷诺数 $Re_D = 2400$ 和 3000。如图 4-18 所示，在方槽入口端放置有蜂巢型稳流装置，以降低来流的湍流强度。分隔板紧贴在圆柱体尾部（$G=0$），考察了分隔板长度 $L_c/D = 0.5$、0.75、1、1.25 和 1.5 对尾迹区流体的控制作用。图 4-19 为 PIV 实验测量系统示意图，由 CCD 相机、时间同步控制器、激光器、计算机、有限通道等构成。

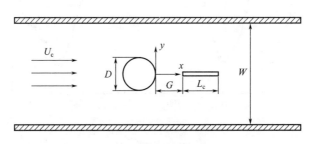

图 4-18　实验模型及尺寸

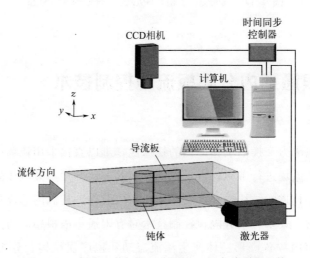

图 4-19　有限通道条件下分隔板 PIV 实验测量系统

4.2.1　尾迹涡脱落特性分析

图 4-20 是圆柱体尾迹区的瞬时涡量云图和流线图，所有的工况都选取在下侧边界层处逆时针方向的大尺寸涡即将脱落的时刻。从图中可发现，与对照组（无分隔板）结果相比，当尾迹区加入分隔板时，逆时针方向的大尺寸涡沿着顺流方向扩展，且旋涡脱落位置由圆柱体尾端向下游移动至分隔板尾端。随着分隔板长度的增加，逆时针旋涡在展向方向不断缩小。当分隔板长度 $L_c/D = 1$、1.25 和 1.5 时，

在两组雷诺数下逆时针方向的大尺寸涡分裂成两个小尺度旋涡——主涡和二次涡，两者的旋转方向依然为逆时针方向。在 $Re_D = 3000$、分隔板长度 $L_c/D = 1.5$ 时的工况下，主涡涡心位置在分隔板尾端的上游，似乎不再从分隔板尾端处脱落。这些现象说明，分隔板能有效改变有限通道条件下圆柱绕流的尾迹特性，阻断尾迹区两侧剪切层的相互作用，抑制大尺寸涡的形成和发展过程。

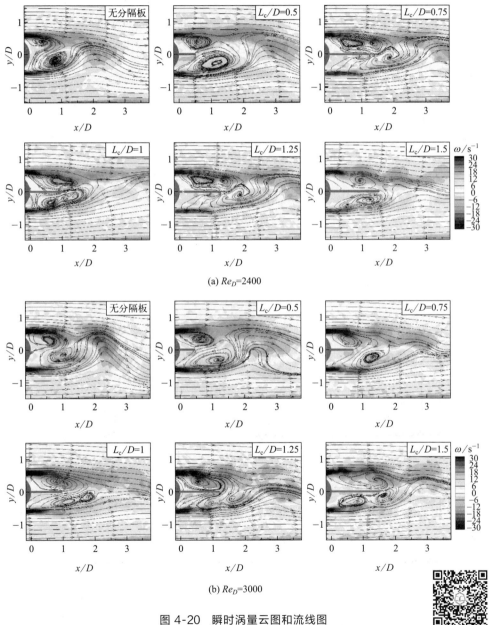

(a) $Re_D = 2400$

(b) $Re_D = 3000$

图 4-20　瞬时涡量云图和流线图

图 4-21 显示的是不同工况下尾迹区处 $x/D=2$、$y/D=0.5$ 处旋涡脱落频率。通过对被测点的速度检测并运用功率谱密度（power spectral density，PSD）分析方法可获得被测点的旋涡脱落频率。和对照组相比，当尾迹区加入分隔板（$L_c/D=0.5$）时，旋涡脱落频率明显降低，这是因为分隔板改变了尾迹区大尺寸涡的尺寸和涡心位置，使得大尺寸涡脱落周期增长，因此旋涡脱落频率随之降低。随着分隔板长度增加到 $L_c/D=0.75$，旋涡脱落频率进一步降低。但是当分隔板长度为 $L_c/D=1$、1.25 和 1.5 时，在两组雷诺数工况下功率谱密度分析的结果中均未出现主峰信号，说明在尾迹区被测点处的大尺寸涡脱落现象被分隔板有效抑制，尾迹

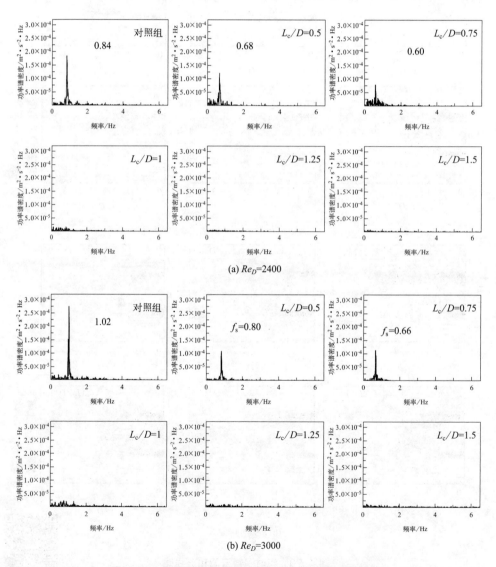

图 4-21 尾迹区 $x/D=2$、$y/D=0.5$ 处旋涡脱落频率

区的流体流动呈现出相对均匀的流动分布。需要特别指出的是这种旋涡脱落信号消失的现象，在非有限通道条件下的分隔板控制技术的研究中均未出现过。根据其他学者在有限通道条件下圆柱绕流的研究成果，有限通道的壁面对尾迹流体的脉动具有抑制作用，因此在本研究中分隔板对大尺寸涡抑制作用在有限通道条件下得到了加强。

为了更好地说明分隔板在有限通道和非有限通道条件下对旋涡脱落频率的影响，图 4-22 展示了其他学者在非有限通道条件下的旋涡脱落频率的对比结果。由于不同学者所研究的圆柱体直径和进流速度各不相同，引入用于表征旋涡脱落特性无量纲的斯特劳哈尔数 St（$St = f_s \times D/U_c$，f_s 为旋涡脱落频率）来进行对比分析。在前人大量的实验研究中，非有限通道条件下的斯特劳哈尔数基本近似恒定于 0.21，这个数值并不会随着圆柱体直径和进流速度的改变而发生变化。在本实验的有限通道条件下，对照组实验的斯特劳哈尔数为 0.31，与非有限通道相比有 48% 的提升，说明有限通道对旋涡的脱落特性有着重要影响。随着导流片长度的增加，斯特劳哈尔数在两组雷诺数工况下均呈现出明显的下降趋势。在非有限通道条件下，斯特劳哈尔数则表现出轻微的下降趋势，然后又逐渐上升。与非有限通道工况相比，分隔板在有限通道条件下对旋涡脱落的抑制作用更明显，特别是在分隔板长度 $L_c/D = 1$、1.25 和 1.5 下旋涡脱落现象消失。

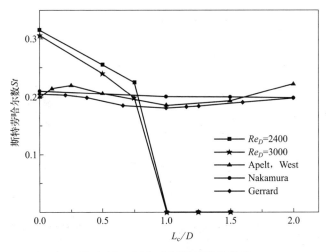

图 4-22　St 与分隔板长度的关系

4.2.2　尾迹区时均特性分析

图 4-23 为圆柱体尾迹区的时均涡量云图和流线图。在图中可发现，尾迹区的

上、下剪切层呈现出对称结构。当分隔板被放置在尾迹区时，即使是在最短的分隔板长度工况（$L_c/D=0.5$）下剪切层长度也明显变长，说明分隔板有效阻止了上、下剪切层之间的相互作用。随分隔板长度进一步增加，尾迹区剪切层长度也不断增加。在紧邻圆柱体的下游尾迹区出现了一对对称的循环旋涡（re-circulating vortex），旋涡涡心（F_1 和 F_2）明显，分离点（saddle point，S）位置也清晰可见。随分隔板长度的增加，分离点位置向下游移动，但涡心位置基本保持在 $x/D=0.9$ 不动。当分隔板长度大于 $L_c/D=1$ 时，分隔板长度已超过了涡心位置。结合图 4-21 和图

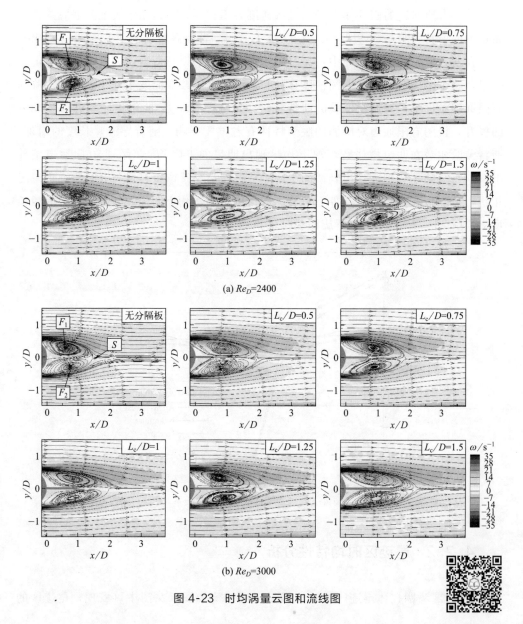

图 4-23　时均涡量云图和流线图

4-22 的结果可知，在有限通道条件下当循环旋涡涡心位置处于分隔板上游区域时，分隔板能有效抑制旋涡的脱落过程。

为了更好地说明分隔板对尾迹区流动过程的影响，定义分割点到圆柱体尾部的距离为旋涡形成长度 L_s。图 4-24 展示了分隔板长度在有限和非有限通道条件下对旋涡形成长度的影响。从 Akilli 等和 Gozmen 等的实验结果可看出，在分隔板条件下旋涡形成长度明显小于有限通道条件下的，说明有限通道壁面对圆柱体尾迹区的流体扰动有显著稳定效果，这与 Deepakkumar 等和 Rehimi 等的研究结果一致。通过这个结果可进一步解释上文提到的改变（缩小）孔道截面尺寸能抑制孔道内旋涡形成：孔道截面变窄使得孔道壁面对内部流场的稳定作用加大。需要指出的是，Thakur 等通过研究发现孔道壁面对尾迹区的稳定作用与阻塞比 β 有着密切关系，因此孔道的截面形状和尺寸并非可以任意修改，而是需要开展更多的研究工作来寻找最佳的孔道截面形状和尺寸。

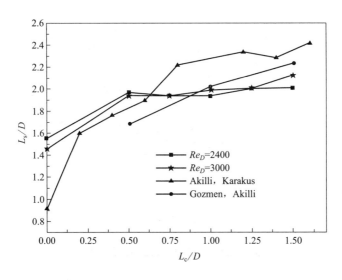

图 4-24　L_s 与分隔板长度的关系

在图 4-24 中，当分隔板被放置在尾迹区时，在有限通道条件下和非有限通道条件下的旋涡形成长度急剧增加。在非有限通道条件下旋涡形成长度随着分隔板长度的增加而不断增加，但在有限通道条件下旋涡形成长度与分隔板长度的变化关系不再明显。由此可见，在有限通道条件下分隔板的长度对尾迹区流场的影响有限。但是在 $Re_D = 3000$、分隔板长度为 $L_c/D = 1.5$ 时的工况下，旋涡形成长度出现一定的增长趋势，这一点可能与图 4-20 尾迹区的瞬时流场图中二次涡的形成有关。

图 4-25 显示了圆柱体尾迹中心线上的湍流动能（turbulent kinetic energy，TKE）分布。除了 $Re_D = 3000$、分隔板长度为 $L_c/D = 1.5$ 的工况外，所有工况下的湍流

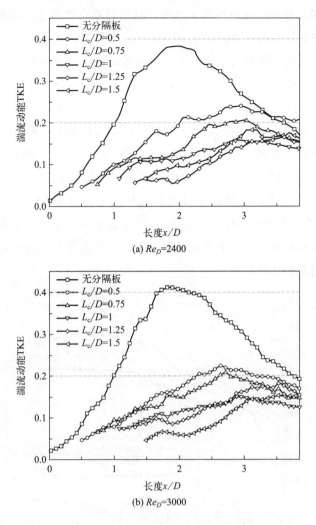

图 4-25 尾迹中心线上 TKE 分布

动能分布曲线均呈现先增大后减小的趋势。和对照组的结果相比较，分隔板能有效降低圆柱体尾迹区的湍流动能，且在分隔板长度 $L_c/D=1$、1.25 和 1.5 时的效果更加显著。值得注意的是，随分隔板长度的增加，湍流动能最大值的位置向下游移动，说明分隔板可将旋涡脱落位置延迟至下游。此外，在分隔板长度 $L_c/D=1$ 时湍流动能的最大值小于其他任何工况，而当分隔板长度 $L_c/D>1$ 时，湍流动能的最大值相比于 $L_c/D=1$ 工况略有增加。结合图 4-20 中的结果，在分隔板长度 $L_c/D=1$、1.25 和 1.5 时，大尺寸涡结构被分隔板有效抑制而分裂出小尺度涡结构，但此后随着分隔板长度的增加，小尺度涡的能量不断增加，造成图 4-25 中 $L_c/D=1.25$ 和 1.5 工况下的湍流动能的最大值相比于 $L_c/D=1$ 工况略有增加。

因此，可推测分隔板在有限通道条件下存在着最佳控制长度。在最佳控制长度工况下，大尺寸涡结构能被分隔板有效抑制，且分裂出的小尺度涡结构所具有的能量最低，从而对圆柱体尾迹区不稳定现象实现最大程度上的抑制。

为表征流体在顺流和展向方向的速度脉动，无量纲的雷诺切应力 $u'v'/U_c^2$（u'、v' 分别是 x、y 方向速度脉动）在圆柱体尾迹区的分布如图 4-26 所示。在所有工况，圆柱体下游尾迹区均出现一对大尺寸、符号值相反、相互上下对称的雷诺应力集中区域，这与尾迹区旋涡的形成与脱落有关。在对照组结果中，由于尾迹区

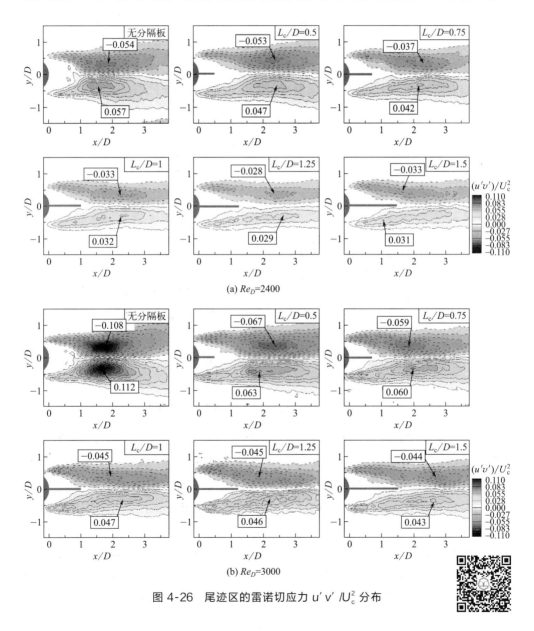

图 4-26　尾迹区的雷诺切应力 $u'v'/U_c^2$ 分布

的卷吸现象较弱,在紧贴圆柱体尾部区域出现了一对尺寸较小的雷诺应力符号值相反的集中区域,而在分隔板工况下该区域消失。随分隔板长度的增加,雷诺应力集中区域在展向方向不断缩小,而在流向方向上不断延伸。与此同时,雷诺应力峰值位置也不断向尾迹区中心线移动。

为了更好地说明分隔板对雷诺切应力的影响,图 4-27 显示了圆柱体尾迹区 $|u'v'|_{\max}/U_c^2$ 与分隔板长度的关系。当分隔板长度 $L_c/D=0.5$ 时,在高雷诺数 $Re_D=3000$ 工况下分隔板对 $|u'v'|_{\max}/U_c^2$ 的抑制作用要高于低雷诺数 $Re_D=2400$ 工况。此后在两种雷诺数工况下,尾迹区的 $|u'v'|_{\max}/U_c^2$ 随着分隔板长度的增加而逐渐降低。当 $L_c/D=1$、1.25 和 1.5 时,在两种雷诺数下 $|u'v'|_{\max}/U_c^2$ 的下降变化趋势不再明显,分隔板长度在此长度范围区间对尾迹区的不稳定现象的抑制效果没有明显的影响。这一现象也再次说明了分隔板对大尺寸涡结构的抑制效果明显,但对于小尺度涡结构的抑制效果较弱。

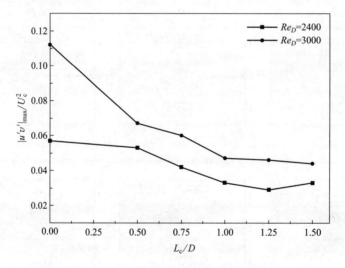

图 4-27　$|u'v'|_{\max}/U_c^2$ 与分隔板长度的关系

本实验考察了分隔板作为流体流动控制技术在有限通道条件下对圆柱绕流尾迹区流动不稳定现象的影响作用,通过 PIV 可视化技术研究了涡脱落频率和尾迹区流体流动特性。研究结果显示,即使选用最短的分隔板($L_c/D=0.5$),也能有效地阻止尾迹区上、下边界层的相互作用,从而实现对尾迹区的流动不稳定现象的抑制作用。和非有限通道条件相比,分隔板在有限通道条件下对尾迹区的不稳定现象的抑制作用得到增强,且在高雷诺数 $Re_D=3000$ 工况下的抑制效果要优于 $Re_D=2400$ 工况。在本实验中考察了分隔板长度 $L_c/D=0.5$、0.75、1、1.25 和 1.5 的工况,发现存在最佳的分隔板长度 $L_c/D=1$,在此分隔板长度工况下能有效抑制大尺寸涡结构，并能减小小尺度涡结构的形成。该研究结果能为后期旋转式压力交换器内部流体的高效控制提供指导思路。

4.3 孔道内分隔板流动控制技术

通过以上研究发现，旋转式压力交换器孔道内旋涡是加剧流体掺混的重要原因，如何有效抑制旋涡的形成，成为提高效率和降低掺混的关键。本节通过在孔道内部设置分隔板实现对流场尾迹区的控制，从而降低流体掺混，提高压力回收效率。

为了考察分隔板在旋转式压力交换器孔道内部对流场控制的应用效果，本节对图 4-28 所示的 5 组分隔板布置形式的实验控制组进行了研究分析：C0 为对照组；

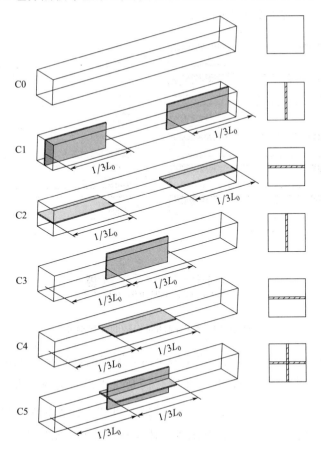

图 4-28　5 组分隔板布置形式

C1（纵向布置）和 C2（横向布置）控制组中的分隔板被安放在孔道的左、右两侧，用于考察对孔道"入口效应"的影响；C3（纵向布置）、C4（横向布置）和 C5（十字形布置）控制组中分隔板被安放在孔道中心区域，用于考察分隔板对孔道内部旋流的影响。分隔板长度为 $1/3L_0$，宽度为 $1/30W$，因此可忽略分隔板厚度对孔道内部流场的影响。

图 4-29 给出了孔道内部截面 a 和截面 c 上的时均轴向速度分布图。在对照组中，孔道两侧流动呈现出明显的滚流结构，滚流运动绕 y 轴方向旋转。采用在孔道左、右两侧布置分隔板的控制组 C1 和 C2 组中，滚流运动由原来的绕 y 轴方向旋转改变为绕 x 轴方向旋转，说明这两组分隔板布置形式均对孔道两侧的流动过程有显著的干预作用。但在 C1 组中孔道中心区域仍然存在着较大的速度分布，说明分隔板对该区域流动过程的影响较弱。而在孔道中心区域布置分隔板的控制组 C3、C4 和 C5 组中，分隔板对孔道两侧的滚流运动影响较弱，滚流旋转方向没有发生改变，但在孔道中心区域的速度则大幅降低，说明三组分隔板布置形式均对孔道中心区域流动过程有显著影响。

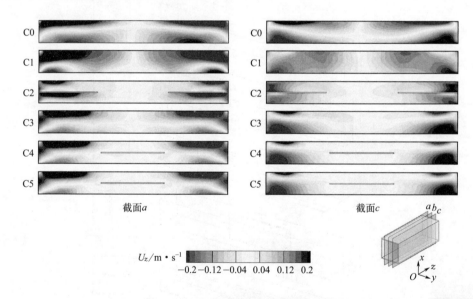

图 4-29　孔道内部时均轴向速度分布

图 4-30 所示为分隔板对旋转式压力交换器体积混合度的影响结果，从图中可发现，当采用分隔板时，在所有控制组中设备的体积混合度均出现了不同程度的下降。结合图 4-29 的结果可知，分隔板作为被动控制技术不仅能够实现对旋转式压力交换器孔道内流体流动过程的控制目的，还能降低孔道内部的掺混现象，从而实现降低设备体积混合度的目的。在图中还可发现，不同结构

形式的分隔板对设备体积混合度的影响作用有较大区别：在考察对孔道"入口效应"的影响中，采用横向分隔板布置的 C2 组效果要好于采用纵向分隔板布置的 C1 组；在考察对孔道内旋流的影响中，采用横向分隔板布置和"十"字形分隔板布置的 C4 组和 C5 组效果较好。总体而言，在孔道中间区域布置分隔板的效果要好于在孔道左、右两端布置分隔板。为了解答分隔板是如何影响旋转式压力交换器的体积混合度，需要对孔道内部的流动过程和流场分布进行更详细深入的研究分析。

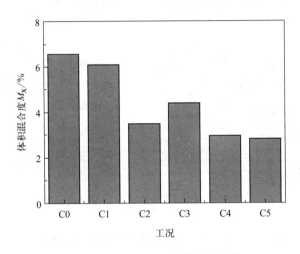

图 4-30　不同工况下的体积混合度

4.3.1　分隔板对入口效应的影响

图 4-31 给出了不同分隔板布置形式下的孔道内部流线分布图，从图中可发现，与 C0 对照组相比，采用横向分隔板布置的 C2 组对孔道内左、右两侧的流线影响最为明显。由于分隔板的存在，在孔道相位 1♯时刻孔道入口处（左侧）的滚流被割裂成上、下两块区域，且滚流区域在流向方向的尺寸范围明显缩小。而在采用纵向分隔板布置的 C1 组中，孔道入口处的滚流区域的尺寸基本没有变化。图中显示 C1 组中流线主要集中于分隔板的左侧孔道区域，而这一现象在图中任一孔道相位均有出现，说明分隔板左侧孔道腔体的流量要大于分隔板右侧的。这就是图中在孔道相位 3♯和 5♯时刻 C1 组中孔道上方入口处的流速要大于对照组、在孔道相位 1♯和 7♯时刻孔道上方中心区域的流速也相对增大的原因。因此，在图 4-29 的孔道内部时均轴向速度分布图中，C1 组孔道上方的时均速度相对增大。在图 4-31 中两组分隔板工况下孔道中心区域的流线分布与对照组中大致相似，这两组分隔板

结构对孔道中心区域的流动过程几乎没有影响。

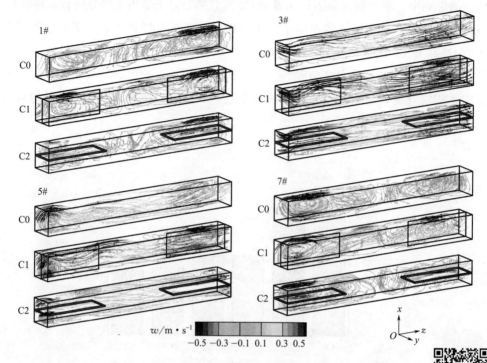

$w/m \cdot s^{-1}$
−0.5 −0.3 −0.1 0.1 0.3 0.5

图 4-31　不同分隔板布置形式下的孔道内部流线分布

　　图 4-32 显示了 C1 和 C2 组分隔板对孔道内部旋涡的形成及演化过程的影响，依然采用 Q 判据得到流场中的旋涡结构，此处阈值为 0.02。从图中可清晰地发现，无论是采用纵向分隔板布置的 C1 还是横向分隔板布置的 C2 组，分隔板对孔道"入口效应"均产生了明显的影响。在采用纵向分隔板布置的 C1 组中，入口处的旋涡被纵向切割成两部分，分别位于分隔板的左、右两侧，分隔板左侧的旋涡结构尺寸要明显大于分隔板右侧的，这一现象与图 4-31 的结果一致。但需要指出的是，和对照组相比，C1 组中的分隔板对孔道入口处展向涡的影响十分有限。而在采用横向分隔板布置的 C2 组中，入口处的旋涡被横向切割成两部分，分别位于分隔板上、下两部分，但这两区域的旋涡结构彼此间大致相等，演化过程也基本一致。由于分隔板的存在，孔道左、右两侧的旋涡结构被明显抑制，大尺寸的旋涡被分割成小尺寸旋涡，从而实现对该区域流体不稳定现象的抑制作用。

　　在图 4-32 的孔道相位 5♯时刻，由于 C1 组的流量主要集中在分隔板的左侧区域，该区域的旋涡在流体流量增大的作用下向顺流方向延伸，并在分隔板的末端出现了分离涡结构（空心箭头所示），这会导致孔道中心区域的流体扰动增加，从而加剧了该区域的质量传递速率。在 C1 组中孔道右侧分隔板的前沿端，也出现了因流动分离而形成的旋涡结构（实心箭头所示）。总体而言，C1 组中分隔板采用纵向布置能够一定程度上减小孔道的"入口效应"而减小该区域的流体扰动，但却导致孔道中心区域旋涡结构的增加。因此在图 4-30 的结果中，C1 组对设备体积混合度的降低作用较弱。相对于纵向分隔板布置的 C1 组而言，采用横向分隔板布置的 C2 组不仅能够有效地减小孔道左、右两侧的旋涡，而且孔道中心区域的旋涡也相对较小。正因为此，C2 组能实现图 4-30 中相对较小的体积混合度。

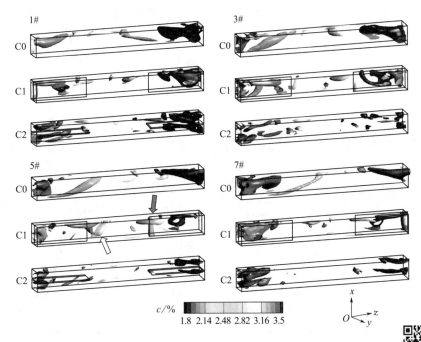

图 4-32　孔道内部旋涡结构叠加盐分浓度分布（Q = 0.02）

　　图 4-33 为旋转式压力交换器孔道内部盐分浓度分布与孔道相位的变化关系图。对照组中在孔道相位 1♯ 时刻，孔道右侧存在一明显的高浓度掺混区域（箭头所示），该区域与图 4-32 中旋涡所发生的位置对应。当进入孔道相位 3♯ 时刻，随着孔道内旋涡的扩散作用，该掺混区域盐分浓度迅速传递到孔道出口处（右侧）的新鲜海水，导致此相位时刻下孔道右侧的盐分浓度显著升高，造成被排出孔道外的新鲜海水的盐分浓度增加，最终导致设备的体积混合度增加。而在孔道相位 5♯ 时刻，孔道左侧也同样形成了一明显的低浓度掺混区域（箭头所示），该区域也与图 4-32 中旋涡所发生的位置相对应，导致孔道左侧浓盐水的盐分浓度降低。由以上过程分析可知，在下一工作阶段（低压区阶段）期间，该低浓度掺混区域会进一步降低浓盐水的盐分浓度，也造成设备的体积混合度增加。而在控制组

中，由于 C1 和 C2 组中分隔板对孔道旋涡的抑制作用，相应的旋涡结构和强度有一定程度的减弱，因此在孔道 1♯ 和 5♯ 位置，没有出现图 4-33 对照组中的高、低浓度掺混区域，最终实现控制并降低设备体积混合度的目的。由于 C2 组中分隔板布置形式对孔道内部旋涡的形成与演化过程的抑制作用更好，因此图 4-33 中 C2 组在孔道左、右两侧的盐分浓度分布更加平缓，故旋转式压力交换器的体积混合度也相对更低。

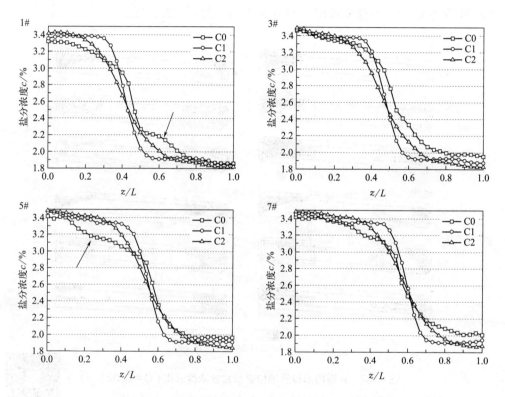

图 4-33　孔道内部盐分浓度分布与孔道相位的变化关系

4.3.2　分隔板对旋流的影响

图 4-34 给出的是不同分隔板结构下的旋转式压力交换器孔道内部流线分布图，从图中可发现，相对于 C0 对照组，控制组 C3、C4 和 C5 对孔道左、右两侧的"入口效应"影响有限，而对于孔道中间区域的流场则有明显的修改现象，这一点与图4-29 中的时均流场结果一致。在密封区阶段（孔道相位 1♯ 和 7♯ 时刻），由于孔道进、出口被封闭，对照组 C1 中流线在孔道中心区域呈现出严重的上、下流层间的混流现象。而在控制组 C4 和 C5，由于分隔板的存在，该区域的混流被分隔板所阻

止，流体只在分隔板的上、下各自区域内进行流动。由于科氏力的作用，在这两组控制组中的孔道中心区域还出现了明显的旋流流动，但因为分隔板的阻隔作用，这些旋流仅在各自的区域内流动，避免了不同流层之间的质量传递。此外在相位1♯时刻的孔道左侧和相位7♯时刻的孔道右侧，孔道出口处的滚流现象相对减少，表明分隔板实现了对该区域流体扰动的抑制作用。

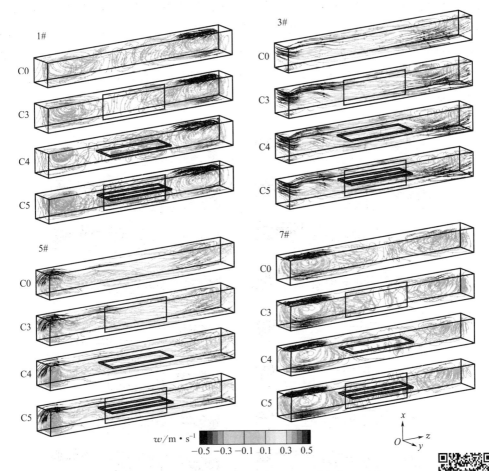

图 4-34　不同分隔板布置形式下的孔道内部流线分布

图 4-35 给出的是控制组 C3、C4 和 C5 对孔道内部旋涡的形成及演化过程的影响。在控制组中，孔道左、右两侧的旋涡几乎没有受到分隔板的影响，这也再一次说明这三组分隔板结构形式对孔道的"入口效应"没有显著的抑制作用。而在孔道的中心区域，由于科氏力作用而形成的流向涡（图 4-31 中旋流所致）在控制组 C4 和 C5 中可被清晰地识别出来。在孔道入口处，例如孔道相位 3♯、5♯ 和 7♯ 时刻，由"入口效应"而形成的流向涡（箭头所示）的演化过程则被分隔

板所抑制，特别是在控制组 C4 和 C5 中，流向涡的结构尺寸大幅缩小。根据前文内部流场的分析可知，该流向涡的旋转方向与科氏力所形成的旋流方向相反，在这两种旋流的接触面之间会引起较大的扰动而造成掺混现象的发生。但是在本组控制组中，由于分隔板布置于孔道的中间区域，阻碍了由"入口效应"而形成的流向涡沿着顺流方向的运动和发展趋势，将这两种不同旋转方向的旋流的接触面限制在分隔板的两端，避免在孔道的中心区域发生较大的流体不稳定现象，从而减少孔道内掺混现象和降低设备的体积混合度。控制组 C3 采用纵向布置，分隔板对孔道内因"入口效应"而形成的流向涡的抑制作用和对孔道中心区域的流体流动不稳定现象的控制作用相对较弱，故在图 4-30 的结果中体积混合度的数值与其他控制组相比有所增加。

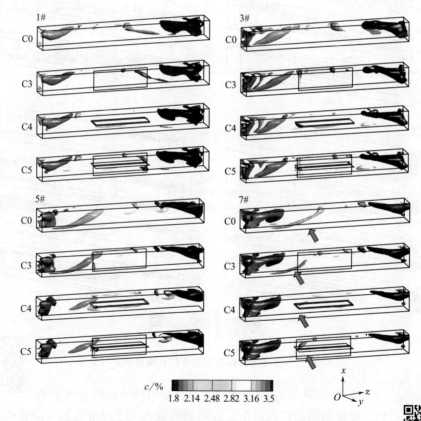

图 4-35　孔道内部旋涡结构叠加盐分浓度分布（$Q = 0.02$）

图 4-36 为旋转式压力交换器孔道内部盐分浓度分布与孔道相位的变化关系图，从图中可看出，和对照组相比，控制组在孔道左、右两侧的盐分浓度分布呈现出大致相似的分布特征，这也反映出在本组控制组中分隔板对孔道"入口

效应"的抑制作用十分有限。由于控制组 C4 和 C5 的分隔板有效地抑制了孔道中心区域的流体流动不稳定现象，在图中可发现这两组的盐分浓度分布曲线的结构在各个孔道相位中没有发生显著的改变。在图 4-30 的结果中这两组分隔板结构形式可实现相对更低的设备体积混合度，结合图 4-35 的结论可以推测，若能有效抑制由"入口效应"而形成的流向涡并阻止其侵入到孔道的中心区域，则分隔板控制技术能有效降低孔道内两股流体相互之间的质量传递和掺混现象，从而将设备的体积混合度控制在相对最低的水平，最终实现提高旋转式压力交换器压力能回收效率的目的。

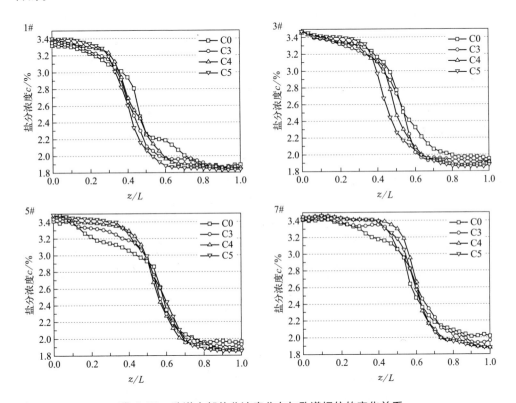

图 4-36　孔道内部盐分浓度分布与孔道相位的变化关系

4.4　本章小结

本章设计了旋转式压力交换器可视化设备（V-RERD）和实验系统，开展了 PIV 内部流场可视化实验，深入研究了孔道内部流场结构，考察了分隔板技术对有限通道条件下的圆柱绕流尾迹区和旋转式压力交换器孔道内部流场的控制应用。

a. 获得了旋转配流盘式压力交换器孔道内部的流场结构，发现流体在进入孔道时会与孔道的壁面发生碰撞而产生严重的回流和旋涡结构，即"入口效应"现象，而在孔道中心区域则出现了流动过程较为平稳的"液柱活塞"现象。孔道进、出口处的旋涡会随着孔道相位的变化而经历着形成、发展、稳定和消失这四个阶段，造成时均流场分布中相应孔道区域的湍流动能出现最大值。通过对孔道内部不同截面上的流场进行分析，发现孔道内部的流动过程存在三维流动特征。

b. 在有限通道的 PIV 实验研究中发现，即使选用最短的分隔板（$L_c/D = 0.5$）也能有效地阻止尾迹区上、下边界层的相互作用，从而实现对尾迹区流动不稳定性现象的抑制作用；和非有限通道条件相比，分隔板在有限通道条件下对尾迹区不稳定现象的抑制作用得到了增强；实验数据显示存在最佳的分隔板长度 $L_c/D = 1$，在此分隔板长度工况下能有效抑制尾迹区的大尺寸涡结构，此外还能减少小尺度涡结构的形成。

c. 分隔板能够实现对孔道内部流体流动过程的控制作用，降低孔道内部的掺混现象和设备的体积混合度。分隔板放置在孔道左、右两侧位置时，能有效改善孔道"入口效应"现象，但对孔道中心区域的流动分布影响较弱；分隔板放置在孔道中心区域时，对孔道"入口效应"现象的影响较弱，但能够有效抑制孔道"入口效应"所形成的流向涡，并阻止其侵入到孔道的中心区域。分隔板的布置方式对流体控制作用的影响较大，采用横向布置的分隔板结构形式比纵向布置的效果更好。

参 考 文 献

[1] 刘凯. 旋转型压力能回收设备内部流场可视化实验及流动机理研究 [D]. 西安：西安交通大学，2018.

[2] Liu K，Deng J Q，Mei M. Experimental study on the confined flow over a circular cylinder with a splitter plate [J]. Flow Measurement and Instrumentation，2016，51：95-104.

[3] Liu K，Deng J Q，Ye F H. Visualization of flow structures in a rotary type energy recovery device by PIV experiments [J]. Desalination，2018，433：33-40.

[4] Ozgoren M. Flow structure in the downstream of square and circular cylinders [J]. Flow Measurement and Instrumentation，2006，17（4）：225-235.

[5] Apelt C，West G. The effects of wake splitter plates on bluff-body flow in the range $10^4 < R < 5 \times 10^4$. Part 2 [J]. Journal of Fluid Mechanics，1975，71（01）：145-160.

[6] Nakamura Y. Vortex shedding from bluff bodies with splitter plates [J]. Journal of Fluids and Structures，1996，10（2）：147-158.

[7] Gerrard J. The mechanics of the formation region of vortices behind bluff bodies [J]. Journal of Fluid Mechanics，1966，25（02）：401-413.

［8］ Akilli H，Karakus C，Akar A，et al. Control of vortex shedding of circular cylinder in shallow water flow using an attached splitter plate ［J］. Journal of Fluids Engineering，2008，130（4）：041401.

［9］ Deepakkumar R，Jayavel S. Effect of local waviness in confining walls and its amplitude on vortex shedding control of the flow past a circular cylinder ［J］. Ocean Engineering，2018，156：208-216.

［10］ Rehimi F，Aloui F，Nasrallah S B，et al. Experimental investigation of a confined flow downstream of a circular cylinder centred between two parallel walls ［J］. Journal of Fluids and Structures，2008，24（6）：855-882.

［11］ Gozmen B，Akilli H，Sahin B. Passive control of circular cylinder wake in shallow flow ［J］. Measurement，2003，46（3）：1125-1136.

5

压力波动与压力波传播

旋转式压力交换器（RPE）通过高压流体直接接触低压流体进行压力（能）传递，压力传递的关键是两股流体接触形成压力波并在孔道内传播。本章建立孔道内压力波流动模型，分析了孔道内压力波的传播特性，提出了具有自增压特性的 RPE 结构，基于最优波系分析结果探讨不同波系结构的 RPE 性能随工况的变化规律。

5.1 孔道内压力波的传播特性

5.1.1 孔道内压力波流动模型

（1）压力波的形成传播过程

压缩波的形成条件一般有两种，如图 5-1 所示。对于充满低压静止流体的孔道，如果在其左端端口通入高压流体，由于高低压流体间存在压力差，高压流体一流进孔道，就会在孔道左端形成一束压缩波，并向孔道右端传播，如图 5-1(a) 所示。对于流体稳定向右流动的孔道，如果突然关闭其右端端口，流体由于惯性作用，仍保持向右流动，此时，由于流体在右端口处集聚，会使得孔道右端形成一束压缩波，并向孔道左端传播，如图 5-1（b）所示。

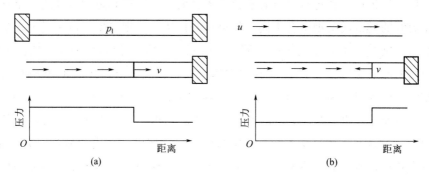

图 5-1 压缩波的形成

同样地，膨胀波的形成也有两种情况，如图 5-2 所示。对于充满高压静止流体的孔道，如果在其左端端口通入低压流体，由于高低压流体间存在压力差，低压流体一流进孔道，就会在孔道左端形成一束膨胀波，并向孔道右端传播，如图 5-2（a）所示。对于流体稳定向右流动的孔道，如果突然关闭其左端端口，流体由于惯性作用，仍保持向右流动。此时，由于流体的流出，会使得孔道左端形成一束膨胀波，并向孔道右端传播，如图 5-2（b）所示。

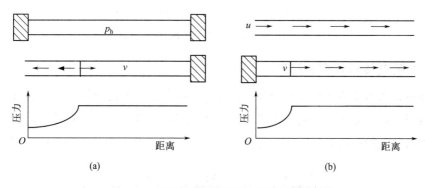

图 5-2 膨胀波的形成

一般地，压缩波作用之后，流体的压力将升高，对于气体，这时静止的流体将获得一个与压缩波波速相同的速度沿压缩波传播的方向运动（即激波）；对于液体，由于其可压缩性比较弱，这时静止的流体获得的速度通常远小于压力波波速，同时也沿压缩波传播的方向运动。膨胀波作用后流体的压力降低，对于气体，这时静止的流体将获得一个与膨胀波波速相同的速度沿膨胀波传播的相反方向运动；对于液体，由于其可压缩性比较弱，这时静止的流体获得的速度通常远小于压力波波速，同时也沿膨胀波传播的相反方向运动。压力波的这种特性就是实现流体能量传递的基础。

当压力波传递到孔道端口时必然会形成反射，而根据孔道端口处边界条件的不同，压力波的反射波类型也会不同，如果是开口边界，则发生开口端反射，如果是固定壁面，则会发生固壁反射。如图 5-3 所示，其中 C 代表压缩波，E 代表膨胀波。当压缩波 C（膨胀波 E）传递到固定边界时，会发现其反射波的类型和入射波类型相同，即入射压缩波反射压缩波，入射膨胀波反射膨胀波。当压缩波 C（膨胀波 E）传递到开口边界时，会有两种情况发生，当出口为亚声速边界时，则其反射波的类型与入射波类型相反，即入射压缩波反射膨胀波，入射膨胀波反射压缩波；当出口为超声速流动时，将不发生反射。本节主要研究的是液体中压力波的形成与传播，而液体的流动速度一般不会达到超声速，因此，本节不讨论出口超声速流动的情况。

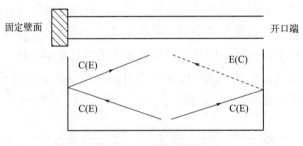

图 5-3 压力波的反射

（2）孔道流动模型的简化

旋转式压力交换器的工作原理如图 5-4 所示，主要结构为转子、左端盘、右端盘。转子是高压盐水和原料海水进行压力能交换的部件，一般会在其周向均匀分布多个轴向通流的孔道，用于压力能交换。左、右端盘上分布两个集液槽，用于富集

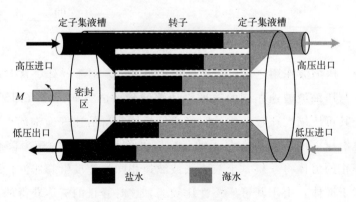

图 5-4 RPE 的工作原理

和引导进出装置的高、低压流体。在转子高速旋转时，通过端盘上集液槽与孔道的连通、闭合形成高低压流体间的密封，起到隔离作用。装置运行时，转子上一部分孔道连接高压盐水集液槽，此时高压盐水流进这部分孔道，孔道内的低压海水被增压，同时在高压盐水的推动下，排出孔道，即增压过程。同时，另一部分孔道连接原料海水集液槽，原料海水流进这部分孔道，孔道内做功后的泄压盐水被原料海水推出孔道，即泄压过程。在转子高速旋转下，孔道交替经过高压区—密封区—低压区，实现了流体的连续压力交换过程。

由于 RPE 内部流动复杂，且内部孔道具有对称性，可通过分析单个孔道内的流动过程及其压力波的产生传递规律来了解整个 RPE 装置内的压力波动过程。孔道的一维简化模型压力波的形成与传递过程示意图如图 5-5 所示，对于单个孔道，其工作过程压力波的形成传播可分为以下四个阶段。

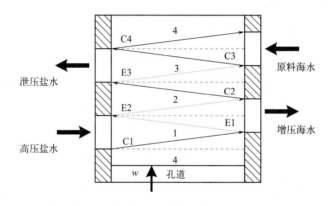

图 5-5　RPE 孔道一维简化模型压力波的形成与传递过程

① 增压过程

高压盐水进口与向上运动的孔道左端口接通，由于高低压流体间存在压差，在孔道左端口产生了一束向右端传播的压缩波 C1。压缩波作用后孔道内流体压力升高，静止的流体获得了向右的速度，向增压海水出口流动，即增压过程；当压缩波 C1 传播到孔道右端时，孔道右端口恰好与增压海水出口接通，排出增压海水，此时为压力固定的开口边界，孔道右端将产生一束膨胀波 E1，向孔道内传播。膨胀波作用后，孔道内流体压力降低，向右流动速度增大，使增压海水进一步排出孔道。

② 正向密封过程

随着转子的转动，孔道向上运动，当孔道脱离高压盐水进口，进入密封区时，孔道内流体由于惯性作用，仍向右流动，孔道左端产生一束向右传播的膨胀波 E2。在 E1 和 E2 的共同作用下，孔道内压力进一步下降，流体速度减小，当流体接近静止时，孔道右端脱离增压海水出口，进入密封区闭合，流体在右端口聚集，在右端口产生一束向左传播的压缩波 C2，使得孔道内压力升高。

③ 泄压过程

孔道左端口与泄压盐水出口连接，由于孔道内压力大于泄压盐水压力，此时在孔道左端口形成一束向右传播的膨胀波 E3，在 E3 的作用下，孔道内压力下降，流体获得向左流动的速度，排出泄压盐水；随着孔道继续向上运动，孔道右端口与原料海水进口连接，在原料海水冲击作用下，孔道右端产生一束向左传播的压缩波 C3，孔道内流体压力升高，向左运动的流体流速增大，进一步排出泄压盐水。

④ 反向密封过程

当压缩波 C3 传播到孔道左端口，孔道脱离泄压盐水出口，进入密封区，由于流体的集聚，在孔道左端口产生一束向右传播的压缩波 C4，在 C4 及 C3 的共同作用下，孔道内流体压力进一步升高，为下个周期的增压过程做准备。

(3) 孔道内一维流动模型的建立

对于旋转式压力交换器，流体进入转子孔道后随转子一起转动，其内部流动为三维流动过程。理论上需要用三维计算来反映转子孔道内部的真实流场，但是现有的基础条件下三维模拟计算量较大，对于许多复杂的管道流动，利用一维流动近似处理方法不仅简单易实现，而且也可得到准确有价值的结果，可为二维、三维研究提供基础。许多实际生产过程中的流体流动过程，都可利用管内一维可压缩非定常流动来近似，例如列车穿越隧道的过程，内燃机进排气管道中的流动过程，甚至包括血管中血液的流动过程。因此，利用管内一维可压缩非定常流动来简化模拟旋转式压力交换器孔道内的流动过程是可行的。通过讨论孔道一维可压缩非定常流动，可简单有效地反映孔道内部流动及其压力波的形成传播情况，可在此基础上进行相关的深入研究。

① 控制方程

旋转式压力交换器工作介质一般为海水或盐水，其流动特性与水的流动特性相似，可用水的流动方程描述。所有的流动过程都满足最基本的物理学守恒定律，即：质量守恒、动量守恒和能量守恒。虽然我们将孔道平均半径上的流动视为一维可压缩非定常流动，但是事实上，孔道内的真实流动是相当复杂的，如三维过程、有黏性、有传热且非定常。因此，为了得到实用可靠的结果，应该对简化模型采取合理的假设：流体无黏可压；进入孔道前流体是定常流动；进入孔道后流体是一维非定常流动；流体基本仅沿圆柱面流动，即 $u_r \ll u_\theta$，$u_\theta \ll u_z$（u_r、u_θ、u_z 分别为绝对流速沿圆柱坐标 r、θ、z 方向的分量）；流动过程绝热，不考虑传热影响；孔道壁面刚性不可压，孔道不变形。

对孔道内一维非定常流动模型建立控制方程，孔道中的流动模型如图 5-6 所示。当不考虑沿程阻力 f_R 时，可得到孔道内一维非定常流动的控制方程。

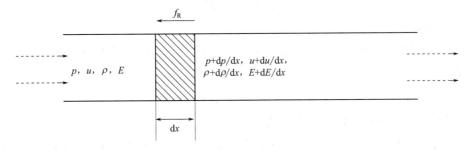

图 5-6　孔道内一维非定常流动模型

连续性方程：

$$\frac{\partial \rho}{\partial t} = \rho u - \left(\rho + \frac{\partial \rho}{\partial x}\right)\left(u + \frac{\partial u}{\partial x}\right) \tag{5-1}$$

式中，ρ 为密度，$kg \cdot m^{-3}$；u 为速度，$m \cdot s^{-1}$。

运动方程：

$$\frac{\partial(\rho u)}{\partial t} = (\rho u + p) - \left[\left(\rho + \frac{\partial \rho}{\partial x}\right)\left(u + \frac{\partial u}{\partial x}\right) + \left(p + \frac{\partial p}{\partial x}\right)\right] \tag{5-2}$$

式中，p 为压力，Pa。

能量方程：

$$\frac{\partial E}{\partial t} = (Eu + pu) - \left[\left(E + \frac{\partial E}{\partial x}\right)\left(u + \frac{\partial u}{\partial x}\right) + \left(p + \frac{\partial p}{\partial x}\right)\left(u + \frac{\partial u}{\partial x}\right)\right] \tag{5-3}$$

式中，E 为流体每单位容量所含的总能量，Pa。

$$E = \rho(e + u^2/2) \tag{5-4}$$

式中，e 为流体每单位容量所含的内能，$m^2 \cdot s^{-2}$。

式(5-1)、式(5-2)、式(5-3) 经过化简可统一表示为：

$$\frac{\partial U}{\partial t} + \frac{\partial F}{\partial x} = \frac{\partial}{\partial t}\begin{bmatrix} \rho \\ \rho u \\ E \end{bmatrix} + \frac{\partial}{\partial x}\begin{bmatrix} \rho u \\ \rho u^2 + p \\ (E+p)u \end{bmatrix} = 0 \tag{5-5}$$

当考虑管内沿程阻力时，定义 $f_R = \lambda u |u|/(2D)$，f_R 相当于单位质量流体受到的管壁摩擦阻力，即单位质量流体的沿程阻力。由于在建模过程中，考虑到流体在管壁处的边界条件为无滑移边界条件，而且对于准一维流动，不考虑剪切变形，因此，由于黏性应力所引起的耗散功也就是沿程阻力引起的耗散功可忽略不计，则考虑沿程阻力时，孔道内一维可压缩非定常流动控制方程为：

$$\frac{\partial U}{\partial t} + \frac{\partial F}{\partial x} = \frac{\partial}{\partial t}\begin{bmatrix} \rho \\ \rho u \\ E \end{bmatrix} + \frac{\partial}{\partial x}\begin{bmatrix} \rho u \\ \rho u^2 + p \\ (E+p)u \end{bmatrix} = \begin{bmatrix} 0 \\ \rho f_R \\ 0 \end{bmatrix} \tag{5-6}$$

② 状态方程

对于一维可压缩非定常流动问题，可压缩气体和水的状态方程可写成统一形式：

$$p = (\gamma - 1)\rho e - \gamma(B - A) \tag{5-7}$$

式中，γ 为绝热指数；A 为常数，Pa；B 为常数，Pa。

当 $\gamma = 1.4$，$A = B = 0$ 时，该方程为理想气体状态方程；当 $\gamma = 7.15$，$A = 1$，$B = 3310$ 时，该方程为水的状态方程（又称为 Tait 方程）。此时，水的状态方程还可表示为：

$$p = B\left(\frac{\rho}{p_0}\right)^{\gamma} - B + A \tag{5-8}$$

式中，p_0 为标准大气压，Pa。

上述四个方程包含四个未知量，即 u、ρ、p、e，方程组封闭可求解。

③ 边界条件

对于 RPE 转子孔道，其边界条件有三类：进流边界、出流边界、固壁反射边界。对于进流边界，一般设定其进口压力和进口流速；对于出流边界，设定其出口压力；对于固壁反射边界，一般认为其压力不变，速度值大小不变，运动方向反向。

（4）一维流动模型控制方程的离散

为便于对管内流动控制方程进行统一数值求解，将方程（5-5）写成以下形式：

$$\frac{\partial U}{\partial t} + \frac{\partial F}{\partial x} = \frac{\partial U}{\partial t} + A\frac{\partial U}{\partial x} = 0 \tag{5-9}$$

式中，U 表示流体状态，$U = [\rho, u, p]$。

① WENO 重构

离散方法的主要目的就是将控制方程中的导数（或积分）换成离散数值的形式。WENO 格式的主要优点是间断区内的分辨率较高，光滑区内的计算精度较高。但由于模板自适应选择的原因，在差商相差很小时，其结果可能会发生改变，而候选模板有可能都是光滑的，因此由于模板选择的变动使得计算的残差收敛性不好。在光滑区内，由于格式舍弃了部分模板，致使模板的利用率变低，计算率降低。WENO 格式引入了变化的加权因子，提高了格式在光滑区内解的截断误差阶数，且在间断区内保持了与 ENO 格式相同的分辨能力，不过计算时间会增加。由于

WENO 格式在光滑区有较高的截断误差阶数，在间断区有较高的分辨率且间断前后基本无振荡，因此，适合于计算含有各种间断、多种复杂流动以及二者相互作用的流场。WENO 格式的基本思想是利用自适应性的重构过程，下面以 5 阶 WENO格式为例介绍构造过程。

为了求解方程（5-9），均匀离散空间，记网格 $I_i = [x_{i-1/2}, x_{i+1/2}]$ 为空间剖分单元，网格间距为 Δx，函数 $u(x)$ 为这些单元上的单元积分平均值。

如图 5-7 所示，选取包含点 $x_{i+1/2}$ 的单元 I_i 的邻近的 5 个单元 $\{I_{i-2}, I_{i-1}, I_i, I_{i+1}, I_{i+2}\}$ 来重构出 $u(x)$ 在点 $x^G = x_{i+1/2} + \alpha \Delta x$ 的一个五阶近似。这个五阶近似可写为：

$$u(x^G) = w_1 u_1 + w_2 u_2 + w_3 u_3 \tag{5-10}$$

式中，u_1、u_2、u_3 是 3 个小模板 $S0 = \{I_{i-2}, I_{i-1}, I_i\}$、$S1 = \{I_{i-1}, I_i, I_{i+1}\}$、$S2 = \{I_i, I_{i+1}, I_{i+2}\}$ 上的二阶插值多项式，有：

$$\begin{cases} u_1 = \dfrac{3\alpha^2 - 1}{6}\overline{u}_{i-2} + (-6\alpha^2 - 6\alpha + 5)\overline{u}_{i-1} + (3\alpha^2 + 6\alpha + 2)\overline{u}_i, \\[2mm] u_2 = \dfrac{3\alpha^2 - 6\alpha + 2}{6}\overline{u}_{i-1} + (-6\alpha^2 + 6\alpha + 5)\overline{u}_i + (3\alpha^2 - 1)\overline{u}_{i+1}, \\[2mm] u_3 = \dfrac{3\alpha^2 - 12\alpha + 11}{6}\overline{u}_i + (-6\alpha^2 + 18\alpha - 7)\overline{u}_{i+1} + (3\alpha^2 - 6\alpha + 2)\overline{u}_{i+2} \end{cases} \tag{5-11}$$

w_1、w_2、w_3 是非线性权，计算式如下：

$$w_i = \overline{w}_i / \sum_i \overline{w}_i \tag{5-12}$$

式（5-12）中 $\overline{w}_i$ 的计算式为：

$$\overline{w}_i = \gamma_i / (\varepsilon + \beta_i)^2 \tag{5-13}$$

式（5-13）中的 ε 是一个正数的极小值，可取为 10^{-6}；线性权 γ_1、γ_2、γ_3 取值为：

$$\begin{cases} \gamma_1 = \dfrac{5\alpha^4 - 20\alpha^3 + 15\alpha^2 + 10\alpha - 6}{60\alpha^2 - 20}, \\[3mm] \gamma_2 = \dfrac{-30\alpha^6 + 90\alpha^5 + 55\alpha^4 - 260\alpha^3 + 81\alpha^2 + 64\alpha - 24}{20(3\alpha^2 - 1)(3\alpha^2 - 6\alpha + 2)}, \\[3mm] \gamma_3 = \dfrac{5\alpha^4 - 15\alpha^2 + 4}{60\alpha^2 - 120\alpha + 40} \end{cases} \tag{5-14}$$

光滑因子取值为：

$$\begin{cases} \beta_1 = \dfrac{13}{12}(\overline{u}_{i-2} - 2\overline{u}_{i-1} + \overline{u}_i)^2 + \dfrac{1}{4}(\overline{u}_{i-2} - 4\overline{u}_{i-1} + 3\overline{u}_i)^2, \\[3mm] \beta_2 = \dfrac{13}{12}(\overline{u}_{i-1} - 2\overline{u}_i + \overline{u}_{i+1})^2 + \dfrac{1}{4}(\overline{u}_{i-1} - \overline{u}_{i+1})^2, \\[3mm] \beta_3 = \dfrac{13}{12}(\overline{u}_i - 2\overline{u}_{i+1} + \overline{u}_{i+2})^2 + \dfrac{1}{4}(3\overline{u}_i - 4\overline{u}_{i+1} + \overline{u}_{i+2})^2 \end{cases} \tag{5-15}$$

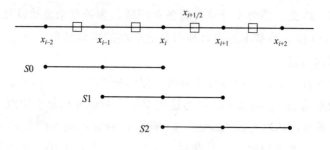

图 5-7　WENO 重构模板

② WENO 格式下的差分方程

通过 WENO 重构过程可得到 $u_{i+1/2}$，为了得到方程的解，还需求解交界面 i +1/2 处的数值通量。将 WENO 格式应用到方程（5-9），对 Jacobian 矩阵进行特征值分裂，具体的分裂方法有很多种，本文程序中使用的方法如下。

Jacobian 矩阵 $\boldsymbol{A}$ 为：

$$\boldsymbol{A}=\begin{bmatrix} u & \rho & 0 \\ 0 & u & \dfrac{1}{\rho} \\ 0 & \rho c^2 & u \end{bmatrix} \tag{5-16}$$

式中，$c=\sqrt{\mathrm{d}p/\mathrm{d}\rho}$，表示压力波的传播速度。

已知：

$$\boldsymbol{A}=\boldsymbol{B}\boldsymbol{\Lambda}\boldsymbol{L} \tag{5-17}$$

$\boldsymbol{L}$、$\boldsymbol{R}$ 分别为 $\boldsymbol{A}$ 的左、右特征向量矩阵，$\boldsymbol{\Lambda}=\mathrm{diag}(\lambda_1,\lambda_2,\lambda_3)$，$\lambda_i\,(i=1,2,3)$ 为 $\boldsymbol{A}$ 的特征值，计算如下：

$$\lambda_1=u-c,\ \lambda_2=u,\ \lambda_3=u+c \tag{5-18}$$

左特征矩阵 $\boldsymbol{L}$ 为：

$$\boldsymbol{L}=\begin{bmatrix} 0 & \dfrac{-\rho}{2c} & \dfrac{1}{2c^2} \\ 1 & 0 & \dfrac{-1}{c^2} \\ 0 & \dfrac{\rho}{2c} & \dfrac{1}{2c^2} \end{bmatrix} \tag{5-19}$$

右特征矩阵 $\boldsymbol{R}$ 为：

$$R = \begin{bmatrix} 1 & 1 & 1 \\ -\dfrac{c}{\rho} & 0 & \dfrac{c}{\rho} \\ c^2 & 0 & c^2 \end{bmatrix} \tag{5-20}$$

对矩阵 A 进行分裂：

$$\begin{cases} A = A^+ + A^-; \\ A^+ = R\Lambda^+ L, \ A^- = R\Lambda^- L; \\ \Lambda^+ = \mathrm{diag}(\lambda_1^+, \lambda_2^+, \lambda_3^+), \ \Lambda^- = \mathrm{diag}(\lambda_1^-, \lambda_2^-, \lambda_3^-); \\ \lambda_i = \dfrac{1}{2}(\lambda_i^+ + \lambda_i^-); \\ \lambda_i^+ = \lambda_i + \lambda, \ \lambda_i^- = \lambda_i - \lambda; \\ \lambda = \alpha max(|\lambda_1|, |\lambda_2|, |\lambda_3|) \end{cases} \tag{5-21}$$

式(5-21) 中，α 为加强系数，本文程序中取值为 1.1。通过上述方法，分别构造出 A^+ 和 A^-，代入方程（5-9）可得：

$$\frac{\partial U}{\partial t} = -\frac{(A^+ U_i^- + A^- U_i^+)}{2} \tag{5-22}$$

③ TVD Runge-Kutta 时间离散格式

对式(5-22) 的时间项进行计算，在时间上的离散采用三阶 TVD Runge-Kutta 格式，将式(5-22) 表示为：

$$\frac{\partial U}{\partial t} = L(U) \tag{5-23}$$

应用 Runge-Kutta 格式可分为以下三个步骤：

a. $U^1 = U^0 + \Delta t L(U^0)$；

b. $U^2 = U^2 + \dfrac{\Delta t}{4}[-3L(U^0) + L(U^1)]$；

c. $U^3 = U^2 + \dfrac{\Delta t}{12}[-L(U^0) - L(U^1) + 8L(U^2)]$。

（5）参数设置

孔道内流体选用常温水，流体温度选取 10℃，查得此状态下，淡水和海水的密度以及运动黏性系数如表 5-1 所示，孔道各端口流体的状态参数如表 5-2 所示。

表 5-1　10℃水的运动黏性系数和密度

种类	运动黏性系数 $\nu/\text{m}^2 \cdot \text{s}^{-1}$	密度 $\rho/\text{kg} \cdot \text{m}^{-3}$
海水	1.35383×10^{-6}	1026.89
淡水	1.30641×10^{-6}	999.63

表 5-2　各端口及孔道的参数设定

参数	高压盐水进口	泄压盐水出口	增压海水出口	原料海水进口	孔道初始时刻
压力 p/MPa	0.5	0.1	0.45	0.15	0.1
流速 $u/\text{m} \cdot \text{s}^{-1}$	1.0	—	—	1.0	0

在数值计算中假设流体为理想流体，未考虑流体黏性，忽略了孔道内的流动阻力损失，管内流动沿程阻力的统一计算公式为：

$$\Delta p = \lambda \frac{L}{D} \frac{\rho}{2} u^2 \tag{5-24}$$

式中，Δp 为沿程阻力，Pa；L 为管道长度，m；D 为管道内径，m。

对于一般管道，通常选用柯列勃洛克（Colebrook）经验公式计算沿程阻力系数 λ：

$$\frac{1}{\sqrt{\lambda}} = -2\lg\left(\frac{k}{3.7D} + \frac{2.51}{Re\sqrt{\lambda}}\right) \tag{5-25}$$

式中，k 为管道内壁绝对粗糙度。

对于新钢管，一般取值为 $k = 0.02\text{mm}$。Re 为管内流动雷诺数为：

$$Re = \frac{uD}{\nu} \tag{5-26}$$

通过 MATLAB 编程对上述方程求解，对于管内平均流动 $u = 1.0\text{m} \cdot \text{s}^{-1}$ 的情况，管内沿程阻力损失 Δp 与管道内径 D 以及管道长度 L 的关系如表 5-3 和图 5-8 所示。如图 5-8 所示，当管道长度一定时，随着管道内径的增大，管内沿程阻力损失减小；当管道内径一定时，随着管道长度的增大，管内沿程阻力损失线性增大。

表 5-3　管内沿程阻力损失 Δp 与管道内径 D 以及管道长度 L 的关系（$u = 1\text{m} \cdot \text{s}^{-1}$）

管道长度 L/m	管内沿程阻力损失 $\Delta p/\text{Pa}$			
	管道内径 D/mm			
	10	15	20	25
0.5	1651.8	1101.2	825.9	660.7
0.8	2642.9	1761.9	1321.5	1057.2
1.0	3303.6	2202.4	1651.8	1321.5

管内沿程阻力损失 Δp/Pa			
管道长度 L/m	管道内径 D/mm			
	10	15	20	25
1.5	4955.4	3303.6	2477.7	1982.2
2.0	6607.3	4404.8	3303.6	2642.9
2.5	8259.1	5506.0	4129.5	3303.6

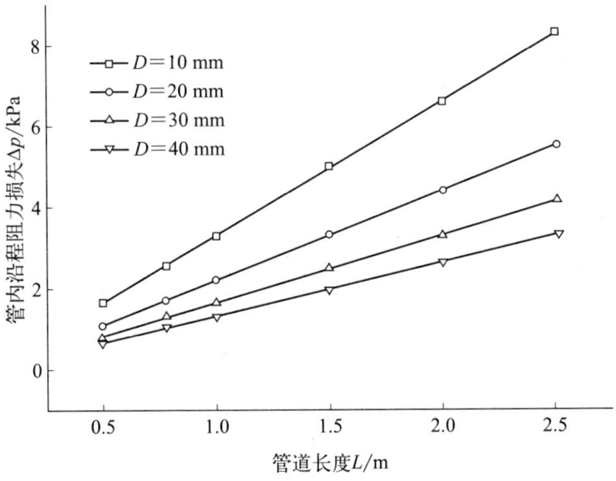

图 5-8　管内沿程阻力损失 Δp 与管道内径 D 以及管道长度 L 的关系

当固定管道内径 $D=10$mm 时，可得到管内沿程阻力损失 Δp 与流动速度 u 以及管道长度 L 的关系如表 5-4 和图 5-9 所示。如图 5-9 所示，当管道长度和管道内径一定时，随着流动速度的增大，管内沿程阻力损失增大，而且管长越长，随着流动速度的增加，管内沿程阻力损失增加得越快。当选取管道内径 $D=10$mm，管道长度 $L=0.8$m，流动速度 $u=1.0$m·s^{-1} 时，管内沿程阻力损失 $\Delta p=2642.9$Pa，沿程阻力损失很小，在模拟计算中可忽略不计。

表 5-4　管内沿程阻力损失 Δp 与流动速度 u 以及管道长度 L 的关系（$D=10$mm）

管内沿程阻力损失 Δp/Pa			
管道长度 L/m	流动速度 u/m·s^{-1}			
	1.0	2.0	3.0	4.0
0.5	1651.8	6607.3	14866	26429
0.8	2642.9	10572	23786	42286
1.0	3303.6	13215	29733	52858

管道长度 L/m	管内沿程阻力损失 Δp/Pa			
	流动速度 u/m·s^{-1}			
	1.0	2.0	3.0	4.0
1.5	4955.4	19822	44599	79287
2.0	6607.3	26429	59465	106000
2.5	8259.1	33036	74332	132000

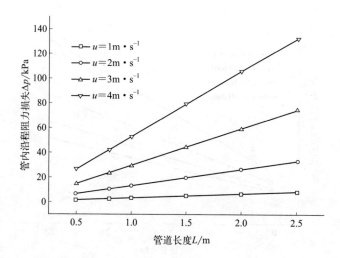

图 5-9　管内沿程阻力损失 Δp 与流动速度 u 以及管道长度 L 的关系

5.1.2　单孔道内压力波传播特性

在孔道内存在压缩波以及膨胀波等运动波，这些运动波的运行规律对于了解设备内部工作机理以及研究分析设备性能具有重要意义，本节对单根孔道内的压力波传播特性开展深入研究。

(1) 孔道内压力波的形成传播

根据前文对孔道中压力波形成与传播过程的分析，基于一维可压缩非定常流动模型进行 MATLAB 编程计算，研究压力波形成及传播特性，其中孔道长度 $L=0.8\text{m}$。

孔道内初始压力为 0.1MPa，流体静止。某一时刻，左端口与高压流体（流体压力为 0.5MPa）连通时，孔道内各点压力和速度随时间的变化如图 5-10 所示。由图 5-10(a) 可知，初始时刻，孔道内各处压力保持低压为 0.1MPa，当孔道左端与高压流体连通时，由于压差作用，孔道左端形成一束压缩波向右传播，孔道内压力升高；由图 5-10(b) 可发现，此时孔道内流体获得一个向右运动的速度。传播时间 $t = 0.5$ms 时，压缩波还未传递到孔道右端，传播时间 $t = 1$ms 时，压缩波已经从孔道右端发生了反射，当传播时间 $t = 5$ms 时，整个孔道保持在高压，孔道内流体也趋于静止。

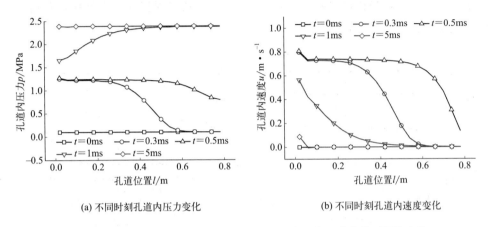

(a) 不同时刻孔道内压力变化　　　　(b) 不同时刻孔道内速度变化

图 5-10　左端口与高压流体连通时孔道内各点压力和速度随时间的变化

压力为 0.1MPa、流速为 1.0m·s⁻¹ 稳定流动的孔道，在 $t = 1$ms 时刻关闭孔道出口时，孔道内各点压力和速度随时间的变化如图 5-11 所示。由图可知，在 $t = 1$ms 时刻，孔道内压力 0.1MPa，流体流速 1.0m·s⁻¹ 向右运动；当孔道出口一关闭，在孔道右端形成一束压缩波向左传播，孔道内压力升高，迫使孔道内流体流速下降，最终孔道内流体流动停止，并保持在一个高于稳定流动时的压力。

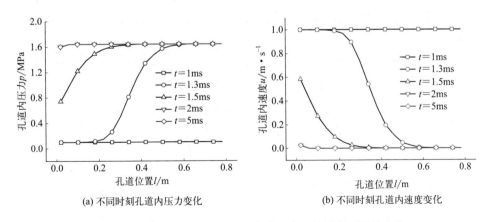

(a) 不同时刻孔道内压力变化　　　　(b) 不同时刻孔道内速度变化

图 5-11　关闭孔道出口时孔道内各点压力和速度随时间的变化

孔道内压力为 0.5MPa，流体静止，某一时刻左端与低压流体（低压流体压力

为 0.1MPa）连通时孔道内各点压力和速度随时间的变化如图 5-12 所示。由图 5-12
（a）可知，初始时刻，孔道内各处压力保持高压为 0.5MPa，当孔道左端与低压流
体连通时，由于压差作用，孔道左端形成一束膨胀波向右传播，孔道内压力降低；
由图 5-12（b）可发现，此时孔道内流体获得一个向左运动的速度。传播时间 $t=$
0.5ms 时，膨胀波还未传递到孔道右端，传播时间 $t=1$ms 时，膨胀波已经从孔道
右端发生了反射，当传播时间 $t=5$ms 时，整个孔道将保持在一个低压，孔道内流
体也趋于静止。

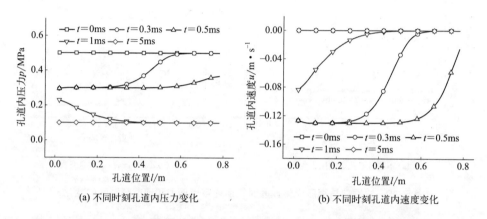

(a) 不同时刻孔道内压力变化   (b) 不同时刻孔道内速度变化

图 5-12　左端与低压流体连通时孔道内各点压力和速度随时间的变化

　　压力为 0.1MPa、流速为 1.0m·s⁻¹ 稳定流动的孔道，在 $t=1$ms 时刻关闭
孔道进口时，孔道内各点压力和速度随时间的变化如图 5-13 所示。由图可知，
在 $t=1$ms 时刻，孔道内压力 0.1MPa，流体流速 1.0m·s⁻¹ 向右运动；当孔道
进口一关闭，由于流体向右流动，孔道左端流体流走，在孔道左端形成一束膨胀
波向右传播，孔道内压力降低，最终由于孔道内流体全部流出，孔道内压力降

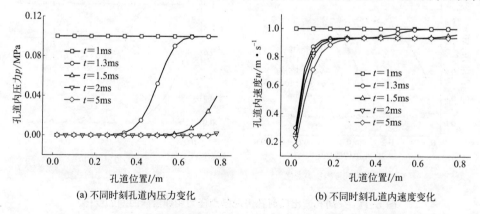

(a) 不同时刻孔道内压力变化   (b) 不同时刻孔道内速度变化

图 5-13　关闭孔道进口时孔道内各点压力和速度随时间的变化

为零。

图 5-10 和图 5-11 显示了两种不同边界下，孔道内压缩波的形成及传播过程；图 5-12 和图 5-13 显示了两种不同边界下，孔道内膨胀波的形成及传播过程。模拟结果与 5.1.1 节理论分析相吻合，验证了模型的可靠性。

（2）孔道内压力波的反射过程

为了解孔道内压力波的反射情况，对不同边界条件下压力波的反射进行模拟。首先，考虑孔道内压缩波反射类型，孔道内压力 0.1MPa，流体静止，初始时刻孔道左端与压力为 0.5MPa 的高压流体连通，在孔道左端形成一束向右传播的压缩波，当时间为 0.5ms 时，压缩波还未传递到孔道右端，此时设定不同的右端边界，观察压缩波的反射情况。

图 5-14 为给定固定壁面边界时压缩波的反射情况。当给定右端为固壁边界时，由图 5-14（a）可知，压缩波未传递到孔道右端时，由于压缩波作用，孔道内压力升高；当压缩波传递到右端后，反射一束压缩波向左传播，孔道内压力进一步升高。由图 5-14（b）可知，压缩波未传递到孔道右端时，由于压缩波作用，孔道内流体向右流速增加；当压缩波传递到右端后，孔道内流体由于反向压缩波作用，流速减小。

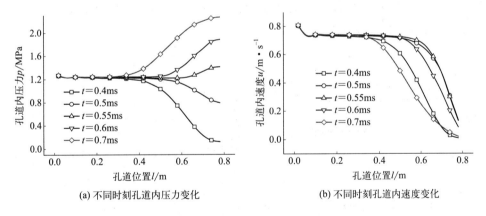

(a) 不同时刻孔道内压力变化　　　　　(b) 不同时刻孔道内速度变化

图 5-14　给定固定壁面边界时压缩波的反射情况

图 5-15 为给定开口边界时压缩波的反射情况。当给定右端边界条件为开口边界时，由图 5-15（a）可知，孔道内压缩波传递到右端后反射一束膨胀波向左传播，孔道内压力降低；由图 5-15（b）可知，孔道内流体由于反向膨胀波的作用向右运动，流速进一步增大。

考虑孔道内膨胀波的反射类型。孔道内压力 0.5MPa，流体静止，初始时刻孔道左端与压力为 0.1MPa 低压流体连通，在孔道左端形成一束向右传播的膨胀波，

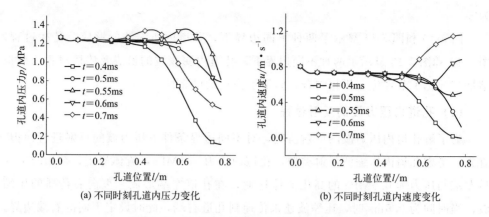

(a) 不同时刻孔道内压力变化

(b) 不同时刻孔道内速度变化

图 5-15　给定开口边界时压缩波的反射情况

当时间为 0.5ms 时，膨胀波还未传递到孔道右端，此时设定不同的右端边界条件，观察其反射情况。

图 5-16 为给定固壁边界时膨胀波的反射情况。当给定右端边界条件为固壁边界时，由图 5-16(a) 可知，膨胀波未传递到孔道右端时，由于膨胀波作用，孔道内压力降低；当膨胀波传递到右端后，反射一束膨胀波向左传播，孔道内压力进一步降低。由图 5-16(b) 所示，膨胀波未传递到孔道右端时，由于膨胀波作用，孔道内流体向左运动速度增加；当膨胀波传递到右端后，孔道内流体由于反向膨胀波的作用，流体向左运动流速减小。

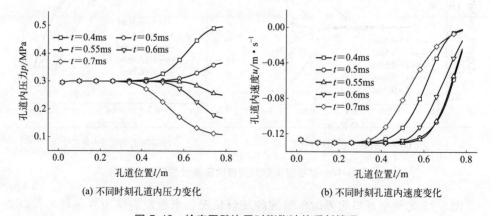

(a) 不同时刻孔道内压力变化

(b) 不同时刻孔道内速度变化

图 5-16　给定固壁边界时膨胀波的反射情况

图 5-17 为给定开口边界时膨胀波的反射情况。当给定右端边界条件为开口边界时，由图 5-17(a) 可知，孔道内膨胀波传递到右端后反射一束压缩波向左传播，孔道内压力升高；由图 5-17(b) 所示，孔道内流体由于反向压缩波的作用，孔道内流体向左运动流速进一步增大。

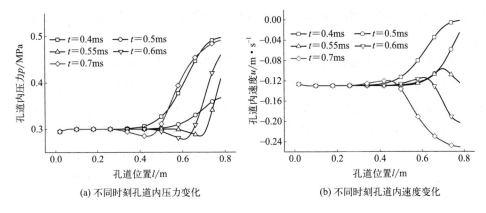

(a) 不同时刻孔道内压力变化   (b) 不同时刻孔道内速度变化

图 5-17　给定开口边界时膨胀波的反射情况

比较图 5-14、图 5-15、图 5-16 和图 5-17 可知，当给定反射边界为固壁边界时，压力波反射同类型的压力波，即入射压缩波反射波也为压缩波，入射膨胀波反射波也为膨胀波。当给定反射边界为开口边界时，压力波反射相反类型的压力波，即入射压缩波反射波为膨胀波，入射膨胀波反射波为压缩波。

(3) 孔道内压力波动特性

RPE 转子在连续运转时，其孔道内部压力波的形成传播分为增压过程、正向密封过程、泄压过程、反向密封过程四个过程，对四个过程分别进行模拟计算。

① 增压过程

假定初始时刻 RPE 转子孔道内充满低压水，压力为 0.1MPa，孔道内流动静止。对于增压过程，孔道左端为高压盐水进口，压力 0.5MPa，速度 1.0m·s⁻¹；孔道右端为增压海水出口，压力 0.45MPa。图 5-18 表示增压过程孔道内流体压力、速度的变化。由此可知，在增压过程初始阶段，孔道内压力升高，随后压力降

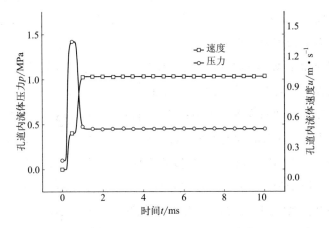

图 5-18　增压过程孔道内流体压力、速度随时间的变化

低为 0.45MPa 不再变化；孔道内速度有两次增加，最终以 $1.0\mathrm{m} \cdot \mathrm{s}^{-1}$ 稳定向右流动。

图 5-19 表示增压过程初始阶段孔道内流体压力、速度随时间的变化。由图可知，增压过程初始阶段，孔道两端端口同时打开，由于压差作用，孔道左端形成一束压缩波向右传播，孔道右端形成一束压缩波向左传播，在两束压缩波的共同作用下，孔道内压力升高，管内流体获得向右运动的速度；当这两束压缩波传播到另一端口时，反射两束膨胀波在孔道内运动，孔道内压力降低，使得孔道内流体速度进一步增加。最终孔道内压力与出口端压力相等，压差消失，孔道内流体压力、速度不再变化。

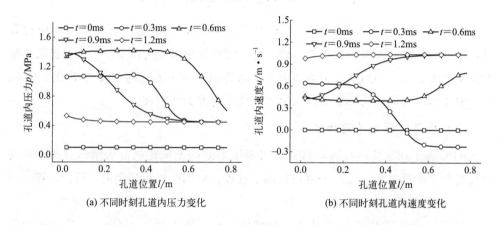

(a) 不同时刻孔道内压力变化   (b) 不同时刻孔道内速度变化

图 5-19　增压过程初始阶段孔道内流体压力、速度随时间的变化

② 正向密封过程

由增压过程的模拟结果可知，增压过程结束时孔道内流体状态为：压力 0.45MPa，速度 $1.0\mathrm{m} \cdot \mathrm{s}^{-1}$。正向密封过程，即孔道左、右端关闭过程，此时孔道左右端口边界都为固壁反射边界。

图 5-20 表示正向密封过程孔道内流体压力、速度随时间的变化。由图可知，在正向密封过程初始阶段，孔道内压力迅速升高，随后压力在 1.3MPa 上下波动，随着时间的增加，波动幅度越来越小；孔道内速度迅速减小，并反向流动，随后在 $0\mathrm{m} \cdot \mathrm{s}^{-1}$ 上下波动，随着时间的增加，波动幅度越来越小，最终流动停止。

图 5-21 表示正向密封过程初始阶段孔道内流体压力、速度随时间的变化。由图可知，在过程初始阶段，孔道两端端口同时关闭，流体由于惯性仍向右流动，孔道左端形成一束膨胀波向右传播，左端压力降低，流速减小；孔道右端形成一束压缩波向左传播，右端压力升高，流速减小；当压缩波传播到孔道左端时，反射一束

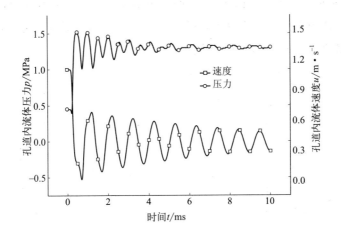

图 5-20 正向密封过程孔道内流体压力、速度随时间的变化

压缩波向右传播，左端压力升高；当膨胀波传播到孔道右端时，反射一束膨胀波向左传播，右端压力降低。在压缩波和膨胀波的共同作用下，孔道内压力在1.3MPa处波动，孔道内流体在孔道内来回流动，最终压差消失，孔道内流体压力为1.3MPa，不再波动，流体停止流动。

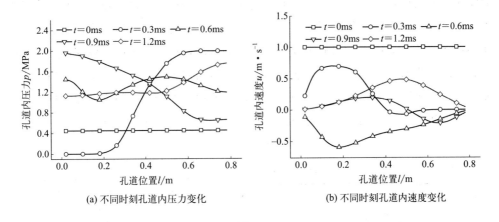

(a) 不同时刻孔道内压力变化   (b) 不同时刻孔道内速度变化

图 5-21 正向密封过程初始阶段孔道内流体压力、速度随时间的变化

③ 泄压过程

由正向密封过程的模拟结果可知，正向密封过程结束时孔道内流体状态为：压力1.3MPa，速度为零。泄压过程，孔道右端为原料海水进口，压力为1.5MPa，速度为$-1.0 \mathrm{m} \cdot \mathrm{s}^{-1}$，表示反向进流；孔道左端为泄压盐水出口，压力为0.1MPa。

图 5-22 为泄压过程孔道内压力、速度随时间的变化。由图可知，在泄压过程初始阶段，孔道内有两次压力降低，随后压力为 0.1MPa 不再变化；孔道内速度有两次增加，最终以 $1.0\mathrm{m\cdot s^{-1}}$ 稳定向左流动。

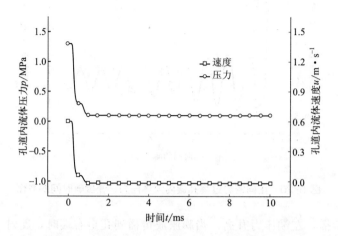

图 5-22 泄压过程孔道内流体压力、速度随时间的变化

图 5-23 表示泄压过程初始阶段孔道内流体压力、速度随时间的变化。由图可知，泄压过程初始阶段，孔道两端端口同时打开，由于压差作用，孔道左端形成一束膨胀波向右传播，孔道内压力降低，流体获得一个向左运动的速度；孔道右端在流体流进及压差的共同作用下，形成一束压缩波向左传播，孔道右端压力升高，流体获得向左的流动速度。当膨胀波传播到孔道右端，反射一束膨胀波向左传播，孔道右端压力降低，流体向左流动速度增加；当压缩波传播到孔道左端，反射一束压缩波向右传播，孔道左端压力增加，流体向左流动速度增加。最终孔道内压力与出口端压力相等，压差消失，孔道内流体压力、速度不再变化。

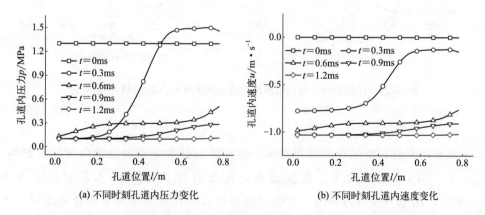

图 5-23 泄压过程初始阶段孔道内流体压力、速度随时间的变化

④ 反向密封过程

由泄压过程模拟结果可知，泄压结束时孔道内流体压力 0.1MPa，速度 $-1.0\mathrm{m\cdot s^{-1}}$。反向密封过程，即孔道左、右端关闭过程，左右端口边界为固壁反射边界。

图 5-24 表示反向密封过程孔道内流体压力、速度随时间的变化。由图可知，在反向密封过程初始阶段，孔道内压力迅速升高，随后压力在 1.3MPa 处上下波动，随着时间的增加，波动幅度越来越小；孔道内速度迅速减小，并反向流动，随后在 $0.0\mathrm{m\cdot s^{-1}}$ 上下波动，随着时间的增加，波动幅度越来越小，最终流动停止。

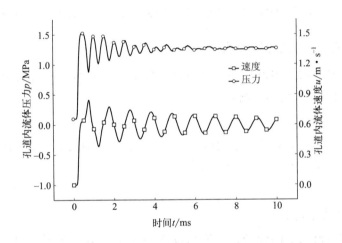

图 5-24　反向密封过程孔道内流体压力、速度随时间的变化

图 5-25 表示反向密封过程初始阶段孔道内流体压力、速度随时间的变化。由图可知，反向密封过程初始阶段，孔道两端端口同时关闭，流体由于惯性仍向左流动，孔道左端形成一束压缩波向右传播，左端压力增加，流速减小；孔道右端形成一束膨胀波向左传播，右端压力降低，流速减小；当压缩波传播到孔道右端时，反射一束压缩波向左传播，右端压力升高；当膨胀波传播到孔道左端时，反射一束膨胀波向右传播，左端压力降低。在压缩波和膨胀波的共同作用下，孔道内压力在 1.3MPa 处上下波动，孔道内流体在孔道内来回流动；最终压差消失，孔道内流体压力为 1.3MPa 不再波动，流体停止流动。

通过对 RPE 转子孔道内部压力波的形成传播过程的模拟分析可知，对于增压过程和泄压过程，孔道内压力、流体迅速稳定，对于密封过程，孔道内压力、速度在一定时间内会不停波动。

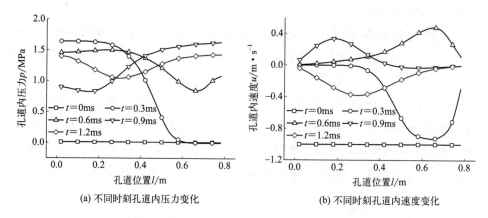

(a) 不同时刻孔道内压力变化　　　　　　(b) 不同时刻孔道内速度变化

图 5-25　反向密封过程初始阶段孔道内流体压力、速度随时间的变化

(4) 孔道内压力波动影响因素

为了了解孔道内压力波动的变化特性，现给出一个衡量压力波动特性的指标 Δp，表示压力波动的振幅，则：

$$\Delta p = (p_{max} - p_{min})/2 \tag{5-27}$$

式中，p_{max} 为压力波动区最大压力，Pa；p_{min} 为压力波动区最小压力，Pa。

$\overline{p}$ 表示压力波动平均压力，则有：

$$\overline{p} = (p_{max} + p_{min})/2 \tag{5-28}$$

① 集液槽覆盖孔道个数

对于几何参数确定的转子，孔道总数 N 为定值，转子转动周期 $T = 1/\omega$，则转子孔道与集液槽的接触时间 t 与集液槽覆盖孔道个数 m 和孔道总数 N 的关系式为：

$$t = \frac{mT}{N} = \frac{m}{N\omega} \tag{5-29}$$

选取孔道总数 $N=12$，转子转速 $\omega = 1000 \mathrm{r \cdot min^{-1}}$，集液槽覆盖孔道个数 m 对孔道内压力波动的影响如图 5-26 所示。由图 5-26（a）和图 5-26（b）可知，孔道内的压力波动主要集中于密封区，对于增压过程和泄压过程，压力波动只存在初始阶段，之后压力、速度都不再变化；m 对压力波动趋势没有影响，但是随着 m 的增大，一个周期内的波动时间缩短。考虑到此波动可能会引起压力交换器发生振动，从而影响设备性能，因此应该尽可能缩短波动时间。

图 5-27 表示密封过程压力波动特性随 m 值的变化。由图可知，m 对于正向密封过程没有影响，m 增大，正向密封过程压力波动平均压力和压力波动振幅都没有变化；但是对于反向密封过程，当 m 为 5 时，压力波动振幅和压力波动

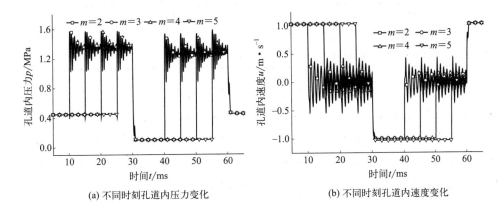

| (a) 不同时刻孔道内压力变化 | (b) 不同时刻孔道内速度变化 |

图 5-26 m 对孔道内压力、速度的影响

平均压力都增大，而压力波动振幅越大，压力波动平均压力越大，越不利于设备运行。因此，综合考虑波动时间及压力波动性质，当孔道总个数 N 为 12，转速 ω 为 1000r·min^{-1}时，m 取 4 比较合适。

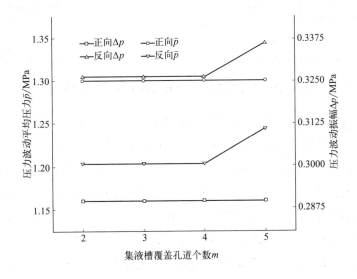

图 5-27 密封过程压力波动特性随 m 的变化

② 前后集液槽错角

上述分析基于前后集液槽同时覆盖孔道，当前后集液槽存在错角，则孔道前后端口将不再同时启闭，选取孔道总数 $N=12$，$m=4$，转子转速 $\omega=1000$r·min^{-1}。此时，前后集液槽错角 θ 所对应的孔道后端口启闭延迟时间间隔如表 5-5 所示。

表 5-5　前后集液槽错角 θ 与孔道后端口启闭延迟时间间隔对应关系

变量	对应关系						
集液槽错角θ/(°)	−12	−6	−3	0	3	6	12
孔道后端口启闭延迟时间间隔/ms	−2	−1	0	0	0.5	1	2

当前后集液槽错角为正时，即此时孔道后端口启闭延迟，此时，孔道内压力和速度随θ的变化如图 5-28 所示。如图所示，孔道内的压力、速度波动主要集中于密封区，对于增压过程和泄压过程，压力、速度波动只存在初始阶段，之后压力、速度都不再变化。对于正向密封过程，θ越大，其压力波动平均压力越小；对于反向密封过程，随着θ的增大，孔道内压力波动平均压力也增大。

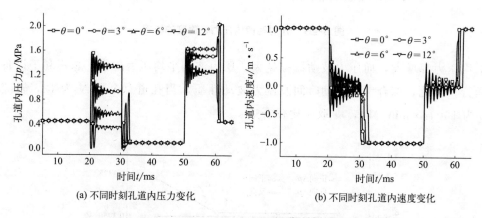

(a) 不同时刻孔道内压力变化　　　　　(b) 不同时刻孔道内速度变化

图 5-28　θ 为正时，θ 对孔道内压力、速度的影响

图 5-29 显示了密封过程孔道内压力波动特性随θ的变化。由图可知，随着错角θ的增大，正向密封过程孔道内压力波动平均压力降低，当θ大于 6°时，其下降趋势减小；孔道内压力波动幅值减小，在θ处于 3°到 6°之间时，减小趋势最明显。对于反向密封过程，当θ大于 6°时，孔道内压力波动平均压力和压力波动幅值都不再变化，压力波动平均值约 1.6MPa，压力波动幅值为 0，可认为此时孔道内压力不再变化；当θ小于 6°时，随着θ的增大，孔道内压力波动平均压力增加，在θ大于 3°时增加趋势有所减小，孔道内压力波动幅值随着θ的增大而减小，θ为 6°时，幅值为 0。

图 5-30 表示增压过程初始阶段，孔道内压力、速度随θ的变化。由图可知，当错角θ为 0°，增压过程一开始，孔道内压力经两次下降后与出口压力相同，随后不再变化；当错角不为 0°，孔道内压力先增加，后降低至出口压力，随着错角的增大，压力增值越大，当θ大于 6°时，其压力增值不再变化。孔道内速度受θ变化影响较小。

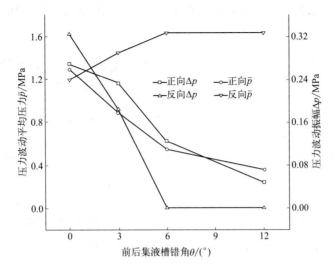

图 5-29　θ 为正时，密封过程压力波动特性随 θ 的变化

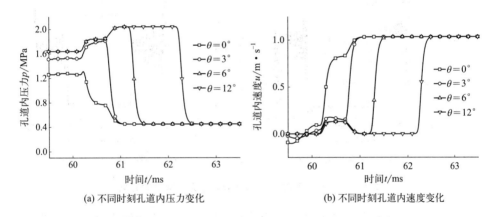

(a) 不同时刻孔道内压力变化　　　　　　(b) 不同时刻孔道内速度变化

图 5-30　增压过程初始阶段，θ 为正时，θ 对孔道内压力、速度的影响

图 5-31 表示泄压过程初始阶段，孔道内压力、速度随 θ 的变化。由图可知，当存在错角时，泄压过程初始时刻，孔道内压力存在一次波动，随着错角的增大，波动幅值越大。当 θ 从 3°变为 6°时，波动幅值增加最明显，而这种影响对于进口压力较低的泄压过程是不利的。因此，综合考虑集液槽错角对孔道内压力波动的影响可知，错角在 3°到 6°时存在一个比较优的值有利于 RPE 设备的运行。

当前后集液槽错角为负值，即孔道后端口启闭提前，此时孔道内压力和速度随集液槽错角 θ 的变化如图 5-32 所示。由图可知，孔道内压力、速度波动主要集中于密封区，对于增压过程和泄压过程，压力、速度波动只存在初始阶段，之后压力、速度都不再变化。对于正向密封过程，集液槽错角越大，其压力波动平均压力越大；对于反向密封过程，集液槽错角越大，孔道内压力波动平均压力越小。

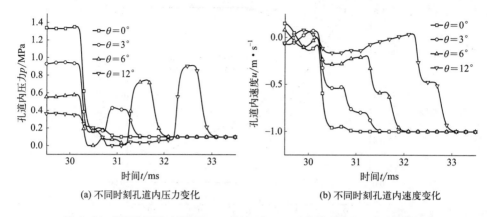

(a) 不同时刻孔道内压力变化　　　　　　　　(b) 不同时刻孔道内速度变化

图 5-31　泄压过程初始阶段，θ 为正时，θ 对孔道内压力、速度的影响

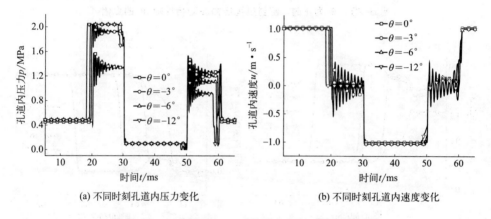

(a) 不同时刻孔道内压力变化　　　　　　　　(b) 不同时刻孔道内速度变化

图 5-32　θ 为负时，θ 对孔道内压力、速度的影响

图 5-33 显示了密封过程孔道内压力波动特性随集液槽错角的变化。由图可知，当 θ 小于 $-6°$ 时，正向密封过程孔道内压力波动平均压力和压力波动幅值都不再变化，压力波动平均值约为 2.0MPa，压力波动幅值为 0，可认为此时孔道内压力不再变化；当 θ 大于 $-6°$ 时，随着 θ 的减小，孔道内压力波动平均压力增加，在 θ 小于 $-3°$ 时增加趋势有所减小，孔道内压力波动幅值随着 θ 的减小而减小，θ 为 6° 时，幅值为 0。随着错角 θ 的减小，反向密封过程孔道内压力波动平均压力降低，波动幅值减小，但整体受 θ 变化影响不大。

图 5-34 表示增压过程初始阶段，孔道内压力、速度随集液槽错角大小的变化。由图可知，当错角 θ 为 0 时，增压过程初始时刻，孔道内压力经过两次下降后与出口压力相同，随后不再变化；当错角不为 0 时，孔道内压力先降低，当 θ 小于 $-3°$ 时，孔道内压力小于出口压力，流体会从出口处倒流进孔道，对设备工作过程造成

不利影响，需要避免该现象发生。

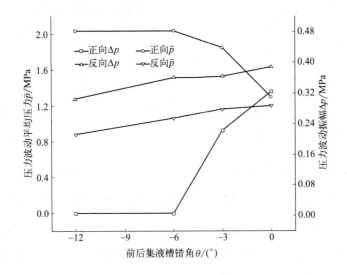

图 5-33　θ 为负时，密封过程压力波动特性随 θ 的变化

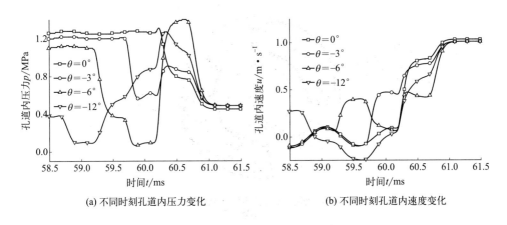

(a) 不同时刻孔道内压力变化　　　　　　(b) 不同时刻孔道内速度变化

图 5-34　增压过程初始阶段，θ 为负时，θ 对孔道内压力、速度的影响

图 5-35 表示泄压过程初始阶段，孔道内压力、速度随集液槽错角大小的变化。由图可知，错角 θ 的变化对泄压过程初始时刻孔道内压力、速度影响不大，当存在错角时，泄压过程出口速度有所增加。由于错角为负时，会使得增压过程流速减小，泄压过程流速增加，导致流动过程流量的不平衡，可能会造成设备运行不稳。因此，应该避免集液槽错角为负的情况。

③ 进出口集液槽偏心角

假定进出口集液槽的偏心角为 α，α 的大小与进出口集液槽的位置角 β 关系如

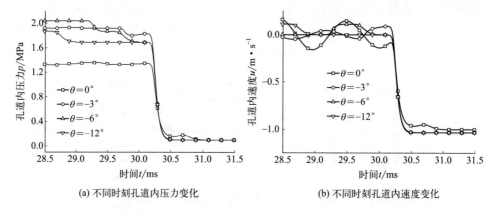

(a) 不同时刻孔道内压力变化　　　　　　(b) 不同时刻孔道内速度变化

图 5-35　泄压过程初始阶段，θ 为负时，θ 对孔道内压力、速度的影响

图 5-36 所示，则 α 与 β 两个角度参数存在数学关系：$\alpha+\beta=180°$。因此，当 β 小于 $180°$ 时，α 为正，当 β 大于 $180°$ 时，α 为负。现在设定 α 为正时，表示转子正向转动；α 为负时，表示转子反向转动。

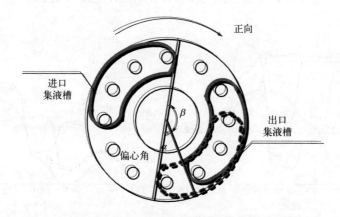

图 5-36　偏心角与进出口集液槽位置关系

当转子正向转动，即 α 为正时，孔道内压力和速度随集液槽偏心角 α 的变化如图 5-37 所示。由图所示，孔道内的压力、速度波动主要集中于密封区，对于增压过程和泄压过程，压力、速度波动只存在初始阶段，之后压力、速度都不再变化。α 的变化对正向密封过程几乎没有影响，对于反向密封过程，当存在偏心角 α 时，孔道内压力波动平均压力增大，波动幅值减小，速度的波动幅度也减小。

图 5-38 显示了密封过程孔道内压力波动特性随集液槽偏心角 α 的变化。由图可知，α 的变化对正向密封过程孔道内压力波动影响较小，可忽略不计；对于反向密封过程，当 α 大于 $6°$ 时，孔道内压力波动平均压力和压力波动幅值都不再变化，压力波动平均值约为 1.7MPa，压力波动幅值为 0，可认为此时孔道内压力不再变

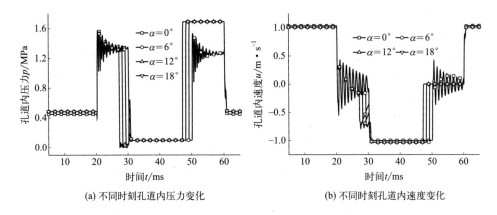

(a) 不同时刻孔道内压力变化   (b) 不同时刻孔道内速度变化

图 5-37 α 为正时，α 对孔道内压力、速度的影响

化；当 α 小于 6°时，随着 α 的增大，孔道内压力波动平均压力增加，波动幅值减小，α 为 6°时，幅值为 0。

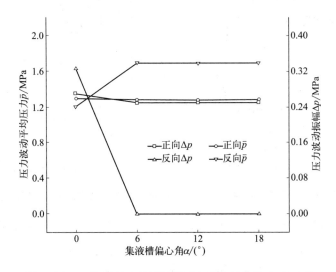

图 5-38 α 为正时，密封过程压力波动特性随 α 的变化

图 5-39 表示增压过程初始阶段，孔道内压力、速度随 α 的变化。由图可知，α 的变化对增压过程初始阶段孔道内压力、速度影响不大，当 α 大于 6°时，增压过程孔道内压力小幅度增加，流体流速小幅度减小。

图 5-40 表示泄压过程初始阶段，孔道内压力、速度随 α 的变化。由图可知，由于 α 的存在，孔道提前进入泄压过程，α 越大，越早进入泄压过程，但此时流体流速小于正常流动时流速；随着 α 的增大，原料海水进入孔道时，孔道内速度减小，此时受到原料海水的冲击，在孔道内形成一束压缩波，α 越大，压缩波压力幅

值越大。

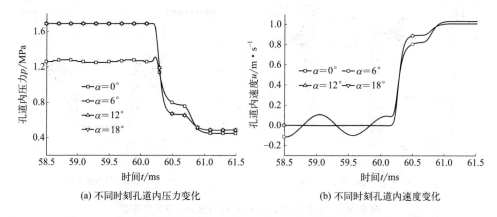

(a) 不同时刻孔道内压力变化 (b) 不同时刻孔道内速度变化

图 5-39 增压过程初始阶段，α 为正时，α 对孔道内压力、 速度的影响

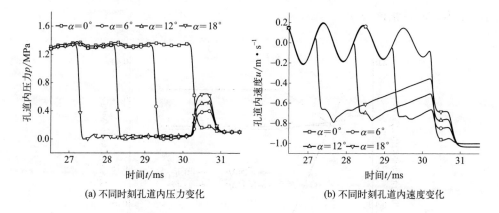

(a) 不同时刻孔道内压力变化 (b) 不同时刻孔道内速度变化

图 5-40 泄压过程初始阶段，α 为正时，α 对孔道内压力、速度的影响

综合分析可知，当集液槽偏心角 α 为正时，随着 α 的增大，孔道内压力波动振幅减小，当 α 为 6°时，波动振幅不再变化；α 的变化影响孔道进入泄压过程的时间，随着 α 的增大，孔道与原料海水进口相连时孔道内速度越小，这不利于设备运行。因此，α 为 6°时，设备的运行最佳。

当转子反向转动，即 α 为负时，孔道内压力和速度随集液槽偏心角 α 的变化如图 5-41 所示。由图可知，孔道内的压力、速度波动主要集中于密封区，对于增压过程和泄压过程，压力、速度波动只存在初始阶段，之后压力、速度都不再变化。α 的变化对正向密封过程几乎没有影响，对于反向密封过程，随着偏心角 α 的减小，孔道内压力波动平均压力减小，波动幅值减小，速度的波动幅度也减小。

图 5-42 显示了密封过程孔道内压力波动特性随集液槽偏心角 α 的变化。由图可知，当 α 小于−6°时，正向密封过程孔道内压力波动平均压力和压力波动幅值都

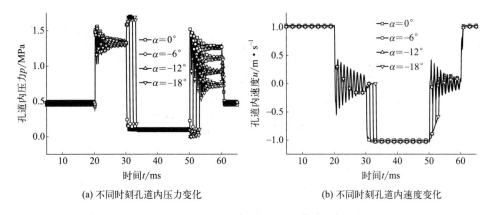

(a) 不同时刻孔道内压力变化   (b) 不同时刻孔道内速度变化

图 5-41　α 为负时，α 对孔道内压力、速度的影响

不再变化，压力波动平均值约为 1.3MPa，压力波动幅值为 0，可认为此时孔道内压力不再变化；当 α 大于 $-6°$ 时，随着 α 的减小，孔道内压力波动平均压力小幅度减小，孔道内压力波动幅值减小。对于反向密封过程，随着 α 的减小孔道内压力波动平均压力降低，波动幅值减小。

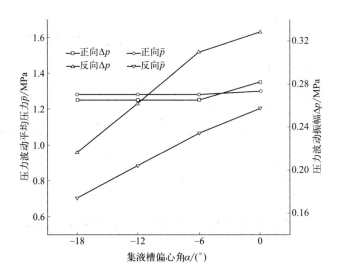

图 5-42　α 为负时，密封过程压力波动特性随 α 的变化

  图 5-43 表示增压过程初始阶段，孔道内压力、速度随 α 的变化。由图可知，增压过程初始阶段孔道内压力增加，后降低为出口压力不再变化，随着 α 的减小，压力增加值越大；α 为负时，其变化对孔道内速度影响不大。当 α 不为 $0°$ 时，增压过程孔道内压力增加，流体流速减小。

  图 5-44 表示泄压过程初始阶段，孔道内压力、速度随 α 的变化。由图可知，

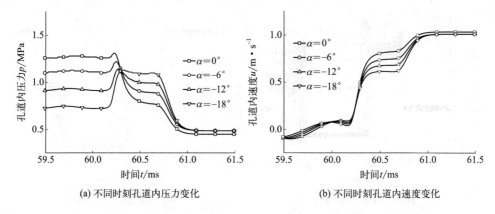

(a) 不同时刻孔道内压力变化   (b) 不同时刻孔道内速度变化

图 5-43 增压过程初始阶段，α 为负时，α 对孔道内压力、速度的影响

由于 α 为负，孔道延迟进入泄压过程，进入泄压过程前，孔道内压力增加，对于泄压过程，孔道进口压力较低，孔道内压力的增加导致其压差增大，影响流体流动。α 不为 $0°$ 时，泄压过程流速增加，而增压过程流速减小，可能导致装置运行不稳定。因此，实际设计过程应该避免偏心角为负的情况。

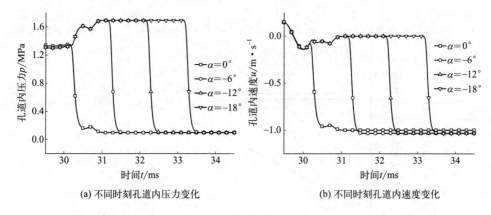

(a) 不同时刻孔道内压力变化   (b) 不同时刻孔道内速度变化

图 5-44 泄压过程初始阶段，α 为负时，α 对孔道内压力、速度的影响

5.2 基于压力波的强化增压特性

压力能回收过程的实质是流体的运动传递过程，具有瞬变流动特点。针对这一过程所具有的流场流动特性，本节阐述建模过程中的三维流体动力学控制方程，建立一维有压瞬变流动模型。针对提出的具有自增压特性的 RPE 开展应用分析，基

于最优波系分析结果，探讨不同波系结构的 RPE 设计性能随工况的变化规律。

5.2.1 流体动力学控制方程

液体压力能回收的本质是流体流动问题，遵循质量守恒、动量守恒和能量守恒。流体动力学控制方程用于对各项守恒定律进行数学描述。此外，余压回收过程还涉及不同浓度流体间的掺混现象，还需组分质量守恒方程描述组分传质。

（1）质量守恒方程

流体流动过程中，某一固定流动体系内的流体质量增加率等于通过其表面的流入通量，这是任何流动体系都需遵循的基本定律，表达式如下：

$$\frac{\partial \rho}{\partial t} + \frac{\partial(\rho u)}{\partial x} + \frac{\partial(\rho v)}{\partial y} + \frac{\partial(\rho w)}{\partial z} = 0 \tag{5-30}$$

式中，ρ 为密度，$kg \cdot m^{-3}$；t 为时间，s；u、v、w 为速度矢量在 x、y、z 三个方向上的速度分量，$m \cdot s^{-1}$。

引入矢量符号 $\mathbf{div}(a) = \partial a_x / \partial x + \partial a_y / \partial y + \partial a_z / \partial z$，上式可写成矢量形式守恒方程：

$$\frac{\partial \rho}{\partial t} + \mathbf{div}(\rho \vec{u}) = 0 \tag{5-31}$$

式中，$\vec{u}$ 为速度矢量，$m \cdot s^{-1}$。

本节研究的流体为液体海水，在建模过程中密度 ρ 可视为常数，则式(5-30)可简化为适用于定常或非定常下不可压缩流动问题的一般形式：

$$\frac{\partial u}{\partial x} + \frac{\partial v}{\partial y} + \frac{\partial w}{\partial z} = 0 \tag{5-32}$$

（2）动量守恒方程

在流动过程中，微元体中的流体动量对时间的变化率等于该微元体各作用力之和。动量守恒也是流动体系的普遍规律，流体压力能回收过程即是回收利用流体动量进行做功的过程。描述动量守恒方程的模型如下式：

$$\begin{cases} \dfrac{\partial(\rho u)}{\partial t} + \mathbf{div}(\rho u u) = -\dfrac{\partial p}{\partial x} + \dfrac{\partial \tau_{xx}}{\partial x} + \dfrac{\partial \tau_{yx}}{\partial y} + \dfrac{\partial \tau_{zx}}{\partial z} + F_x \\[3mm] \dfrac{\partial(\rho v)}{\partial t} + \mathbf{div}(\rho v u) = -\dfrac{\partial p}{\partial y} + \dfrac{\partial \tau_{xy}}{\partial x} + \dfrac{\partial \tau_{yy}}{\partial y} + \dfrac{\partial \tau_{zy}}{\partial z} + F_y \\[3mm] \dfrac{\partial(\rho w)}{\partial t} + \mathbf{div}(\rho w u) = -\dfrac{\partial p}{\partial z} + \dfrac{\partial \tau_{xz}}{\partial x} + \dfrac{\partial \tau_{yz}}{\partial y} + \dfrac{\partial \tau_{zz}}{\partial z} + F_z \end{cases} \tag{5-33}$$

式中，p 为流体微元压力，Pa；τ_{xx}、τ_{xy}、τ_{xz} 为黏性应力 τ 作用在微元体 x 面上 x、y、z 方向的分量，Pa；F_x、F_y 和 F_z 为流体微元体积力，$N \cdot m^{-3}$。

对于牛顿流体，黏性应力 τ 由流体内部相对运动产生，与流体变形率有下述关系：

$$
\begin{cases}
\tau_{xx} = 2\mu \dfrac{\partial u}{\partial x} + \lambda \mathbf{div}(u) \\[2mm]
\tau_{yy} = 2\mu \dfrac{\partial v}{\partial y} + \lambda \mathbf{div}(v) \\[2mm]
\tau_{zz} = 2\mu \dfrac{\partial w}{\partial z} + \lambda \mathbf{div}(w) \\[2mm]
\tau_{xy} = \tau_{yx} = \mu \left(\dfrac{\partial u}{\partial y} + \dfrac{\partial v}{\partial x} \right) \\[2mm]
\tau_{xz} = \tau_{zx} = \mu \left(\dfrac{\partial u}{\partial z} + \dfrac{\partial w}{\partial x} \right) \\[2mm]
\tau_{yz} = \tau_{zy} = \mu \left(\dfrac{\partial v}{\partial z} + \dfrac{\partial w}{\partial y} \right)
\end{cases}
\tag{5-34}
$$

式中，μ 为动力黏度，$Pa \cdot s$；λ 为第二黏度，一般可取 $\lambda = -2/3$。

将式(5-34)代入式(5-33)可得：

$$
\begin{cases}
\dfrac{\partial(\rho u)}{\partial t} + \mathbf{div}(\rho u u) = \mathbf{div}(\mu \, \mathbf{grad} \, u) - \dfrac{\partial p}{\partial x} + S_u \\[2mm]
\dfrac{\partial(\rho v)}{\partial t} + \mathbf{div}(\rho v u) = \mathbf{div}(\mu \, \mathbf{grad} \, v) - \dfrac{\partial p}{\partial y} + S_v \\[2mm]
\dfrac{\partial(\rho w)}{\partial t} + \mathbf{div}(\rho w u) = \mathbf{div}(\mu \, \mathbf{grad} \, w) - \dfrac{\partial p}{\partial z} + S_w
\end{cases}
\tag{5-35}
$$

式中，$\mathbf{grad}(\ ) = \partial(\ )/\partial x + \partial(\ )/\partial y + \partial(\ )/\partial z$；$S_u$、$S_v$ 和 S_w 为广义源项，$S_u = F_x + s_x$，$S_v = F_y + s_y$，$S_w = F_z + s_z$，其中 s_x、s_y 和 s_z 的表达式如下：

$$
\begin{cases}
s_x = \dfrac{\partial}{\partial x}\left(\mu \dfrac{\partial u}{\partial x} \right) + \dfrac{\partial}{\partial y}\left(\mu \dfrac{\partial v}{\partial x} \right) + \dfrac{\partial}{\partial z}\left(\mu \dfrac{\partial w}{\partial x} \right) + \dfrac{\partial}{\partial x}(\lambda \mathrm{div} u) \\[2mm]
s_y = \dfrac{\partial}{\partial x}\left(\mu \dfrac{\partial u}{\partial y} \right) + \dfrac{\partial}{\partial y}\left(\mu \dfrac{\partial v}{\partial y} \right) + \dfrac{\partial}{\partial z}\left(\mu \dfrac{\partial w}{\partial y} \right) + \dfrac{\partial}{\partial y}(\lambda \mathbf{div} v) \\[2mm]
s_z = \dfrac{\partial}{\partial x}\left(\mu \dfrac{\partial u}{\partial z} \right) + \dfrac{\partial}{\partial y}\left(\mu \dfrac{\partial v}{\partial z} \right) + \dfrac{\partial}{\partial z}\left(\mu \dfrac{\partial w}{\partial z} \right) + \dfrac{\partial}{\partial z}(\lambda \mathbf{div} w)
\end{cases}
\tag{5-36}
$$

当黏性为常数，流体为不可压缩时，s_x、s_y、s_z 为小量，可忽略。

式(5-35)可整理为：

$$
\begin{aligned}
&\frac{\partial}{\partial t}(\rho u) + \frac{\partial}{\partial x}(\rho u u) + \frac{\partial}{\partial y}(\rho u v) + \frac{\partial}{\partial z}(\rho u w) \\[2mm]
&= \frac{\partial}{\partial x}\left(\mu \frac{\partial u}{\partial x} \right) + \frac{\partial}{\partial y}\left(\mu \frac{\partial u}{\partial y} \right) + \frac{\partial}{\partial z}\left(\mu \frac{\partial u}{\partial z} \right) - \frac{\partial p}{\partial x} + S_u
\end{aligned}
\tag{5-37}
$$

$$\frac{\partial}{\partial t}(\rho v) + \frac{\partial}{\partial x}(\rho vu) + \frac{\partial}{\partial y}(\rho vv) + \frac{\partial}{\partial z}(\rho vw)$$

$$= \frac{\partial}{\partial x}\left(\mu \frac{\partial v}{\partial x}\right) + \frac{\partial}{\partial y}\left(\mu \frac{\partial v}{\partial y}\right) + \frac{\partial}{\partial z}\left(\mu \frac{\partial v}{\partial z}\right) - \frac{\partial p}{\partial y} + S_v \tag{5-38}$$

$$\frac{\partial}{\partial t}(\rho w) + \frac{\partial}{\partial x}(\rho wu) + \frac{\partial}{\partial y}(\rho wv) + \frac{\partial}{\partial z}(\rho ww)$$

$$= \frac{\partial}{\partial x}\left(\mu \frac{\partial w}{\partial x}\right) + \frac{\partial}{\partial y}\left(\mu \frac{\partial w}{\partial y}\right) + \frac{\partial}{\partial z}\left(\mu \frac{\partial w}{\partial z}\right) - \frac{\partial p}{\partial z} + S_w \tag{5-39}$$

此式即为描述流动过程的动量方程,也即 N-S 方程。

(3) 能量守恒方程

能量守恒方程的表达式为:

$$\frac{\partial}{\partial t}(\rho T) + \mathbf{div}(\rho u T) = \mathbf{div}\left(\frac{k}{c_p}\mathbf{grad} T\right) + S_T \tag{5-40}$$

上式还可写成展开形式:

$$\frac{\partial(\rho T)}{\partial t} + \frac{\partial(\rho u T)}{\partial x} + \frac{\partial(\rho v T)}{\partial y} + \frac{\partial(\rho w T)}{\partial z}$$

$$= \frac{\partial}{\partial x}\left(\frac{k}{c_p}\frac{\partial T}{\partial x}\right) + \frac{\partial}{\partial y}\left(\frac{k}{c_p}\frac{\partial T}{\partial y}\right) + \frac{\partial}{\partial z}\left(\frac{k}{c_p}\frac{\partial T}{\partial z}\right) + S_T \tag{5-41}$$

式中,c_p 为比热容,$J \cdot (kg \cdot ℃)^{-1}$;$k$ 为流体传热系数;S_T 为黏性耗散项。

(4) 组分质量守恒方程

对于一个存在多种组分的流体系统而言,其中的每一个组分都需遵守质量守恒定律,即系统内某种化学组分的质量随时间的变化量,为该组分通过界面的净扩散流量与通过化学反应所产生量之和。组分质量守恒方程可通过下式进行描述:

$$\frac{\partial(\rho c_s)}{\partial t} + \mathbf{div}(\rho u c_s) = \mathbf{div}[D_s \mathbf{grad}(\rho c_s)] + S_s \tag{5-42}$$

式中,c_s 为组分 s 的体积比浓度;D_s 为该组分的扩散系数;S_s 为系统内部单位时间内单位体积通过化学反应产生的该组分的质量。

将组分守恒方程各项展开,上式可改写为:

$$\frac{\partial(\rho c_s)}{\partial t} + \frac{\partial(\rho c_s u)}{\partial x} + \frac{\partial(\rho c_s v)}{\partial y} + \frac{\partial(\rho c_s w)}{\partial z}$$

$$= \frac{\partial}{\partial x}\left[D_s \frac{\partial(\rho c_s)}{\partial x}\right] + \frac{\partial}{\partial y}\left[D_s \frac{\partial(\rho c_s)}{\partial y}\right] + \frac{\partial}{\partial z}\left[D_s \frac{\partial(\rho c_s)}{\partial z}\right] + S_s \tag{5-43}$$

对于不同压力流体间的传递过程而言,参与交换的流体组分往往不同,利用以上浓度传输方程便可很好地描述流体组分在参与动量交换过程中的对流和扩散过程。

5.2.2　一维有压瞬变流动模型

当定常流动的边界条件发生改变时，流体受到扰动，引起压力波的产生和传播，这样的流动可归结为瞬变流动。对于容积式压力交换器（positive displacement work exchanger，PDWE），流体在孔道内进行周期性往复流动，也会通过与 RPE 相连通的管道及其他水力元件。当遇到诸如阀门关闭、泵的启动等瞬变工况时，流动状态发生改变。在这种情况下，管道及孔道内的流体流动过程可应用一维瞬变流动方程进行简化，以描述流体路径方向上的压力传播问题。

无论定常流动还是非定常流动，均需满足质量守恒、动量守恒和能量守恒。在对瞬变流动问题进行简化时，需要对实际的三维流动情况作进一步假设：a. 忽略流体黏性作用；b. 流动过程绝热，不考虑传热影响；c. 忽略组分对流及扩散过程。对管道内的流体在一维流动方向上建立连续性方程，管道中的流动模型如图 5-45 所示，取某一时刻管道内一小段流体微元作为控制体，其长度为 dx。

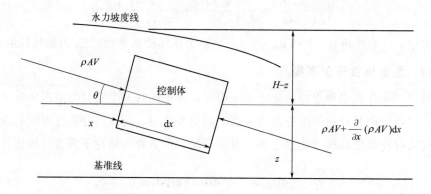

图 5-45　管道内一维连续性方程控制体

根据质量守恒定律，流入控制体内的质量流量等于控制体内质量的增长率，即：

$$\rho AV - \left[\rho AV + \frac{\partial}{\partial x}(\rho AV)\,dx \right] = \frac{\partial}{\partial t}(\rho A\,dx) \tag{5-44}$$

式中，A 为流体断面面积，m^2；V 为流体流速，$m \cdot s^{-1}$。

将上式按偏导数运算法则展开，并略去二阶小量，可得：

$$\frac{1}{\rho}\frac{\partial \rho}{\partial t} + \frac{V}{\rho}\frac{\partial \rho}{\partial x} + \frac{1}{A}\frac{\partial A}{\partial t} + \frac{V}{A}\frac{\partial A}{\partial x} + \frac{\partial V}{\partial x} = 0 \tag{5-45}$$

根据全微分公式:

$$\frac{1}{\rho}\frac{\partial\rho}{\partial t}+\frac{V}{\rho}\frac{\partial\rho}{\partial x}=\frac{1}{\rho}\left(\frac{\partial\rho}{\partial t}+\frac{\partial\rho}{\partial x}\frac{\mathrm{d}x}{\mathrm{d}t}\right)=\frac{1}{\rho}\frac{\mathrm{d}\rho}{\mathrm{d}t} \tag{5-46}$$

$$\frac{1}{A}\frac{\partial A}{\partial t}+\frac{V}{A}\frac{\partial A}{\partial x}=\frac{1}{A}\left(\frac{\partial A}{\partial t}+\frac{\partial A}{\partial x}\frac{\mathrm{d}x}{\mathrm{d}t}\right)=\frac{1}{A}\frac{\mathrm{d}A}{\mathrm{d}t} \tag{5-47}$$

式(5-45)可简化为:

$$\frac{1}{\rho}\frac{\mathrm{d}\rho}{\mathrm{d}t}+\frac{1}{A}\frac{\mathrm{d}A}{\mathrm{d}t}+\frac{\partial V}{\partial x}=0 \tag{5-48}$$

式(5-48)中第一项表示密度相对膨胀率,引入流体体积弹性模数 K,有:

$$\frac{\mathrm{d}\rho}{\rho\mathrm{d}t}=\frac{\mathrm{d}p}{K\mathrm{d}t} \tag{5-49}$$

式(5-48)第二项为面积相对膨胀率,引入泊松比 ξ_T、管壁弹性模量 E 及拉应力 σ_1、σ_2:

$$\frac{\mathrm{d}A}{A\mathrm{d}t}=\frac{D}{eE}\frac{\mathrm{d}p}{\mathrm{d}t}=2\xi_T=\frac{2}{E}\left(\frac{\mathrm{d}\sigma_2}{\mathrm{d}t}-\mu\frac{\mathrm{d}\sigma_1}{\mathrm{d}t}\right) \tag{5-50}$$

将瞬变流动中拉应力轴向变化率代入,式(5-45)最终可化为:

$$\frac{1}{\rho}\frac{\mathrm{d}p}{\mathrm{d}t}+a^2\frac{\partial V}{\partial x}=0 \tag{5-51}$$

其中,

$$a=\sqrt{\frac{K/\rho}{1+(K/E)(D/e)C_1}} \tag{5-52}$$

式中,a 为水锤波速,$\mathrm{m\cdot s^{-1}}$;C_1 为管道约束系数;e 为管壁厚度,m;D 为管道直径,m。

运用牛顿第二定律,对同样的流体微元进行受力分析,如图 5-46 所示,可知流体微元控制体在流动方向上受到周围液体作用在横截面上的正压力、管壁作用于

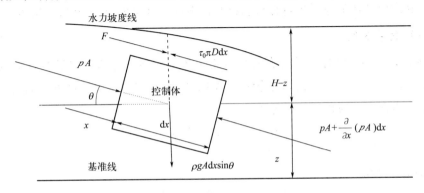

图 5-46　管道内一维运动方程控制体

圆柱面的切应力以及流体自身重力在 x 轴向上的分量。

故控制体所受到的总合力可表示为：

$$\sum F = pA - \left[pA + \frac{\partial}{\partial x}(pA)\mathrm{d}x \right] + \rho gA\mathrm{d}x\sin\theta - \tau_0 \pi D\mathrm{d}x \tag{5-53}$$

其中，切应力可用恒定流条件下的达西-维斯巴哈公式及力的平衡条件得出：

$$\tau_0 = \frac{\rho fV|V|}{8} \tag{5-54}$$

式中，f 为达西-维斯巴哈摩擦系数。将此式代入式(5-53) 可得：

$$\sum F = -A\frac{\partial p}{\partial x}\mathrm{d}x + \rho gA\mathrm{d}x\sin\theta - \frac{\rho fV|V|}{8}\pi D\mathrm{d}x = ma \tag{5-55}$$

将流体微元的质量 m 表示为 $\rho A\mathrm{d}x$，加速度用时间 t 和位置 x 的速度函数表示，可进一步得到：

$$-A\frac{\partial p}{\partial x}\mathrm{d}x + \rho gA\mathrm{d}x\sin\theta - \frac{\rho fV|V|}{8}\pi D\mathrm{d}x = \rho A\mathrm{d}x\left(V\frac{\partial V}{\partial x} + \frac{\partial V}{\partial t}\right) \tag{5-56}$$

整理此式，便得到了一维瞬变流动的运动方程：

$$\frac{1}{\rho}\frac{\partial p}{\partial x} + V\frac{\partial V}{\partial x} + \frac{\partial V}{\partial t} - g\sin\theta + \frac{fV|V|}{2D} = 0 \tag{5-57}$$

5.2.3 自增压波系分析应用

当有压液流速度突然降为零时，其压力值将出现激增，水击波沿来流反向传播时，与原有液压波发生叠加，液体压力升高。水锤泵、水波泵等装置正是利用该原理实现对来流驱动压力的升高利用。因 RPE 转子由外部电机驱动或流体冲击而旋转，转子孔道与定子集液槽的高速切闭为水击波的产生创造了条件。当孔道两端的集液槽错位布置时，孔道下游端提前转入密封区而封闭，便可发生水击现象。通过对转子孔道内液体的波系进行分析和控制，理论上可实现 RPE 装置的增压特性。

（1）数学模型

RPE 孔道内的液体流动符合有压管道可压缩流体非定常流动特征，假设液体为理想流体，流动方向只沿水平轴向，忽略热效应，将压力 p 用水头 H 表示后，并视密度为常数。液体连续性方程为：

$$\frac{\partial H}{\partial t} + V\frac{\partial H}{\partial x} + \frac{a^2}{g}\frac{\partial V}{\partial x} = 0 \tag{5-58}$$

运动方程为：

$$g\frac{\partial H}{\partial x} + V\frac{\partial V}{\partial x} + \frac{\partial V}{\partial t} + \frac{fV|V|}{2D} = 0 \tag{5-59}$$

在实际工业输运过程中，液体不可避免地溶解有少量气体，含气液体中的波速将会大幅下降，假设两压力交换液体的含气率约为 0.1%，此时静止流体中的声速 a 约为 600m/s，此处认为压力波速等同于声速。

由于孔道相对于长直管线的长度很小，速度相对于波速而言也可忽略不计，故在略去小量及摩擦阻力项后，连续性方程和运动方程可进一步简化为：

$$\frac{\partial H}{\partial t} + \frac{a^2}{g}\frac{\partial V}{\partial x} = 0 \tag{5-60}$$

$$g\frac{\partial H}{\partial x} + \frac{\partial V}{\partial t} = 0 \tag{5-61}$$

联立解得：

$$\frac{\mathrm{d}x}{\mathrm{d}t} = \pm a, \quad \frac{\mathrm{d}H}{\mathrm{d}V} = \pm\frac{a}{g} \tag{5-62}$$

由于入流液体为恒定流，给定工况下，总压头 H_{total}、液体压头和流速满足：

$$H + \frac{V^2}{2g} = H_{total} \tag{5-63}$$

在此问题的计算中，边界条件给定高压入流液体的水头、流速，低压入流液体的压头及低压出口压头，以封闭式(5-60)和式(5-61)构成的方程组。通过对式(5-62)进行积分，可求出不同阶段下的液体流速及压头。

(2) 理想波系结构

在波转子研究中，因边界条件突变而形成的复杂波系可利用波系图进行描述。RPE孔道内液体压力传递过程即为压力波的传播过程，利用波系图同样可直观反映这一瞬变流动现象。波系图可用来描述流体系统平面中液压波在稳定周期内的传播过程，也可等效为某一瞬时流动系统内部的压力分布情况，配合水头-流速状态平面图，便可对内部压力波系的传播等情况进行研究。

流体同向进流的通流型比逆流型 RPE 密封要求更低，本节以通流型为例进行分析。图 5-47 为通流型自增压 RPE 的理想波系图，孔道中的液体经历了如下阶段：上游流体由高压入口进入，产生右行压缩波；液体遇固壁后产生左行压缩波，到达左端时，液体压力进一步升高；左端液体入流停止，形成一道右行膨胀波，产生与液流大小相等、方向相反的速度，流体静止，膨胀波到达右端时，出口关闭，孔道进入密封区，增压过程完成；孔道右端接触低压出口产生左行膨胀波，部分液体被排出；膨胀波遇固壁反射，液体压力进一步降低，低压入口打开后，待增压液体流入；反射的膨胀波回传到出口端，速度降低，并向左发射一道压缩波，孔道关闭后，流动停止，低压排液过程完成。

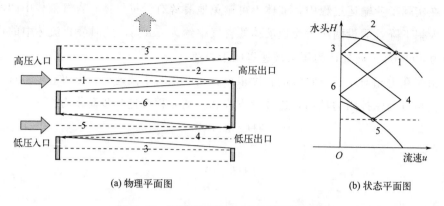

(a) 物理平面图   (b) 状态平面图

图 5-47　通流型自增压 RPE 装置波系图

压力波在流体中的传播速度很快，增大液体流量依赖转子很高的转速，这势必造成外部电机的额外功耗。在不改变转速的条件下，扩大集液槽面积可增大液体流量。由于进出口存在压差，压力波将在集液槽端面内发生多次反射，其波系图如图 5-48 所示，此时设定集液槽端面内压力波完成了 4 次反射。

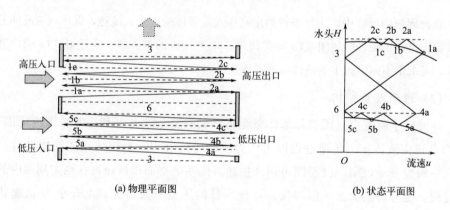

(a) 物理平面图   (b) 状态平面图

图 5-48　具有多次反射结构的自增压 RPE 装置波系图

（3）叠加增压特性

定义所设计的自增压 RPE 装置中，高压连通区的出口压头与入流压头之比为增压比 ε_H，压力能交换率为 η，表达式如下：

$$\varepsilon_H = \frac{H_2}{H_1} \tag{5-64}$$

$$\eta = \frac{H_2 Q_2 + H_4 Q_4}{H_1 Q_1 + H_5 Q_5} \tag{5-65}$$

在给定高压入流液体压头 $H_1 = 600\text{m}$、流速 $V_1 = 4\text{m} \cdot \text{s}^{-1}$、低压入流液体压头 $H_5 = 50\text{m}$ 时，探讨关键设计参数低压出口压头 H_4 对两种反射结构的自增压

RPE 的压力能交换效率、增压比、增压流量的影响，如图 5-49 所示。

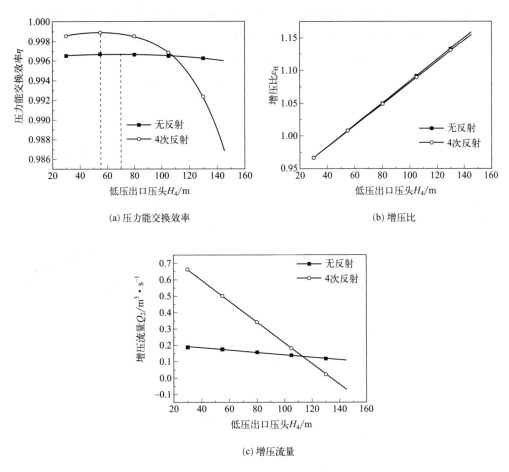

(a) 压力能交换效率

(b) 增压比

(c) 增压流量

图 5-49　低压出口压头 H_4 对设备性能的影响

从图 5-49（a）中可看出，在不同的反射结构下，自增压 RPE 压力能交换效率 η 均存在极值。其中集液槽端面内无反射的 RPE 结构在 H_4 为 70m 时 η 最大，而具有 4 次反射的波系结构在 H_4 为 55m 时最大，这说明当高压来流工况给定后，可通过调节 H_4 获得最佳的 η。在 H_4 为 115m 前，4 次反射结构的 RPE 比无反射结构具有更高的 η，随后迅速下降。由图 5-49（b）可看出，两种增压 RPE 的增压比 ε_H 相差不大，两直线几乎重合，随着 H_4 的增大，两种波系结构的增压比均有显著的提高。这一原因结合波系图分析便可知，当 1 工况点位置确定后，4 工况点位置上移，会使得反映高压密封区的压力点上移，从而提高了工况点 2 的位置，从而使得此工况下增压 RPE 的增压比上升。由图 5-49（c）可看出，两种波系结构下增压流量 Q_2 均随 H_4 的升高而降低，且具有 4 次反射的增压 RPE 降幅更大，并在

H_4 为 115m 时低于无反射结构,随后继续降低直至出现负值,这说明由于低压出口压头设置过高,造成点 2 处的高压液体发生回流,这会使得波系结构偏离理想波系图,并会最终影响旋转式压力交换器的效率。

在给定低压出口液体压头 $H_4 = 70m$、流速 $V_1 = 4m \cdot s^{-1}$、低压入流液体压头 $H_5 = 50m$ 时,探讨高压入口液体压头 H_1 对两种自增压 RPE 的压力能交换效率、增压比、增压流量的影响,如图 5-50 所示。

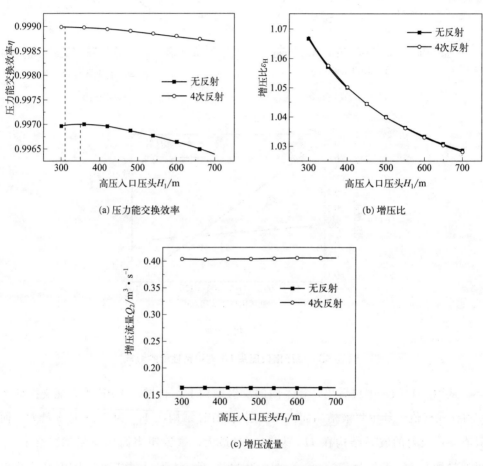

(a) 压力能交换效率

(b) 增压比

(c) 增压流量

图 5-50 高压入口压头 H_1 对设备性能的影响

由图 5-50(a) 可知,随着 H_1 的增大,无反射的自增压 RPE 的 η 值在 H_1 为 350m 时出现极大值,随后逐渐降低。对于 4 次反射结构,η 值在 H_1 为 305m 时达到最大。由图 5-50(b) 可见,随着 H_1 的增加,无反射和 4 次反射结构的增压比均出现了下降,这说明增压的实现与水锤波的产生与叠加有很大关系,并非高压压力越高增压效果越好。在给定工况范围内,可看出不同反射结构下的装置增压比同样相差不大。由图 5-50(c) 可看出,随着 H_1 的增加,增压流量并未出现明显的变化。但波系结构不同时，增压流量具有显著不同。对于具有 4 次波系反射结构的增压 RPE，由于其集液槽面积增大和流速的增加，其增压流量 Q_2 比无反射时提高近 3 倍。

在给定低压出口液体压头 $H_4 = 70\text{m}$、流速 $V_1 = 4\text{m} \cdot \text{s}^{-1}$、高压入流液体压头 $H_1 = 355\text{m}$ 时，探讨低压入口液体压头 H_5 对两种自增压 RPE 的压力能交换效率、增压比、增压流量的影响，如图 5-51 所示。

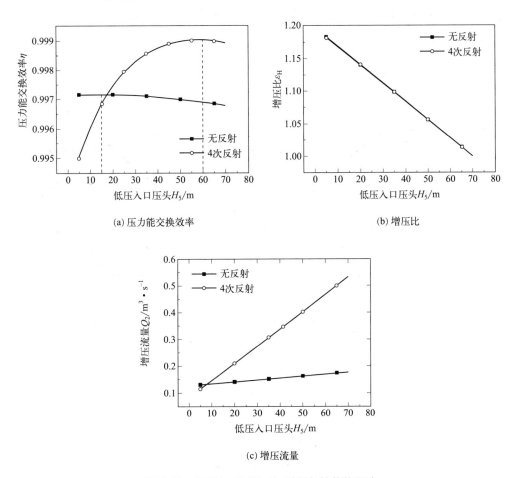

(a) 压力能交换效率

(b) 增压比

(c) 增压流量

图 5-51　低压入口压头 H_5 对设备性能的影响

由图 5-51(a) 中可看出，随着 H_5 的升高，η 仍然呈现先增大后减小的趋势。无反射的自增压 RPE 的 η 在 H_5 为 15m 时，出现极大值，而 4 次反射波系结构的 η 大幅升高至 H_5 为 60m 时达到最大。由图 5-51(b) 可看出，不同波系结构的 ε_H 依然相差不大，且均与 H_5 呈负相关趋势。这说明无论高压还是低压的入流水头，过高都会影响增压效果。由图 5-51(c) 可看出，随着 H_5 的逐渐升高，不同波系结

构下的 Q_2 均逐渐增大，具有波系反射的增压 RPE 的 Q_2 随 H_5 的增幅更大，在低压水头增加至 9m 后，具有 4 次反射结构的 RPE 的 Q_2 超过了无反射结构。

由波系图分析可知，当高压入流速度 V_1 较小时，低压区之间的压差过大会造成低压区发生严重的回流，而 V_1 过大又易导致低压区出现负压，故 V_1 和低压区压差需控制在合适范围。考虑到这些情况，在低压出口液体压头 $H_4=70\mathrm{m}$、低压入口液体压头 $H_5=60\mathrm{m}$、高压入口液体压头 $H_1=600\mathrm{m}$ 时，考察了高压入口液体速度 V_1 对两种波系结构的自增压 RPE 的压力能交换效率、增压比、增压流量的影响，如图 5-52 所示。

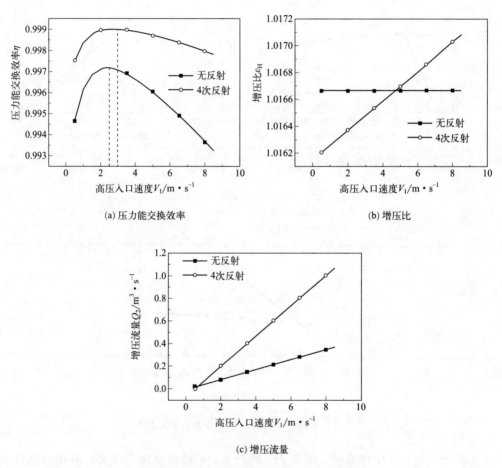

(a) 压力能交换效率

(b) 增压比

(c) 增压流量

图 5-52　高压入口速度 V_1 对设备性能的影响

从图 5-52(a) 中可看出，随着 V_1 的增大，无反射和 4 次反射的 η 均先增大，并分别在约 $2.5\mathrm{m \cdot s^{-1}}$ 和 $3\mathrm{m \cdot s^{-1}}$ 时取得最大值，随后快速下降。整体上，4 次反射波系的 RPE 具有更高的 η。由图 5-52(b) 可看出，在不同的 V_1 下，无反射结构

的 ε_H 无变化，而 4 次反射结构的 ε_H 随 V_1 的增大逐渐升高，这说明波系反射对高压入口流速变化的影响具有放大作用，也进一步证实了增压效果是由决定水锤波峰值的流体流速以及波系的叠加增压共同影响的。由图 5-52(c) 可看出，随着 V_1 的逐渐升高，不同波系结构下的 Q_2 均逐渐增大，具有波系反射的增压 RPE 的 Q_2 随 V_1 的增幅更大，这与 H_5 对 Q_2 的影响规律相同。

5.3 本章小结

本章分析了孔道内压力波的形成条件及传播过程，研究了不同边界条件下压力波的反射情况，可知压力波在开口边界条件下反射相反类型的压力波，在固定壁面条件下反射相同类型的压力波。对于给定的边界条件，可看到压缩波与膨胀波的形成传播过程与理论分析结果一致，验证了模型的正确性。同时，模拟了不同的反射边界条件下压力波的反射特性，得到的结论与理论分析一致。在此基础上，研究了 RPE 孔道内压力波动的形成传播过程，获得了各因素对 RPE 孔道内压力波动的影响规律。

此外，介绍了有压瞬变流动中压力波的传播机理和一维理论模型，描述了针对压力能回收过程的三维数值模型，最后利用简化的波动理论模型，对提出的自增压特点的压力交换器开展了参数化研究。通过求解非定常一维流动模型，获得了液体压力波在转子孔道内的传播特性，基于压力能交换过程的最优波系分析，探讨了不同波系结构的交换器性能随工况的变化规律。研究发现，不同工况下的压力能交换率存在最优值，增压比、增压流量随低压连通区压差降低而减小，多次波系反射结构的压力能交换率和增压流量总体有较大提高。

参 考 文 献

[1] 刘芹. 基于 WENO 格式的旋转式压力交换器孔道内压力波动的研究 [D]. 西安：西安交通大学，2015.

[2] 曹峥. 余压回收技术的跨系统应用分析与模拟研究 [D]. 西安：西安交通大学，2018.

[3] 曹峥，邓建强，刘芹，等. 基于波系分析的自增压旋转压力能交换器性能研究 [J]. 工程热物理学报，2016, 37 (2)：314-318.

6

新型压力交换结构

压力交换器自被提出并应用在反渗透海水淡化系统以来，经历了透平式—阀控容积式—旋转容积式的发展。离心式设备效率较低，阀控容积式设备投资成本高，旋转容积式设备因轴向进流、等压传递等特点，不仅限制了工况范围，而且需在膜系统中辅助增压设备完成循环。根据分析，本书特别提出外驱型容积式余压回收结构设计，需要避免外驱电机直接提供做功帮助升压，本章介绍新型盘式压力交换结构（disc pressure exchanger，DPE）和旋叶式压力交换结构（rotary vane pressure exchanger，RVPE）的工作原理，分析设备内部流体流动特性和设备工作性能，开展设备参数优化研究。

6.1 盘式压力交换结构

盘式压力交换结构有效结合了容积式高效及离心式增压的特点，是一种新型有潜力的压力能回收结构。盘式压力交换结构的能量回收效率与传统旋转容积式压力能回收设备相当，掺混控制也较好。在 SWRO 系统应用传统结构 RPE 的能量回收过程中，需要使用增压泵来补充增压海水的压力来驱动流体的流动，而将盘式压力交换结构应用于反渗透海水淡化系统，可省去增压泵的使用，简化系统组成。

6.1.1 结构与工作原理

图 6-1 为含有盘式压力交换结构的反渗透海水淡化系统示意图，由高压泵驱动的原料海水在克服了反渗透膜的渗透压后，部分透过反渗透膜作为淡水，剩余的高压流体进入盘式压力交换结构。盘式压力交换结构兼具有容积式和离心式的能量交换特点，使得海水在高压出口可以得到进一步加压，从而免去了回收回路中循环泵的使用，除了减少了循环泵的安装维护成本外，获得额外压力能的加压海水可减小高压泵的尺寸，从而进一步降低了运行成本。

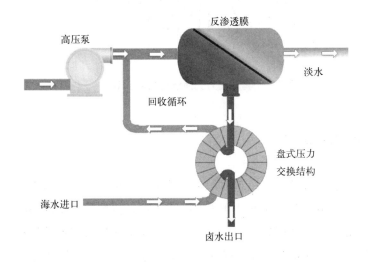

图 6-1　含有盘式压力交换结构的单级 SWRO 脱盐过程

盘式压力交换结构如图 6-2 所示，与传统轴向进流 RPE 相比，盘式压力交换结构包括一个孔道沿圆周排列的旋转圆盘，以及连接于孔道两端的内侧和外侧集液槽端盖。转子是由电机外部驱动的，可在不同操作条件下调节转子转速，实现稳定旋转。由于盘形结构的周长较长，因此在每个端盖设置 4 个中心对称的端口，转子每完成一个旋转周期，转子内的每一个孔道分别完成了两次压力交换过程，有效地利用了圆周空间。随着孔道的不断旋转，低压流体从海水进口流入，并通过与高压流体直接接触来实现加压。压力交换过程完成后，在与低压出口连通时，管道中的其他流体将被排出。本研究中所使用的盘式压力交换结构，孔道个数 N 为 60，转子孔道的长度 L 和厚度 H 分别为 250mm 和 40mm。

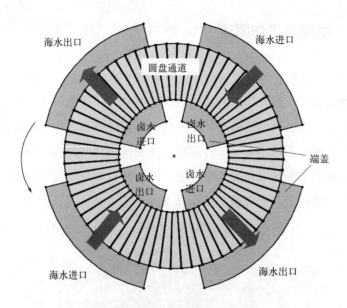

图 6-2　盘式压力交换结构几何模型

6.1.2　数值计算模型

描述该能量回收过程的物理模型同样包括质量、动量及组分守恒方程。由于盘式压力交换结构的进流条件与旋转式压力交换器不同，流体沿转子的周向流动，进行动量交换。因此内部流场受转速的影响更大。对于盘式压力交换结构孔道内的流动方程，采用了更为通用的标准 k-ε 湍流模型用于守恒方程组的封闭：

$$\frac{\partial}{\partial t}(\rho k)+\frac{\partial}{\partial x_{\mathrm{i}}}(\rho k u_{\mathrm{i}})$$

$$=\frac{\partial}{\partial x_{\mathrm{j}}}\left[\left(\mu+\frac{\mu_{\mathrm{t}}}{\sigma_{k}}\right)\frac{\partial k}{\partial x_{\mathrm{j}}}\right]+G_{k}+G_{\mathrm{b}}-\rho\varepsilon-Y_{\mathrm{M}}+S_{k} \tag{6-1}$$

$$\frac{\partial}{\partial t}(\rho\varepsilon)+\frac{\partial}{\partial x_{\mathrm{i}}}(\rho\varepsilon u_{\mathrm{i}})$$

$$=\frac{\partial}{\partial x_{\mathrm{j}}}\left[\left(\mu+\frac{\mu_{\mathrm{t}}}{\sigma_{\varepsilon}}\right)\frac{\partial\varepsilon}{\partial x_{\mathrm{j}}}\right]+C_{1\varepsilon}\frac{\varepsilon}{k}(G_{\mathrm{k}}+C_{3\varepsilon}G_{\mathrm{b}})-C_{2\varepsilon}\rho\frac{\varepsilon^{2}}{k}+S_{\varepsilon} \tag{6-2}$$

式中，u_{i} 为时均速度；σ_{k}、σ_{ε} 为与湍动能 k 和耗散率 ε 对应的 Prandtl 数；G_{k}、G_{b} 为湍动能 k 由平均速度梯度及浮力引起的产生项；Y_{M} 为湍流中的脉动扩张项；$C_{1\varepsilon}$、$C_{2\varepsilon}$ 和 $C_{3\varepsilon}$ 为经验常数，分别取 1.44、1.92 和 1.0；S_{k}、S_{ε} 为自定义源项。

利用商业软件 GAMBIT 进行网格划分，数值计算区域的网格划分如图 6-3 所示，共包含 657800 个六面体结构化网格。网格质量通常由正交质量检验，从 0 到 1 代表不同的网格质量。此网格最小正交质量为 0.9993，表明网格质量良好。为了验证网格独立性，分别对 200116、657800 和 1213100 个网格单元数的情况进行了计算。三种网格稳定状态下的 NaCl 浓度分别为 0.03568、0.03561、0.03562。在网格数为 657800 时，再次加密网格后得到的结果几乎相同，故采用此网格划分。考虑到旋转的影响因素较大，非稳态模拟应用了旋转 1°角的时间作为步长并进行了时间步独立测试。当时间步长减半时，在稳定浓度值中没有发现显著的差异，因此使用 1°角旋转的时间步来进行模拟，以提高计算效率。

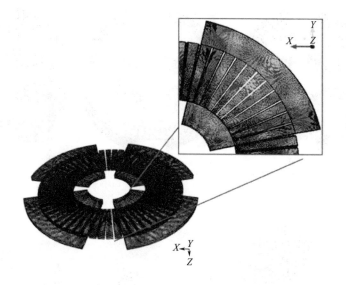

图 6-3　DPE 流域的网格划分

采用 ANSYS FLUENT 对控制方程进行离散求解，采用滑移运动网格法描述恒定转速下的转子区域，集液槽端盖的出口和入口分别采用压力出口和速度入口边界条件，转子端盖和孔道端面设置为交界面。标准情况计算条件如表 6-1 所示。

表 6-1　标准情况的计算条件

转速 $n/\text{r} \cdot \text{min}^{-1}$	进流速度 $v/\text{m} \cdot \text{s}^{-1}$	流量 $Q/\text{m}^3 \cdot \text{h}^{-1}$	操作压力 p/MPa	组分浓度 c
500	3	590	0.6～6	0.35～0.65

6.1.3　内部流场分布

图 6-4 为稳定阶段盘式压力交换结构中心截面上的 NaCl 浓度场和压力场分布，

对称的入流条件使得分布场近似中心对称。在图 6-4(a) 中，算例 B 代表的最优工况下的体积掺混率最低，绿色区域 NaCl 浓度为 0.048~0.054，对应于 4.3%~6.3% 的混合比例，这个范围内的流体可视为液柱活塞，可见液柱活塞的排列方式几乎呈圆形；A 情形下转速较小，当掺混逐渐增强时，其在低转速下呈椭圆形分布；在最严重的掺混情况 C 下，液柱活塞似乎是一个倒 8 字形，掺混区的一部分流出端盖。图 6-4(b) 为盘式压力交换结构压力分布，其中增压海水出口压力大于高压盐水进口压力，当管道进入密封区域时，轴向速度为零之前，流体在密封区突然堵塞，导致孔道末端的压力激增而出现较大的压力梯度，情形 B 的压力比其他情况高得多，这说明转速是决定盘式压力交换结构增压比的关键因素。

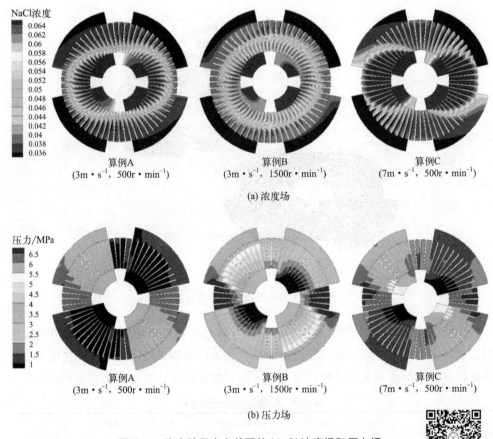

图 6-4　稳定阶段中心截面的 NaCl 浓度场和压力场

图 6-5 显示了高压流体区域的流线分布。每条曲线代表从高压进口处释放的微粒流线，颜色代表速度大小。很明显，当管道通道开始与高压出口连通时，形成了旋涡，并且在旋转过程中逐渐消散。在较高转速的情形 B 下，速度分布变得更为均匀，而对于情形 C 下的高入流速度，流线则趋于平直。

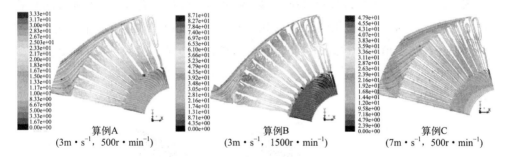

算例A
$(3m \cdot s^{-1}, 500r \cdot min^{-1})$

算例B
$(3m \cdot s^{-1}, 1500r \cdot min^{-1})$

算例C
$(7m \cdot s^{-1}, 500r \cdot min^{-1})$

图 6-5　盘式压力交换结构稳定阶段高压流体区域的流线分布

6.1.4　流体掺混性能

　　由于盘式压力交换结构同样兼具容积式的特点，因此高、低压流体在孔道内的直接接触，不可避免地带来了两股流股掺混的问题。图 6-6 显示了盘式压力交换结构经历的 3 个阶段：在初始阶段 I，孔道内起初充满低压海水，随着盘式压力交换结构稳定旋转，孔道内流体周期性的接触使得高、低压流体间逐渐形成一个掺混区并导致高压出口浓度及掺混率的上升，此阶段为掺混形成阶段 II，当高压出口的 NaCl 浓度逐渐稳定，变化速率小于 10^{-4} 时，则认为到达稳定阶段 III，此时作为分隔两股液体的液柱活塞将在孔道掺混区中往复运动。

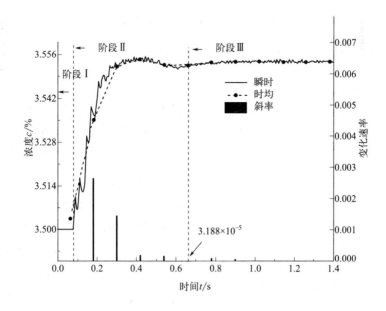

图 6-6　盘式压力交换结构掺混形成的 3 个阶段

图 6-7 为与掺混形成过程相对应的浓度场分布，红色代表高浓度盐水，蓝色代表新鲜海水，中间区域颜色则为掺混区域。刚开始进流时，掺混区完全在孔道范围内，随后逐渐流向出口。在之后两个阶段，可看出浓度范围基本保持恒定，掺混区不再向出口扩散，因此认为此时盘式压力交换结构已进入稳定工作阶段，浓度场保持稳定。

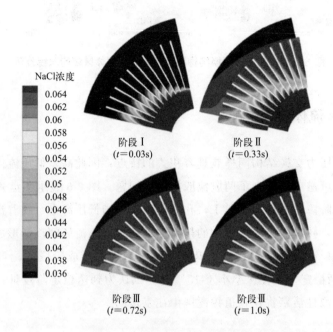

图 6-7　中心截面高压区浓度分布

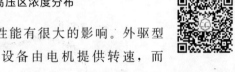

操作条件对盘式压力交换结构的混合性能有很大的影响。外驱型设备由电机提供转速，而自驱型压力交换器中，转速主要受流体入流速度影响。然而，其仍然可通过外力的手段来获得更好的性能。图 6-8 显示了稳定状态下流量与体积掺混率的关系，转速为 $500\text{r} \cdot \text{min}^{-1}$。随着流量的增加，掺混率几乎呈正相关。当进流速度达到 $7\text{m} \cdot \text{s}^{-1}$ 时掺混率达到 7.69% 时，发生了较为严重的掺混情况。曲线的斜率显著增加表明掺混区到达了孔道的末端，液柱活塞的一部分

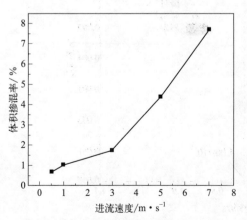

图 6-8　体积掺混率随进流速度的变化

可能已被高压盐水推出。在给定的转速下，在运行的流入速度中存在一个极限范围，这与文献中的转子进流长度理论是一致的。

图 6-9 显示了盘式压力交换结构的转速对掺混性能的影响，其中转速从 300～1500r·min^{-1} 不等。由图可看出，掺混率随转速的变化趋势与随流速变化的趋势相反。在低转速下，掺混率相对较高。随着转速的增加，掺混率明显降低，当转速大于 500r·min^{-1} 时，下降幅度变小，这也意味着液柱活塞在一个稳定的范围内开始往复运动，掺混在更高的转速下得到了有效的控制。

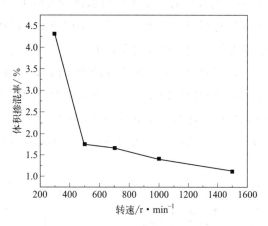

图 6-9　体积掺混率随转速的变化

盘式压力交换结构中的混合主要是由质量扩散和对流引起的，在大多数操作条件下，对流可能是一个主要因素。流场中的组分运移行为是轴向入流速度和周向转速的共同作用，进而影响了合速度、旋流运动以及孔道转过连通区所用的时间。在盘式压力交换结构的数值案例中，掺混率与操作条件之间的关系呈现出单调的趋势。

6.1.5　压力能交换性能

定义 DPE 装置的压力传递效率和增压比为 DPE 性能指数，前者由下式计算：

$$\eta = \frac{p_{so}Q_{so} + p_{bo}Q_{bo}}{p_{si}Q_{si} + p_{bi}Q_{bi}} \tag{6-3}$$

式中，p 为静压，Pa；Q 为流量，m^3·s^{-1}。

在平衡进流条件下，高压盐水进流流量等于低压海水进流流量，在无泄漏的假定条件下，上式简化为：

$$\eta = \frac{p_{so} + p_{bo}}{p_{si} + p_{bi}} \tag{6-4}$$

作为 DPE 压力交换过程的一个重要特点，液体压力可通过转子圆盘旋转所提供的离心力来提高，定义增压比为：

$$\varphi = \frac{p_{so}}{p_{si}} \tag{6-5}$$

图 6-10 和图 6-11 反映了盘式压力交换结构在宽工况范围运行时，稳定状态下的压力交换性能。如图 6-10 所示，压力传递效率与转速呈负相关关系。当盘式压力交换结构转速从 $300 \sim 1500 \mathrm{r} \cdot \mathrm{min}^{-1}$ 变化时，压力传递效率从 0.98 降低到最小值 0.91。与此同时，增压比增加到最大值 1.58。由图 6-11 可见，压力传递效率与入流速度有相似的负相关关系。不同的是，增压比先减小，然后随着入流速度而增加。这是因为更高的速度条件下会导致更大的摩擦损失。当入流速度比切向速度小得多时，压降会随着入流速度的增加而增加。随着入流速度的不断增加，合速度的方向与孔道轴向倾向于一致，从而导致压力损失减小。据报道，在反渗透膜和海水循环回路中循环泵的压降约为 0.3MPa。因此，对于工作压力为 6MPa 时的典型反渗透过程，盘式压力交换结构的增压比需要达到 1.05 左右才能取代循环泵。

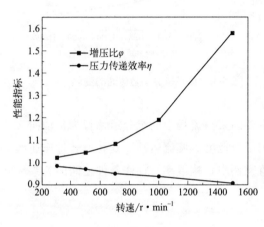

图 6-10 不同转速下的压力回收性能

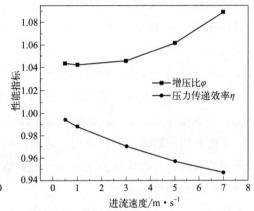

图 6-11 不同进流速度下的压力回收性能

6.1.6 非平衡进流

针对压力交换器掺混控制的数值模拟研究大多在平衡进流条件下开展。此时高压浓盐水流入的流量等于低压海水流入的流量，低压海水泵入转子管道中，使泄压盐水在相对较低的压力下排出。不同于调整转子转速和流体入流速度的方法来实现掺混的控制，此处通过增加低压入流海水的压力和流量来评价 DPE 装置的掺混性能。在这种非平衡流动中，压力差指入流海水压力与高压浓盐水间的压差，溢流比定义为增加的低压海水入流量与高压浓盐水入流量的比值。

利用标准情形下的模拟参数对非平衡进流工况条件的案例进行模拟，图 6-12 显示了掺混率与进流压差的关系。随着进流压差的增加，掺混率的下降很小，基本可忽略，通过改变不平衡压力控制掺混的效果并不明显。图 6-13 为不同溢流比下的掺混率变化，随着海水溢流比的增加，掺混率大大降低。计算结果显示，提高5%的溢流比使得掺混率降低了21.3%，因此可认为非平衡溢流条件是控制流体掺混的有效方法。

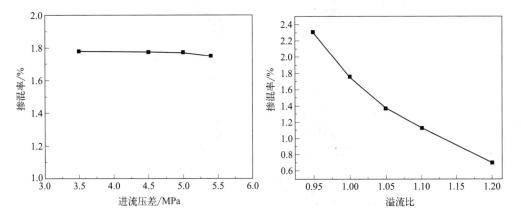

图 6-12　不同进流压差下 DPE 的掺混变化　　图 6-13　不同溢流比下 DPE 的掺混变化

6.2　旋叶式压力交换结构

将双工作腔旋叶式机械应用于压力能回收领域，设计出旋叶式压力交换结构，将其应用于反渗透海水淡化系统，同样可省去增压泵的使用。

6.2.1　结构与工作原理

图 6-14 为旋叶式压力交换结构示意图，其核心部件包括转子、定子、叶片和四个进出口管道。旋叶式压力交换结构是透平与泵的集成，左工作腔作为透平单元，用于回收高压卤水的压力能，高压卤水从高压进口进入设备，驱动叶片和转子旋转，降压后从低压出口排出；右工作腔作为泵单元，将回收的卤水压力能用于增压海水流股，低压海水流体从低压进口进入设备，被增压后从高压出口排出。其工作原理可概括为：透平侧高压卤水蕴含的压力能推动叶片带动转子转动，泵侧叶片推动海水进入高压管网，从而将透平侧的高压卤水的压力能传递给泵侧的低压海水，实现压力能的回收再利用。

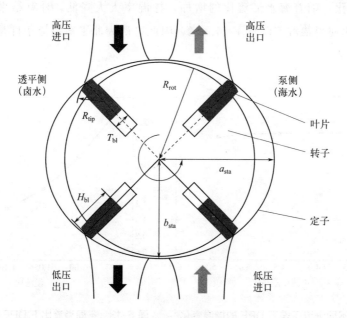

图 6-14　旋叶式压力交换结构

将旋叶式压力交换结构应用于反渗透海水淡化系统，如图 6-15 所示，该系统由海水供给泵、高压泵、增压泵、反渗透膜组件和旋叶式压力交换结构等构成。海水通过海水供给泵输入系统，一股海水经高压泵增压后输入反渗透膜组件，另一股海水先后经旋叶式压力交换结构和增压泵增压后输入反渗透膜组件，其中增压泵用

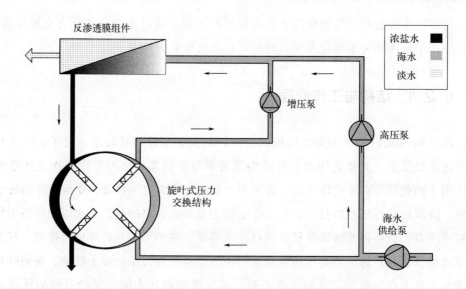

图 6-15　含有旋叶式压力交换结构的反渗透海水淡化系统

于补充流体通过反渗透膜组件、旋叶式压力交换结构和管网的压力损失。对于进入反渗透膜组件的海水：一股透过反渗透膜得到淡水产品；另一股被反渗透膜截留得到卤水，其压力高达约6MPa，通过旋叶式压力交换结构将压力能传递给低压海水流股。

本文设计的旋叶式压力交换结构，其结构和操作参数如表6-2所示。其中，转子为圆形，定子内腔为椭圆型线，转子和定子中心点重合。在反渗透海水淡化系统中，用于能量回收的压力交换器的进出口压力有确切要求，可认为进出口压力为不变参数，高压进口、低压出口、低压进口和高压出口压力分别为6.000MPa、0.300MPa、0.300MPa、5.715MPa。流体流经旋叶式压力交换结构的时间短，可认为流体温度保持不变，操作温度恒定为25℃。叶片数量需与进出口结构进行匹配设计，在固定进出口结构的情况下，本文叶片数量恒定为4个，默认转子转速为$1000r \cdot min^{-1}$。

表 6-2 旋叶式压力交换结构设计参数

几何参数	数值	操作参数	数值
转子半径 R_{rot}/mm	69.95	转速 n/r·min^{-1}	1000
定子 x 轴半径 a_{sta}/mm	70.00	温度 T/℃	25
定子 y 轴半径 b_{sta}/mm	85.00	高压进口（卤水）压力 p_{bi}/MPa	6.000
叶片厚度 T_{bl}/mm	10.00	低压出口（卤水）压力 p_{bo}/MPa	0.300
叶片高度 H_{bl}/mm	15.00	低压进口（海水）压力 p_{si}/MPa	0.300
定子轴向长度 L_{sta}/mm	128.00	高压出口（海水）压力 p_{so}/MPa	5.715
叶片数量 N	4		

旋叶式压力交换结构相比传统压力能回收设备（如透平式和旋转式）具有优势，也存在不足。具体地，旋叶式压力交换结构相比透平式压力能回收设备具有更高的能量回收效率，但卤水和海水之间存在一定的掺混。而透平式设备由于两股流体完全隔绝，不存在卤水和海水的掺混，具有更高的压力交换品质。旋叶式压力交换结构相比旋转式压力交换器具有更低的掺混率，即具有更高的压力交换品质，源于旋叶式压力交换结构内部卤水和海水不发生直接接触，而旋转式设备内部两股流体直接接触。与此同时，旋叶式压力交换结构相比旋转式效率更低，这是由于旋叶式设备内部的叶片摩擦导致了更多的功耗。因此，旋叶式压力交换结构比透平式效率更高，比旋转式掺混率更低，是一种适用于反渗透海水淡化领域的有潜力的能量回收设备。

6.2.2　叶片贴紧性能

叶片顶部与定子内壁之间的贴紧性能对旋叶式压力交换结构的压力传递过程有重要影响，若叶片与定子发生脱离，将造成设备内部泄漏。内部泄漏将降低设备容积性能，如果泄漏情况严重，甚至造成压力能回收过程失效。

（1）理论计算模型

图 6-16 所示为定子内壁区域划分，叶片在旋转过程中依次经过密封段 1、进口段、中间段、出口段和密封段 2。若叶片通过中间段时，无法保证叶片始终贴紧定子内壁面，将导致相邻基元腔室之间的内部泄漏，在透平侧造成流体从高压进口短路泄漏到低压出口，在泵侧造成流体从高压出口短路泄漏到低压进口。而在进口段、出口段、密封段 1 和密封段 2，叶片与定子内壁脱离是可接受的，并不造成短路泄漏。因此，需保证叶片的贴紧性能，即保证叶片在透平侧和泵侧的中间段处均始终贴紧定子内表面。本节开展叶片受力分析，建立叶片动力学模型，求解叶片与定子的接触力，使得叶顶接触力在中间段内始终为正值，即可保证可靠的叶片贴紧性能。本文假设转子、定子和叶片均为刚性，无磨损，叶片表面接触力沿轴向均匀分布。

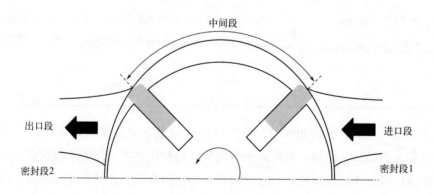

图 6-16　叶片经过定子内壁区域划分

图 6-17 所示为作用在叶片上的力，叶片受惯性力、约束力和主动力三种力的共同作用。a. 惯性力：牵连惯性力 F_e、科氏惯性力 F_k 和离心惯性力 F_r。b. 约束力：叶顶接触力 F_{nt}、叶片尾部与滑槽间接触力 F_{n1}、叶片与滑槽在槽口处的接触力 F_{n2} 及由三种接触力产生的摩擦力 F_{ft}、F_{f1} 和 F_{f2}。c. 主动力：叶片两侧流体压差作用于叶片伸出滑槽部分的作用力 F_p，作用于叶顶前后侧的流体作用力 F_{pt1}、

F_{pt2}，作用于叶片底部的流体作用力 F_b（又称叶片背压）以及叶片重力 F_g。其中，惯性力 F_e、F_r 和 F_k 根据叶片运动学计算得到，流体作用力 F_p、F_b、F_{pt}、F_{pt1} 和 F_{pt2} 与叶片两侧和叶片槽内给定角度处的液体压力有关，接触力 F_{n1}、F_{n2}、F_{nt} 和摩擦力 F_{f1}、F_{f2}、F_{ft} 通过求解力平衡方程得到。根据计算结果可识别出定子与叶片的接触状态，如果接触力 F_{nt} 为正值或零值，叶片与定子紧密接触，如果接触力 F_{nt} 为负值，则叶片不与定子接触。

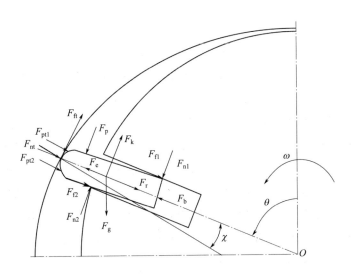

图 6-17 叶片受力分析

由于离心惯性力 F_r、科氏惯性力 F_k、摩擦力 F_{f1} 和摩擦力 F_{f2} 的方向与叶片相对于滑槽运动速度方向有关，因此作用在叶片上的力应分 $0°\sim90°$ 和 $90°\sim180°$ 两种情况分别进行讨论。本文引入符号函数 sign，可将两种情况统一。如果叶片与定子内壁接触，基于达朗贝尔原理，作用在叶片上的力平衡方程可写成：

$$
\begin{pmatrix}
-\cos\chi - f_1\sin\chi & -f_2\,\mathrm{sign}(v_r) & -f_2\,\mathrm{sign}(v_r) \\
\sin\chi - f_1\cos\chi & 1 & -1 \\
(\sin\chi - f_1\cos\chi)\dfrac{H_{bl}}{2} & -\dfrac{H_{bl}}{2} - f_2\,\mathrm{sign}(v_r)\dfrac{T_{bl}}{2} & -\left(\dfrac{H_{bl}}{2} - H_{blo}\right) + f_2\,\mathrm{sign}(v_r)\dfrac{T_{bl}}{2}
\end{pmatrix}
\begin{pmatrix}
F_{nt} \\
F_{n1} \\
F_{n2}
\end{pmatrix}
$$

$$
=
\begin{pmatrix}
-F_e + F_r + F_g\sin\theta - F_b + F_{pt1} + F_{pt2} \\
F_k + F_g\cos\theta - F_p \\
-F_p(H_{bl} - H_{blo})/2 + F_{pt1}T_{bl}/4 - F_{pt2}T_{bl}/4
\end{pmatrix}
\tag{6-6}
$$

式中，χ 为叶片和定子内壁接触点法线与叶片中心线之间的夹角，（°）；v_r 为叶片相对于滑槽速度，m·s⁻¹；H_{bl} 为叶片高度，m；H_{blo} 为叶片伸出滑槽长度，m；T_{bl} 为叶片厚度，m；f_1 为叶片与定子的摩擦系数，取值 0.05；f_2 为叶片与滑槽侧壁摩擦系数，取值 0.05。

如果叶片与定子内壁分离，则叶片与滑槽的接触力可通过下式求解：

$$F_{n1} = \frac{(-F_e + F_r + F_g\sin\theta - F_b + F_{pt})\dfrac{T_{bl}}{2} + (F_k + F_g\cos\theta)\left(H_{blo} - \dfrac{H_{bl}}{2}\right) - F_p\dfrac{H_{blo}}{2}}{-H_{bl} + H_{blo} - f_2\,\mathrm{sign}(v_r)T_{bl}}$$

(6-7)

$$F_{n2} = F_{n1} - F_k - F_g\cos\theta + F_p \tag{6-8}$$

F_{n1} 和 F_{n2} 的正负值反映了叶片在滑槽内部的微倾斜状态，如图 6-18 所示。若 $F_{n1} > 0$ 且 $F_{n2} > 0$，则叶片处于前倾斜状态，如图 6-18（a）所示；若 $F_{n1} > 0$ 且 $F_{n2} \leqslant 0$，则叶片与滑槽后表面接触，如图 6-18（b）所示；若 $F_{n1} \leqslant 0$ 且 $F_{n2} \leqslant 0$，则叶片处于后倾斜状态，如图 6-18（c）所示；若 $F_{n1} \leqslant 0$ 且 $F_{n2} > 0$，则叶片与滑槽的前表面接触，如图 6-18（d）所示。滑槽底部压力称为叶片背压，对叶片贴紧定子有重要作用。压力过小将导致叶片无法贴紧定子内壁面，压力过大则造成更大的叶片摩擦损耗，因此需合理选取和控制滑槽底部压力。在本文模型中，将高压卤水进口处流体通过专用孔道及间隙节流后引入滑槽底部，可将滑槽底部压力控制为中等压力，本文取值为高压进口压力的 70%。

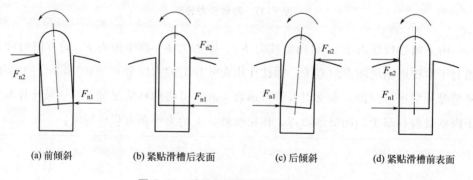

(a) 前倾斜　　　　(b) 紧贴滑槽后表面　　　　(c) 后倾斜　　　　(d) 紧贴滑槽前表面

图 6-18　叶片在滑槽内的微倾斜状态

（2）计算结果分析

采用叶顶接触力大小表征叶片与定子内壁之间的贴紧性能，需保证叶顶接触力在中间段内始终为正值。结果显示叶顶接触力受转速、叶片厚度与叶片高度影响较大，本文采用临界参数（临界贴紧转速、临界叶片厚度和临界叶片高度）定义叶片与定子内壁面的贴紧性能，获得保证叶片贴紧性能的临界条件，如图 6-19、图 6-20 和图 6-21 所示。

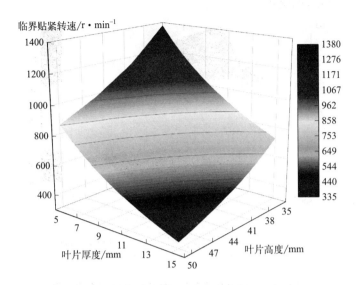

图 6-19 临界贴紧转速随叶片厚度和叶片高度的变化

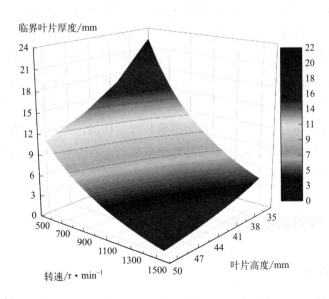

图 6-20 临界叶片厚度随转速和叶片高度的变化

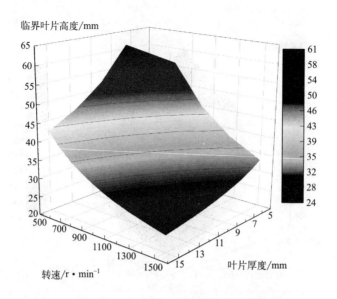

图 6-21　临界叶片高度随转速和叶片厚度的变化

从图 6-19、图 6-20 和图 6-21 中可看出，临界贴紧转速分别随叶片厚度和叶片高度的增大而降低，临界叶片厚度分别随转速和叶片高度的增大而降低，叶片临界高度分别随转速和叶片厚度的增大而降低。也就是说，在转速、叶片厚度和叶片高度三个参数中，一个参数的临界值分别随其他两个参数的增大而降低，即增大转速、叶片厚度和叶片高度均有利于叶片贴紧定子内壁面。进一步分析，升高转速，可增大叶片离心力，从而有利于叶片贴紧定子；增大叶片厚度，则增大了叶片质量，同样会增大叶片离心力；增大叶片高度，一方面可增大叶片质量，另一方面相对缩短了叶片伸出滑槽长度的比例，改善了叶片受力状况。研究结果表明，叶片的贴紧性能主要与叶片所受到的离心力有关，通过合理设计设备参数可保证可靠的叶片贴紧性能。

6.2.3　能量回收效率

（1）效率定义

实际工程应用中，旋叶式压力交换结构无法实现 100% 压力能回收，不可避免产生能量损失，包括摩擦损失、泄漏损失等。在流体力学中，流体功定义为流体压力与体积流量的乘积。压力能由透平侧卤水传递至泵侧海水，因此能量回收效率可表示为：

$$\eta = \frac{p_{so}q_{so} - p_{si}q_{si}}{p_{bi}q_{bi} - p_{bo}q_{bo}} = \frac{(p_{so} - p_{si})q_s}{(p_{bi} - p_{bo})q_b} \qquad (6\text{-}9)$$

式中，η 为能量回收效率；p_{bi}、p_{bo}、p_{si}、p_{so} 为高压（卤水）进口、低压（卤水）出口、低压（海水）进口、高压（海水）出口的压力，Pa；q_{bi}、q_{bo}、q_{si}、q_{so} 为高压进口、低压出口、低压进口、高压出口的流量，$m^3 \cdot s^{-1}$；q_b、q_s 为卤水、海水流量，$m^3 \cdot s^{-1}$。其中，卤水进口流量与出口流量相等，即 $q_b = q_{bi} = q_{bo}$；海水进口流量与出口流量相等，即 $q_s = q_{si} = q_{so}$。

泵侧海水与透平侧卤水流量的比值被定义为旋叶式压力交换结构的流量比（以下简称流量比），流量比反映了设备的容积性能：

$$\eta_v = q_{so}/q_{bi} = q_s/q_b \qquad (6\text{-}10)$$

水力效率 η_h 则被定义为泵侧压力的增量与透平侧压降的比值：

$$\eta_h = \frac{p_{so} - p_{si}}{p_{bi} - p_{bo}} \qquad (6\text{-}11)$$

因此，能量回收效率 η 等于水力效率与流量比的乘积：

$$\eta = \eta_h \eta_v \qquad (6\text{-}12)$$

通过上式，划分了能量损失的两种形式——压力损失和流量损失，前者可归结为摩擦阻力导致的能量损失（包括叶片滑动引起的摩擦阻力损失和流体黏性引起的摩擦阻力损失），后者归结为设备内部泄漏以及空化等导致的能量损失。

（2）理论计算模型

旋叶式压力交换结构的能量回收效率为水力效率与流量比的乘积，由于理论研究无法考虑空化导致的容积损失，本章仅研究水力效率，流量比将在下文通过数值模拟方法进行计算。即本章在理想无内部泄漏以及无空化情况下研究能量回收效率，此时能量回收效率等于水力效率。

基于设备内部摩擦阻力损失计算能量回收效率，图 6-22 所示为旋叶式压力交换结构内部摩擦阻力矩模型，摩擦阻力损失主要来源于两个方面：a. 叶片旋转运动过程中的滑动摩擦阻力矩。包括叶片顶部与定子内表面的摩擦阻力矩 M_{vt} 以及叶片与滑槽内表面的摩擦阻力矩 M_{vs}；b. 转子表面液膜阻力矩。转子处于高速旋转工作状态时，转子外表面与周围液膜存在摩擦作用力引起的旋转阻力矩 M_{rs} 以及转子侧表面与周围液膜存在摩擦作用力引起的旋转阻力矩 M_{re}。

叶顶摩擦阻力矩是由叶片顶部与定子内壁的滑动摩擦引起的，通过下式计算：

$$M_{vt}(\theta) = f_1 F_{nt} \cos\theta \rho(\theta) \qquad (6\text{-}13)$$

式中，$M_{vt}(\theta)$ 为叶顶摩擦力矩，$N \cdot m$；$\rho(\theta)$ 为叶片与定子接触点处的径向半径，m。

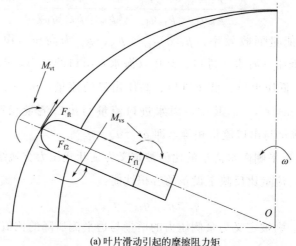

(a) 叶片滑动引起的摩擦阻力矩

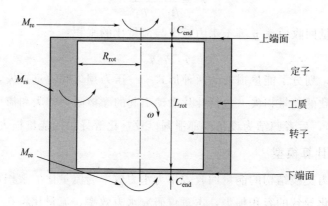

(b) 黏性阻力引起的摩擦阻力矩

图 6-22　旋叶式压力交换结构内部摩擦阻力矩模型

叶片侧面摩擦阻力矩是叶片两侧与滑槽滑动摩擦引起的，可通过下式计算：

$$M_{vs}(\theta) = \frac{f_2}{\omega} \left| F_{n1} v_r(\theta) + F_{n2} v_r(\theta) \right| \tag{6-14}$$

式中，$M_{vs}(\theta)$ 为叶片侧面摩擦力矩，$N \cdot m$；ω 为转子旋转角速度，$rad \cdot s^{-1}$；$v_r(\theta)$ 为叶片相对滑槽的运动速度，$m \cdot s^{-1}$，可通过下式求解：

$$v_r = \omega \frac{d\rho(\theta)}{d\theta} \tag{6-15}$$

叶片滑动摩擦引起的摩擦阻力矩可通过下式计算：

$$M_v(\theta) = \sum_{k=1}^{N} \left\{ M_{vt} \left[\theta + (K-1)2\pi/N \right] + M_{vs} \left[\theta + (K-1)2\pi/N \right] \right\} \tag{6-16}$$

式中，$M_v(\theta)$ 为叶片摩擦阻力矩，N·m；N 为叶片总个数；K 表示第 K 个叶片。

转子端面与侧表面摩擦扭矩是由流体工质的黏性阻力引起的。假设设备内部流体流动为 Couette（库埃特）流动，根据牛顿黏性阻力方程可计算阻力矩：

$$M = \mu \frac{\mathrm{d}u}{\mathrm{d}x} SL \tag{6-17}$$

式中，M 为黏性阻力矩，N·m；μ 为流体黏性系数，Pa·s；$\mathrm{d}u/\mathrm{d}x$ 为流体速度梯度，m·s^{-2}；S 为黏性阻力作用面积，m^2；L 为黏性阻力作用力臂，m。

根据上式，叶片侧面阻力矩可通过下式计算：

$$M_{rs} = \frac{\mu n \pi^2}{15} \times \frac{R_{rot}^3 L_{rot}}{C_{side}} \tag{6-18}$$

$$C_{side} = \frac{b_{sta} - R_{rot}}{2} \tag{6-19}$$

式中，M_{rs} 为转子侧面扭矩，N·m；n 为转子转速，r·min^{-1}；R_{rot} 为转子半径，mm；L_{rot} 为转子轴向长度，mm；C_{side} 为转子侧面平均间隙，mm；b_{sta} 为定子长半径，mm。

上下端面的旋转扭矩可通过下式计算：

$$M_{re} = \frac{2\mu n \pi^2}{60 C_{end}} R_{rot}^4 \tag{6-20}$$

式中，M_{re} 为转子端面扭矩，N·m；C_{end} 为端面间隙，mm。

旋叶式压力交换结构的能量损失为叶片滑动摩擦阻力和流体黏性摩擦阻力引起的摩擦总功耗 W_{tot}，可通过下式计算：

$$W_{tot} = \frac{\omega}{2\pi} \int_0^{2\pi} M_v(\theta) \mathrm{d}\theta + \omega(M_{rs} + M_{re}) \tag{6-21}$$

基于能量损失的旋叶式压力交换结构能量回收效率可采用下式求解：

$$\eta_{cal} = 1 - \frac{W_{tot}}{(p_{bi} - p_{bo})q_{bi}} \tag{6-22}$$

旋叶式压力交换结构的能量回收效率基于质量和能量守恒方程进行求解，默认结构参数和操作参数如表 6-2 所示。其中高压进口压力 p_{bi}、低压出口压力 p_{bo} 和低压海水进口压力 p_{si} 为可控制参数，视为已知参数。高压出口海水是目标流体，其压力 p_{so} 是未知参数，由能量回收效率 η 决定。高压出口压力 p_{so} 与能量回收效率 η 存在对应关系，二者相互等效。给定设备其他结构和操作参数时，能量回收效率 η 是唯一未知参数。

图 6-23 为旋叶式压力交换结构能量回收效率计算流程图，包括以下步骤：第

一步，输入结构与操作参数，假定效率初始值 $\eta = 0.1$，可得到对应的高压海水出口压力；第二步，基于叶片动力学模型评估叶片与定子间的贴紧性能，若叶片不能与定子保持可靠的接触，则表明设备参数选取不合理，需要调整设备参数，直至获得可靠的叶片贴紧性能；第三步，在可靠叶顶贴紧性能的前提下，利用能量损失模型计算能量回收过程中的摩擦阻力损失，可获得效率计算值 η_{cal}；第四步，当水力效率的计算值与初始值不吻合时，调整效率初始值，直至计算过程收敛，最终输出能量回收效率。

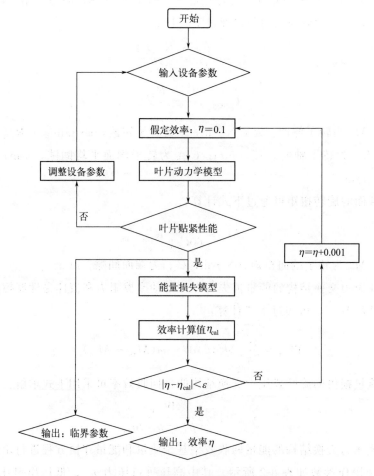

图 6-23　能量回收效率计算流程

（3）计算结果分析

在保证叶片与定子间可靠贴紧性能的基础上，研究了转速、叶片厚度和叶片高度对旋叶式压力交换结构能量回收效率的影响，获得了设备参数对能量回收效率的影响规律，如图 6-24、图 6-25 和图 6-26 所示。

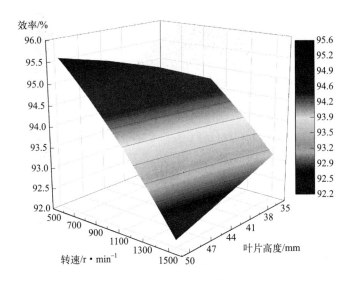

图 6-24　效率随转速和叶片高度的变化（叶片厚度＝10mm）

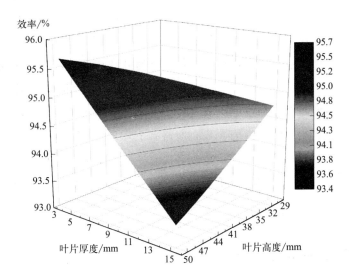

图 6-25　效率随叶片厚度和叶片高度的变化（转速＝1000r·min⁻¹）

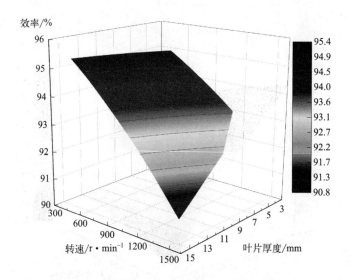

图 6-26 效率随转速和叶片厚度的变化（叶片高度＝40mm）

在本节讨论工况下，旋叶式压力交换结构的能量回收效率为90.9%～95.7%。从图 6-24、图 6-25、图 6-26 中可看出，效率随着转速、叶片厚度和叶片高度的增大均降低。针对转速，在每个旋转周期中，提高转速将导致叶片离心力增加，进而增加叶顶接触力和叶顶摩擦损失，从而降低设备能量回收效率；针对叶片厚度，增大叶片厚度导致叶片质量增大，对应的叶片离心力增大，同时，增大叶片厚度将导致叶片横截面积增大，以及造成叶片背部压力增大，二者均会导致叶顶接触力和摩擦损失增加；针对叶片高度，增大叶片高度将导致叶片质量增加，产生更大的叶片离心力，从而导致更多的叶顶摩擦损失，但与此同时，增大叶片高度使得叶片重心更靠近转子中心，从而改善了叶片的受力状态，二者综合作用导致能量回收效率随叶片高度略有下降。

相对于叶片厚度和叶片高度，转速对效率的影响更大。这是由于叶片离心力与转速的二次方成正比，而与叶片质量的一次方成正比，因此转速对效率的影响更为敏感。在设计设备参数时，应优先考虑转速的设计。

6.2.4 解析网格技术

6.2.4.1 解析网格的提出

旋叶式机械流体域包括转动部分和静止部分。静止部分包括进出口和端面间隙，可较容易通过传统网格软件（如 ICEM）划分网格。转动部分又称转子域，由若干基元和叶顶间隙构成，为不断转动和变形流体域，需应用动网格技术。转子域边界时刻运动和变形，考虑到叶片沿滑槽运动时存在叶片伸出和内缩滑槽两种情况，转子域拓扑结构不断变化。因此，构建旋叶式机械的动网格模型是数值研究的难点。

现有旋叶式机械网格方法中，通常在转子域绘制网格，由 CFD 求解器读入初始网格，然后编译 UDF 控制节点移动，从而实现转子域的动网格计算。该方法需在每个时间步对网格节点运动进行运算，求解速度慢。考虑到叶顶狭窄间隙处需布置多层网格，易造成网格质量差，甚至出现负体积，容易造成求解发散。当前旋叶式机械数值研究较少，主要受限于缺乏成熟网格技术，因此亟需开发新型高效稳定的网格技术。

鉴于此，本文针对旋叶式机械提出一种新型解析网格生成方法，可克服现有网格方法的不足。对转子域在每个时间步（对应不同转角）生成 1 套网格，形成一个网格数据库，若角度时间步等于 1°，则 360 套网格可定义 1 个完整旋转周期。编译解析网格与 CFD 求解器耦合的 UDF，在计算过程的每个时间步调用相应的转子域网格进行计算。旋叶式机械的静止部分采用传统网格软件如 ICEM 进行网格划分，静止域网格和转子域网格在求解器中通过 interface 对进行组装连接，实现数据的交互传递。

6.2.4.2　解析网格的生成

本节介绍旋叶式机械转子域网格生成方案，主要步骤有网格边界生成、网格边界离散和内部节点分布，所有步骤均实现了参数化流程。

（1）网格边界生成

旋叶式机械转子域网格边界包括转子、定子和叶片伸出滑槽部分，图 6-27 为网格边界几何参数示意图。如图 6-27(a) 所示，转子为圆形，转子外壁上的点坐标可表示为：

$$\begin{cases} x_{\text{rot}} = R_{\text{rot}}\cos\theta \\ y_{\text{rot}} = R_{\text{rot}}\sin\theta \end{cases} \tag{6-23}$$

式中，θ 为转子转角，(°)；R_{rot} 为转子半径，mm。

定子型线种类较多，可为圆形型线、椭圆形型线、简谐型线或者多段组合式型线。本文以典型的椭圆定子型线为例，定子内壁上的点坐标可表示为：

$$\begin{cases} x_{\text{sta}} = \dfrac{-b_{\text{sta}}\left(eb_{\text{sta}}\cos\varphi + a_{\text{sta}}\sqrt{a_{\text{sta}}^2\sin^2\varphi + b_{\text{sta}}^2\sin^2\varphi - e^2\sin^2\varphi}\right)}{a_{\text{sta}}^2\sin^2\varphi + b_{\text{sta}}^2\sin^2\varphi}\cos\varphi \\[4mm] y_{\text{sta}} = \dfrac{-b_{\text{sta}}\left(eb_{\text{sta}}\cos\varphi + a_{\text{sta}}\sqrt{a_{\text{sta}}^2\sin^2\varphi + b_{\text{sta}}^2\sin^2\varphi - e^2\sin^2\varphi}\right)}{a_{\text{sta}}^2\sin^2\varphi + b_{\text{sta}}^2\sin^2\varphi}\sin\varphi \end{cases} \tag{6-24}$$

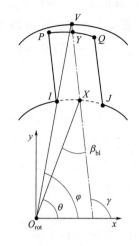

(a) 转角 θ 与极角 φ 的关系

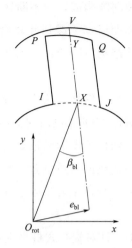

(b) 偏心叶片示意

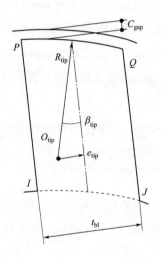

(c) 非对称叶顶形状示意

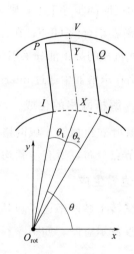

(d) 定义节点I、J位置角度示意

图 6-27　旋叶式机械转子域几何参数

式中，φ 为极角，（°）；e 为定子偏心距，mm；a_{sta} 为定子 x 轴半径，mm；b_{sta} 为定子 y 轴半径，mm。

叶片可采用对心或偏心布置，本文提出采用叶片偏心角（β_{bl}）描述该结构特征，如图 6-27（b）所示。根据图 6-27（a）和（b）可知，转子转角 θ 和定子极角 φ 的关系可表示为：

$$\varphi = \theta + \arccos\left(e_{\text{bl}} / \sqrt{x_{\text{sta}}^2 + y_{\text{sta}}^2}\right) - a\cos(e_{\text{bl}} / R_{\text{rot}}) \tag{6-25}$$

$$e_{\text{bl}} = R_{\text{rot}} \sin\beta_{\text{bl}} \tag{6-26}$$

式中，e_{bl} 为叶片偏心距，mm；β_{bl} 为叶片偏心角，(°)。

本文提出采用叶顶偏心角（β_{tip}）来定义非对称叶顶圆弧形状特征，如图 6-27 (c) 所示。根据图 6-27(a) 和 (c)，定义叶片倾斜角和叶顶偏心距分别为：

$$\gamma = \theta + \beta_{bl} \tag{6-27}$$

$$e_{tip} = R_{tip}\sin\beta_{tip} \tag{6-28}$$

式中，γ 为叶片倾斜角，(°)；e_{tip} 为叶顶偏心距，mm；R_{tip} 为叶顶圆弧半径，mm；β_{tip} 为叶顶偏心角，(°)。

叶片边界包括叶顶壁面和叶片侧壁，可由叶顶圆弧圆心（O_{tip}）和壁面端点（I、J、P 和 Q）进行定义。如图 6-27(c) 所示，叶顶圆弧圆心坐标可通过下式计算：

$$\begin{cases} x_{otip} = x_{sta} - (R_{tip} + C_{gap})\cos(\gamma + \beta_{tip}) \\ y_{otip} = y_{sta} - (R_{tip} + C_{gap})\sin(\gamma + \beta_{tip}) \end{cases} \tag{6-29}$$

式中，C_{gap} 为叶顶间隙，mm。

如图 6-27(d) 所示，转子壁面端点 I 和 J 的坐标可由下式计算：

$$\begin{cases} x_I = R_{rot}\cos(\theta + \theta_1) \\ y_I = R_{rot}\sin(\theta + \theta_1) \end{cases} \tag{6-30}$$

$$\begin{cases} x_J = R_{rot}\cos(\theta - \theta_2) \\ y_J = R_{rot}\sin(\theta - \theta_2) \end{cases} \tag{6-31}$$

式中，θ_1 和 θ_2 可由下式进行计算：

$$\theta_1 = \arccos\left(\frac{e_{bl} - T_{bl}/2}{R_{rot}}\right) - \left(\frac{\pi}{2} - \beta_{bl}\right) \tag{6-32}$$

$$\theta_2 = \left(\frac{\pi}{2} - \beta_{bl}\right) - \arccos\left(\frac{e_{bl} + T_{bl}/2}{R_{rot}}\right) \tag{6-33}$$

叶顶圆弧端点 P 和 Q 的坐标可由下式计算：

$$\begin{cases} x_P = x_{otip} + R_{tip}\cos\left(\gamma + \arcsin\dfrac{T_{bl}/2 - e_{tip}}{R_{tip}}\right) \\ y_P = y_{otip} + R_{tip}\sin\left(\gamma + \arcsin\dfrac{T_{bl}/2 - e_{tip}}{R_{tip}}\right) \end{cases} \tag{6-34}$$

$$\begin{cases} x_Q = x_{otip} + R_{tip}\cos\left(\gamma - \arcsin\dfrac{T_{bl}/2 + e_{tip}}{R_{tip}}\right) \\ y_Q = y_{otip} + R_{tip}\sin\left(\gamma - \arcsin\dfrac{T_{bl}/2 + e_{tip}}{R_{tip}}\right) \end{cases} \tag{6-35}$$

通过端点 I、J、P 和 Q 坐标，叶顶壁面和叶片两侧壁面边界可通过下式求解：

$$\begin{cases} x_{PQ} = x_{\mathrm{otip}} + R_{\mathrm{tip}}\cos(\gamma + \delta_1) \\ y_{PQ} = y_{\mathrm{otip}} + R_{\mathrm{tip}}\sin(\gamma + \delta_1) \end{cases} \tag{6-36}$$

$$\begin{cases} x_{IP} = x_I + \delta_2 \cos\gamma \\ y_{IP} = y_I + \delta_2 \sin\gamma \end{cases} \tag{6-37}$$

$$\begin{cases} x_{JQ} = x_J + \delta_3 \cos\gamma \\ y_{JQ} = y_J + \delta_3 \sin\gamma \end{cases} \tag{6-38}$$

式中，$-\arcsin\left(\dfrac{T_{\mathrm{bl}}/2 + e_{\mathrm{tip}}}{R_{\mathrm{tip}}}\right) \leqslant \delta_1 \leqslant -\arcsin\left(\dfrac{T_{\mathrm{bl}}/2 - e_{\mathrm{tip}}}{R_{\mathrm{tip}}}\right)$，$0 \leqslant \delta_2 \leqslant \sqrt{(x_P - x_I)^2 + (y_P - y_I)^2}$，$0 \leqslant \delta_3 \leqslant \sqrt{(x_Q - x_J)^2 + (y_Q - y_J)^2}$。

为保持恒定叶顶间隙，需在每个时间步对叶片位置进行校正，将叶片沿着滑槽外伸或内缩修正偏移量。若最小间隙大于间隙设定值，需外伸叶片；反之，则内缩叶片。如图 6-28 所示，M 为叶顶壁面上任意点，M' 为定子壁面上的点，点 M、M' 与叶顶圆弧圆心 O_{tip} 三点共线，叶片伸缩位移通过下式进行计算：

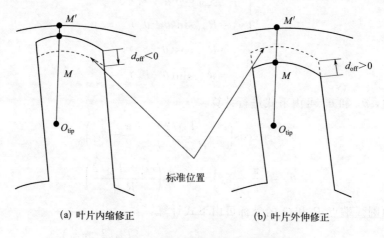

(a) 叶片内缩修正　　　　　　　(b) 叶片外伸修正

图 6-28　叶片沿滑槽的修正偏移量

$$d_{\mathrm{off}} = \min\left[\sqrt{(x_{M'} - x_M)^2 + (y_{M'} - y_M)^2}\right] - C_{\mathrm{gap}} \tag{6-39}$$

式中，d_{off} 为叶片沿滑槽的修正偏移量，mm。

（2）网格边界离散与内部节点分布

采用 O 型拓扑结构对转子域进行网格划分，如图 6-29 所示。采用区域划分线 II'、JJ'、PP'、QQ' 和 KK' 将转子域分成三种不同类型的区域，即核心区域、叶片两侧区域和叶顶区域。定义区域划分线偏移角为 $\Delta\gamma$，PP' 与 QQ' 分别与 II' 和

JJ' 平行。因此，定子壁面被分成 $I'K'$、$I'P'$、$P'Q'$ 和 $J'Q'$ 四段，分别与转子壁面的 IK、IP、PQ 和 JQ 对应。

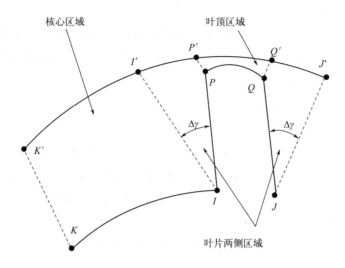

图 6-29　转子域的区域划分

网格节点矢量的索引参考方案如图 6-30 所示，$r_{i,j}(x,y)$ 表示网格节点的笛卡尔坐标 (x,y)，其中 r 代表节点矢量半径，i 沿网格的周向方向，j 沿网格的径

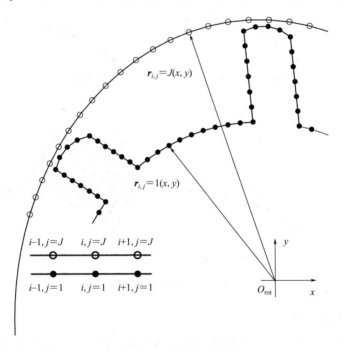

图 6-30　节点矢量索引

向方向。$i=1$ 指沿周向的第一个节点，$i=I$ 指最后一个节点，I 为每段型线的周向节点总数。$j=1$ 指转子边界，$j=J$ 指定子边界，J 为网格径向节点总数。

① 核心区域

图 6-31(a) 所示为核心区域的网格边界，图 6-31(b) 所示为内边界 IK（转子壁面）和外边界 $I'K'$（定子壁面）的离散过程，内外边界节点沿周向均匀分布，其节点分布规律分别为：

$$|\mathbf{r}_{i+1,j=1}(x,y)-\mathbf{r}_{i,j=1}(x,y)|=|\mathbf{r}_{i,j=1}(x,y)-\mathbf{r}_{i-1,j=1}(x,y)| \quad (6\text{-}40)$$

$$|\mathbf{r}_{i+1,j=J}(x,y)-\mathbf{r}_{i,j=J}(x,y)|=|\mathbf{r}_{i,j=J}(x,y)-\mathbf{r}_{i-1,j=J}(x,y)| \quad (6\text{-}41)$$

式中，$i=2,3,4\cdots(N_{\text{rot}}-1)$，$N_{\text{rot}}$ 为转子壁面节点数。

然后，将转子壁面节点与定子壁面节点进行映射关联，如图 6-31(c) 所示。最后，如图 6-31(d) 所示，在映射线上采用均匀分布规律生成内部节点：

$$|\mathbf{r}_{i,j+1}(x,y)-\mathbf{r}_{i,j}(x,y)|=|\mathbf{r}_{i,j}(x,y)-\mathbf{r}_{i,j-1}(x,y)| \quad (6\text{-}42)$$

式中，$j=2,3,4\cdots(N_{\text{rad}}-1)$，$N_{\text{rad}}$ 为径向节点数。

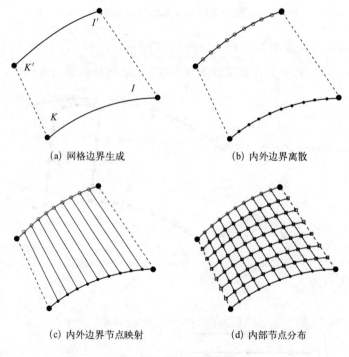

(a) 网格边界生成　　　　　　　(b) 内外边界离散

(c) 内外边界节点映射　　　　　(d) 内部节点分布

图 6-31　核心区域离散

② 叶片两侧区域

图 6-32(a) 所示为叶片两侧区域的网格边界，图 6-32(b) 所示为叶片两侧区域内边界 IP 和 JQ（叶片两侧壁面）以及外边界 $I'P'$ 和 $J'Q'$（定子壁面）的离散过

程，内外边界节点沿周向非均匀分布，分布规律分别为：

$$|\boldsymbol{r}_{i+1,j=1}(x,y)-\boldsymbol{r}_{i,j=1}(x,y)|=\sigma_{\text{side}}|\boldsymbol{r}_{i,j=1}(x,y)-\boldsymbol{r}_{i-1,j=1}(x,y)|$$

$$(6\text{-}43)$$

$$|\boldsymbol{r}_{i+1,j=J}(x,y)-\boldsymbol{r}_{i,j=J}(x,y)|=\sigma_{\text{side}}|\boldsymbol{r}_{i,j=J}(x,y)-\boldsymbol{r}_{i-1,j=J}(x,y)|$$

$$(6\text{-}44)$$

式中，$i=2,3\cdots(N_{\text{side}}-1)$，$N_{\text{side}}$ 为叶片侧壁节点数；σ_{side} 为叶片侧壁拉伸因子。

然后，将转子壁面与定子壁面的节点进行映射关联，如图 6-32（c）所示。最后，在映射线上采用均匀分布规律 [同式（6-42）] 生成内部节点，如图 6-32（d）所示。

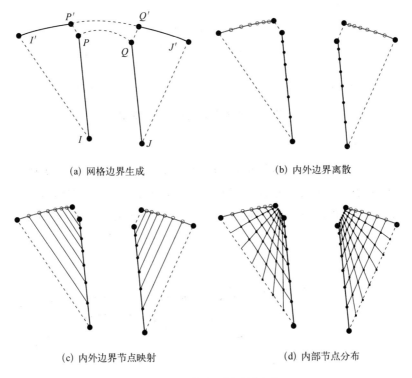

(a) 网格边界生成　　　　　　　　　　(b) 内外边界离散

(c) 内外边界节点映射　　　　　　　　(d) 内部节点分布

图 6-32　叶片两侧区域离散

在靠近旋叶式机械定子短径处的区域，当叶片侧壁（IP 和 JQ）长度较短甚至接近于零时，将造成叶片侧壁节点密集分布，导致网格质量急剧恶化，甚至影响计算稳定性导致无法计算。因此，在短径处采用几何简化将叶片侧壁转变成转子表面上一小段，相当于将叶片进行微小倾斜，如图 6-33 所示。叶片侧壁的几何简化并不影响叶顶间隙泄漏流动，因为叶顶壁面及叶顶间隙大小并不发生改变。叶片侧壁具体几何简化的方案是：不管叶片伸出滑槽［图6-33(a)］还是叶片内缩滑槽［图6-33(b)］，当叶片侧壁长度小于临界值L_{cri}时，引入偏斜角ζ_{off}进行简化。叶片侧壁简化临界长度L_{cri}由下式决定：

$$L_{cri} = R_{rot}\zeta_{cri} \tag{6-45}$$

式中，ζ_{cri}为叶片侧壁简化临界角，(°)。

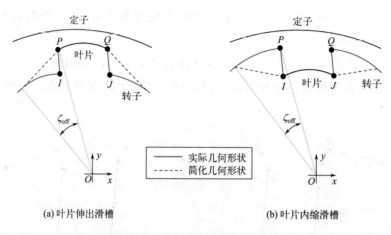

(a)叶片伸出滑槽   (b)叶片内缩滑槽

图6-33 短径处叶片侧壁几何简化

③ 叶顶区域

图6-34(a) 所示为叶顶区域的网格边界（PQ、QQ'、$P'Q'$、PP'），图6-34(b) 所示为内边界PQ(叶顶壁面) 和外边界$P'Q'$(定子壁面) 的离散。内边界PQ节点沿周向均匀分布，分布规律同式(6-42)。外边界$P'Q'$节点沿周向非均匀分布，分布规律为：

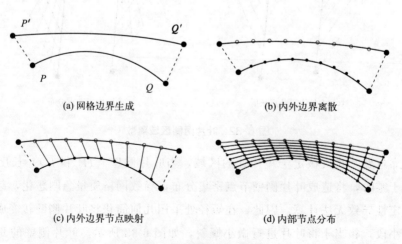

(a)网格边界生成   (b)内外边界离散

(c)内外边界节点映射   (d)内部节点分布

图6-34 叶顶区域离散

$$|\boldsymbol{r}_{k+1,j=J}(x,y)-\boldsymbol{r}_{k,j=J}(x,y)|=\sigma_{\text{tip}}|\boldsymbol{r}_{k,j=J}(x,y)-\boldsymbol{r}_{k-1,j=J}(x,y)|$$

$$\tag{6-46}$$

$$k=|i-(N_{\text{tip}}+1)/2| \tag{6-47}$$

式中，$i=1,2,3\cdots N_{\text{tip}}$ 且 $i\neq(N_{\text{tip}}+1)/2$；$N_{\text{tip}}$ 为叶顶壁面节点数。

然后，将叶顶壁面与定子壁面的节点进行映射关联，如图 6-34(c) 所示。最后，在映射线上采用均匀分布规律［同式(6-42)］生成内部节点，如图 6-34(d) 所示。

④ 网格与求解器耦合

图 6-35 所示为基于解析网格生成方法的旋叶式机械数值计算流程，包括旋叶式机械解析网格生成方法和网格与求解器耦合方法。

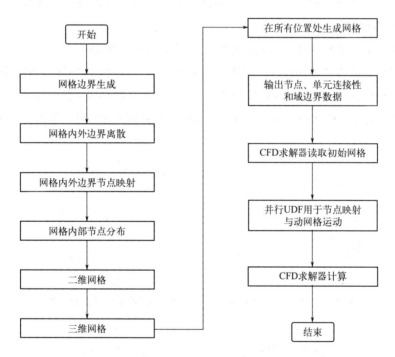

图 6-35　基于解析网格生成方法的旋叶式机械数值计算流程

第一阶段是生成旋叶式机械转子域的网格数据库。第一步，输入旋叶式机械的几何结构参数和网格生成参数；第二步，基于输入的结构参数和网格参数，生成旋叶式机械转子域网格边界，进行网格内外边界离散、内外边界节点映射关联以及网格内部节点分布，得到转子域二维节点坐标，进而沿轴向复制得到三维节点坐标；第三步，在每个时间步生成三维节点坐标，形成转子域网格数据库，表征旋叶式机械的完整旋转周期；第四步，将初始位置处的三维节点坐标组装成初始网格文件，初始网格文件包括节点数据、单元连接性数据和域边界数据。第一阶段生成数值计算所需的转子域网格数据库，包含一个完整旋转周期内所有时间步的三维节点坐标信息。

第二阶段是基于解析网格生成方法开展数值计算。对于非结构化求解器 ANSYS FLUENT，即单元节点未遵循系统的（i，j，k）索引，CFD 求解器中加载的网格和网格数据库中的节点序号可能有所不同，因此在节点坐标更新之前需对节点进行一一映射。在初始时间步，对 FLUENT 中的网格节点与网格数据库中的节点坐标之间建立唯一的对应关系。编译适用于旋叶式机械并行计算的 UDF，用于执行物理节点和 FLUENT 节点的映射，以及读取存储在网格数据库文件中的节点坐标，然后在每个时间步从网格数据库中调用相应时间步的转子域网格。最后，转子域网格通过非保形接口与进出口域网格进行连接，以进行 CFD 模拟计算。

⑤ 解析网格的优势

本文提出的旋叶式机械解析网格生成方法具有以下优势。

a. 网格生成方法通用性强。克服了部分现有网格方法的局限性，解析网格方法适用于各种类型的旋叶式机械，包括单工作腔、双工作腔和多工作腔类型，对心叶片结构形式和偏心叶片结构形式，对称叶顶形状和非对称叶顶形状，如图 6-36 所示。

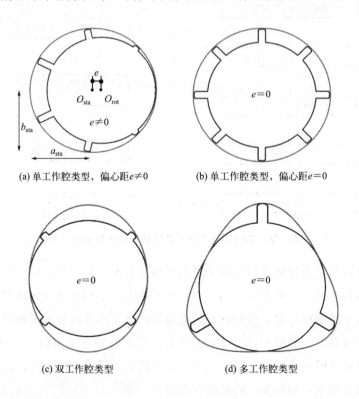

(a) 单工作腔类型，偏心距 $e \neq 0$ (b) 单工作腔类型，偏心距 $e = 0$

(c) 双工作腔类型   (d) 多工作腔类型

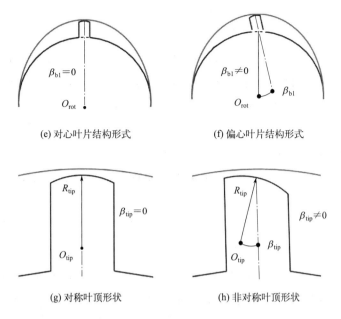

(e) 对心叶片结构形式　　　　　(f) 偏心叶片结构形式

(g) 对称叶顶形状　　　　　(h) 非对称叶顶形状

图 6-36　旋叶式机械几何形状特征

b. 网格划分独立于求解器。常规动网格方法依赖于求解器，对网格边界和节点进行移动或变形，易造成负体积网格，导致计算发散。解析网格方法在开展数值计算之前生成网格数据库，网格划分独立于求解器，提升了数值计算的稳定性。

c. 网格生成速度快。解析网格方法实现了自动参数化流程，只需输入转子域几何结构和网格划分参数，即可快速生成高质量结构化网格。具体地，生成 360 套网格（20 万节点数）数据库仅耗时 111 秒，而 ICEM 手动划分网格，需耗时约 48h。

6.2.5　数值计算模型

(1) 控制方程

在均匀多相流假设下，液相水和气相水具有相同的速度场。忽略流体的热传递，雷诺时均 NS 方程（Reynolds-averaged Navier-Stokes equations，RANS）可写成：

$$\frac{\partial \rho}{\partial t}+\frac{\partial (\rho u_j)}{\partial x_j}=0 \tag{6-48}$$

$$\frac{\partial (\rho u_i)}{\partial t}+\frac{\partial (\rho u_i u_j)}{\partial x_j}=-\frac{\partial p}{\partial x_i}+\frac{\partial}{\partial x_j}\left[(\mu+\mu_t)\left(\frac{\partial u_i}{\partial x_j}+\frac{\partial u_j}{\partial x_i}-\frac{2}{3}\frac{\partial u_k}{\partial x_k}\delta_{ij}\right)\right] \tag{6-49}$$

$$\rho = \rho_1 \alpha_1 + \rho_v \alpha_v \tag{6-50}$$

$$\mu = \mu_1 \alpha_1 + \mu_v \alpha_v \tag{6-51}$$

式中，ρ、ρ_1 和 ρ_v 为混合、液相和气相密度，$kg \cdot m^{-3}$；t 为时间，s；u_i、u_j 和 u_k 为速度沿 i、j 和 k 方向分量，$m \cdot s^{-1}$；p 为压力，Pa；μ、μ_1 和 μ_v 为混合相、液相和气相黏度，$Pa \cdot s$；μ_t 为动力黏度，$Pa \cdot s$；α_1 和 α_v 为液相和气相体积分数。

考虑液体的微小可压缩性，使用 Tait 状态方程建立工质压力和密度的非线性关系，有助于减少动网格计算过程中带来的非自然压力峰值。简化的 Tait 方程可表示为：

$$[\rho_1/\rho_{10}]^E = Bu/Bu_0 \tag{6-52}$$

$$Bu = Bu_0 + E(\rho_1 - \rho_{10}) \tag{6-53}$$

式中，ρ_{10} 为参考状态下的液体密度，其值等于 $998.2 kg \cdot m^{-3}$；Bu 为体积模量；Bu_0 为参考状态下的体积模量，其值等于 $2.2 \times 10^9 Pa$；E 为密度指数，其值等于 7.15；p_1 为液体压力；p_{10} 为参考状态下的液体压力，其值等于 101325Pa；ρ_1/ρ_{10} 为实际状态和参考状态的液体密度比，取值范围为 $0.9 \sim 1.1$。

（2）湍流模型

湍流是高度非线性的复杂流动，数值求解方法有直接数值模拟（DNS）、大涡模拟（LES）和雷诺时均模拟（RANS）。由于计算资源的限制，DNS 与 LES 方法无法用于工程计算。在 RANS 模型中，SST k-ω 模型将 k-ε 模型和 k-ω 模型有机结合在一起，在边界层使用 k-ω 模型，在自由剪切层使用 k-ε 模型，中间采用混合函数过渡。SST k-ω 模型在非定常空化模拟方面已被证明具有高可信度和精度，因此用于模拟旋叶式压力交换结构的流动特性。SST k-ω 模型湍动能 k 和湍流频率 ω 的控制方程如下：

$$\frac{\partial(\rho k)}{\partial t} + \frac{\partial(\rho u_j k)}{\partial x_j} = \frac{\partial}{\partial x_j}\left[\left(\mu + \frac{\mu_t}{\sigma_k}\right)\left(\frac{\partial k}{\partial x_j}\right)\right] + P_k - \rho \beta^* k\omega \tag{6-54}$$

$$\frac{\partial(\rho\omega)}{\partial t} + \frac{\partial(\rho u_j \omega)}{\partial x_j} = \frac{\partial}{\partial x_j}\left[\left(\mu + \frac{\mu_t}{\sigma_\omega}\right)\left(\frac{\partial \omega}{\partial x_j}\right)\right] + C_\alpha \frac{\omega}{k} P_k$$
$$- C_\beta \rho \omega^2 + 2(1 - F_1)\rho\sigma_{\omega 2} \frac{1}{\omega} \frac{\partial k}{\partial x_j} \frac{\partial \omega}{\partial x_j} \tag{6-55}$$

$$F_1 = \tanh(\arg_1^4) \tag{6-56}$$

$$\arg_1 = \min\left[\max\left(\frac{\sqrt{k}}{C_\beta \omega y}, \frac{500\nu}{y^2\omega}\right), \frac{4\rho\sigma_{\omega 2} k}{CD_{k\omega} y^2}\right] \tag{6-57}$$

$$\mathrm{CD}_{k\omega} = \max\left(2\rho\sigma_{\omega2}\frac{1}{\omega}\frac{\partial k}{\partial x_j},\ 1\times\mathrm{e}^{-10}\right) \tag{6-58}$$

式中，β^* 为模型常数，取值 0.09；C_α、C_β 均为经验常数；P_k 为湍动能生成率，由下式计算：

$$P_k = \min\left[\mu_t\left(\frac{\partial u_i}{\partial x_j}+\frac{\partial u_j}{\partial x_i}\right)\frac{\partial u_i}{\partial x_j},\ 10\beta^*\rho k\omega\right] \tag{6-59}$$

以上模型控制方程中的其他常数通过 $\chi = F_1\chi_1 + (1-F_1)\chi_2$ 求解，其中 χ_1 和 χ_2 分别代表标准 k-ω 和 k-ε 模型中对应常数：$C_{\alpha1} = 0.5532$，$C_{\beta1} = 0.075$，$\sigma_{k1} = 2.00$，$\sigma_{\omega1} = 2.00$，$C_{\alpha2} = 0.4403$，$C_{\beta2} = 0.0828$，$\sigma_{k2} = 1.00$，$\sigma_{\omega2} = 1.186$。

湍流涡黏系数可由下式计算：

$$\nu_t = \frac{a_1 k}{\max\{a_1\omega,SF_2\}} \tag{6-60}$$

$$F_2 = \tanh(\arg_2^2) \tag{6-61}$$

$$\arg_2 = \max\left(\frac{2\sqrt{k}}{C_\beta\omega y},\frac{500\nu}{y^2\omega}\right) \tag{6-62}$$

式中，S 为应变率估算值，取值 4.25。

(3) 空化模型

旋叶式压力交换结构内部流体发生空化的冷凝和汽化过程由气体输运方程控制：

$$\frac{\partial(\rho_v\alpha_v)}{\partial t} + \frac{\partial(\rho_v\alpha_v u_i)}{\partial u_i} = \dot{m}_+ - \dot{m}_- \tag{6-63}$$

式中，$\dot{m}_+$ 为传质源项，$\mathrm{kg\cdot s^{-1}}$；$\dot{m}_-$ 为传质阱项，$\mathrm{kg\cdot s^{-1}}$。

本文采用 Zwart-Gerber-Belamari 空化模型计算相间传质过程，该模型由 Rayleigh-Plesset 方程推导得到，不考虑表面张力和二阶项的情况下，该方程可简化为：

$$\frac{3}{2}\left(\frac{\mathrm{d}R_b}{\mathrm{d}t}\right)^2 = \frac{p_{\mathrm{sat}} - p_{\mathrm{loc}}}{\rho_1} \tag{6-64}$$

式中，R_b 为气泡半径，m；p_{sat} 为饱和蒸汽压力，Pa；p_{loc} 为局部静压，Pa。

蒸汽体积分数可表示为：

$$\alpha_v = N_b\left(\frac{4}{3}R_b^3\right) \tag{6-65}$$

式中，α_v 为蒸汽体积分数；N_b 为单位体积气泡数。

因此，相间传质速率 $\dot{m}$ 可表示为：

$$\dot{m} = \frac{3\alpha_{v}\rho_{v}}{R_{b}}\frac{dR_{b}}{dt} \tag{6-66}$$

汽化过程中气核中心密度随蒸汽体积分数的增加而减小，相间传质速率可表示为：

$$\dot{m}_{+} = f_{vap}\frac{3\alpha_{nuc}(1-\alpha_{v})\rho_{v}}{R_{b}}\sqrt{\frac{2}{3}\frac{p_{sat}-p_{loc}}{\rho_{1}}} , \ p_{loc} < p_{sat} \tag{6-67}$$

$$\dot{m}_{-} = f_{con}\frac{3\alpha_{v}\rho_{v}}{R_{b}}\sqrt{\frac{2}{3}\frac{p_{loc}-p_{sat}}{\rho_{1}}} , \ p_{loc} > p_{sat} \tag{6-68}$$

式中，R_{b} 为气泡半径，等于 10^{-6} m；α_{nuc} 为成核体积分数，等于 5×10^{-4}；f_{vap} 为汽化系数，等于 1；f_{con} 为冷凝系数，等于 10^{-4}。为了使得数值计算更稳定，设置了较低的冷凝系数，该参数仅作为松弛因子，并不损失求解空化流场的计算精度。

(4) 网格模型

图 6-37 所示为基于解析网格生成技术的旋叶式压力交换结构的网格生成流程。

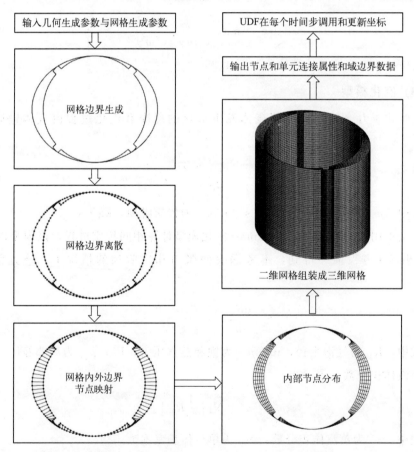

图 6-37　旋叶式压力交换结构转子域网格生成流程

首先，输入转子域的几何生成参数和网格生成参数，生成和离散转子域边界，并将转子域内外边界节点进行映射连接；然后，有序生成转子域内部节点，生成二维网格，沿轴向拉伸组装成三维网格，输出节点和单元的连接属性以及转子域边界命名等信息；接着，生成所有时间步转子域网格文件，形成网格数据库；最后，ANSYS FLUENT 求解器读取初始网格，采用开发的 UDF 程序在每个时间步对计算网格进行调用和更新。

图 6-38 所示为旋叶式压力交换结构的计算网格，其中转子域通过解析网格生成方法进行几何建模和网格划分；进出口管道（高压出口、低压出口、低压进口和高压进口）通过 Solidworks 2018 进行几何建模，采用 ICEM CFD 进行网格划分，转子域和进出口域均划分了结构化网格。转子域和进出口管道通过在 ANSYS FLUENT 设置 interface 进行流体域的连接，实现流场信息的传递。

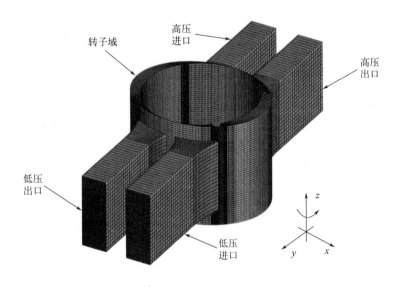

图 6-38　旋叶式压力交换结构计算网格

(5) 边界条件和初始条件

设置边界条件是开展 CFD 计算的必要步骤，旋叶式压力交换结构的边界条件设置如表 6-3 所示，默认转速为 $1000r \cdot min^{-1}$，在数值计算中考虑了 $500 \sim 1500r \cdot min^{-1}$ 的工况范围，工质温度恒定为 25℃，对应的空化饱和压力为 3169.9Pa。结合反渗透海水淡化系统的应用背景，将旋叶式压力交换结构的高压卤水进口、低压卤水出口、低压海水进口和高压海水出口分别设置为 6.000MPa、0.300MPa、0.300MPa 和 5.715MPa。

表 6-3　边界条件

参数	数值	参数	数值
转速 n/r·min^{-1}	1000	低压海水进口压力 p_{si}/MPa	0.300
高压卤水进口压力 p_{bi}/MPa	6.000	高压海水出口压力 p_{so}/MPa	5.715
低压卤水出口压力 p_{bo}/MPa	0.300		

开展瞬态 CFD 计算需给定初始条件，本文设置初始全局流场速度和气相体积分数均为 0，全局流场压力则设置为高压进口压力 6.000MPa，如表 6-4 所示。

表 6-4　初始条件

参数	数值	参数	数值
全局流场压力/MPa	6.000	全局气相体积分数	0
全局流场速度/m·s^{-1}	0		

(6) 模拟设置

采用 ANSYS FLUENT 对旋叶式压力交换结构进行数值模拟，求解器设置如表6-5 所示。选用 SST k-ω 湍流模型、Volume of Fluid 多相流模型、Zwart-Gerber-Belamri 空化模型、Coupled 压力-速度耦合算法。角度步长为 1°，1000r·min^{-1}转速对应的时间步长为 1.667×10^{-4}s。转子旋转 5 圈（1800 时间步）后，可得到流量、压力、空化性能等的周期性计算结果，因此在 FLUENT 求解器中设置 2160 个时间步是合理的。

表 6-5　ANSYS FLUENT 求解器设置

设置项	分类	参数
模型	湍流模型	SST k-ω 模型
	空化模型	Zwart-Gerber-Belamri 模型
	多相流模型	Volume of Fluid 模型
求解方法	压力-速度耦合算法	Coupled
求解控制	流动库朗数	2
	显式松弛因子	0.25
	隐式松弛因子	0.1
	收敛标准	0.001
	角度步长	1°
	时间步	2160
	单个时间步最大迭代次数	120

为简化数值模拟，本文采用水作为旋叶式压力交换结构的工质。在空化模型中，主相为液相水，考虑液相水的可压缩性，采用 ANSYS FLUENT 内置的 Tait

模型进行定义，第二相为水蒸气。物性参数设置如表 6-6 所示，均为 25℃ 对应的物性参数。

表 6-6　物性参数设置

设置项	分类	参数
物质属性	水-液相 （主相）	密度：Tait 模型 黏度：8.90×10^{-4} Pa·s 饱和蒸汽压力：3169.9Pa
	水-气相 （第二相）	密度：0.023kg·m^{-3} 黏度：9.70×10^{-6} Pa·s

6.2.6　内部流动特性

旋叶式压力交换结构内部流场结构复杂，流场结构时刻处于不断变化过程中，但设备稳定运转后呈现周期性流动特征，其周期等于 $360°/N$，其中 N 为叶片个数，即周期等于相邻两个叶片之间的夹角。本文仅考虑四叶片旋叶式压力交换结构，循环周期为 90°，因此只需研究 0°～90° 范围内的设备流动特性。

（1）内部流场特性

① 压力场特性

旋叶式压力交换结构中间截面压力云图清晰地反映了压力演变过程，如图 6-39 所示。15° 转角处，四个基元容腔分别与高压进口、低压出口、低压进口和高压出口连通，容腔内压力与相连通的进出口压力相等。值得注意的是，在低压进口和高压出口分别与转子域连通的地方出现了局部低压区，这是由于过流截面积小导致局部流速大，从而形成局部低压区。30° 转角处，在透平侧叶片后缘出现了局部高压区，这是由于流道截面积变小，流体由于惯性作用冲击叶片后缘，并被叶片后缘壁面反射，反射流体与来流流体叠加形成局部高压。45° 转角处，透平侧的基元容腔完成吸液过程并开始排液，从高压进口到低压出口形成压力梯度，基元容腔压力等于高压进口和低压出口压力的平均值，在泵侧同样由于流体的惯性作用和流道截面积变小，导致叶片后缘形成局部高压区。透平侧，基元容腔从 45° 之后开始排液过程，排液过程较为稳定。在泵侧，由于延迟排液角的设计，从 45° 至 48° 基元容腔的体积变小，使得流体被不断压缩增压，流体增压至排液压力，甚至略高于排液压力，目的是抑制设备内部空化，提升容积效率。48° 转角后，泵侧基元容积也开始排液过程，在此过程中，由于填充效应造成叶片后缘出现了局部低压区，容易诱发空化现象。

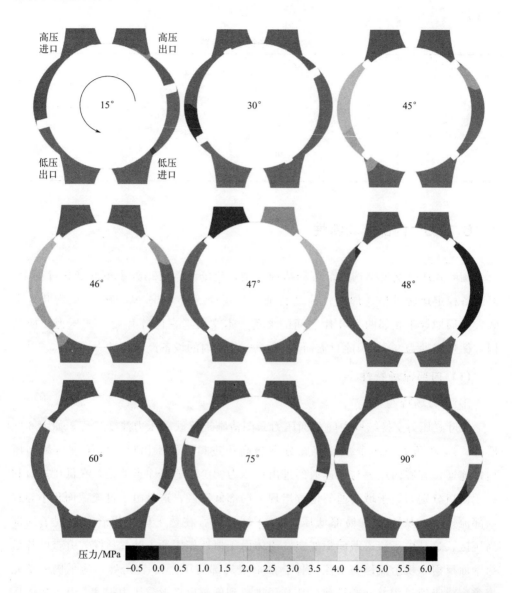

图 6-39   旋叶式压力交换结构二维压力云图

② 速度场特性

图 6-40 所示为旋叶式压力交换结构在中间横截面处的流线与速度
云图，从图中可看出，两个进口（高压进口和低压进口）呈现均匀分布的流场，而
两个出口（低压出口和高压出口）的流线显示出了不稳定流动特征。由于流动横截
面积的突然变化，在两个出口处形成了涡结构。旋涡不断发展，在 15°、30°和 45°

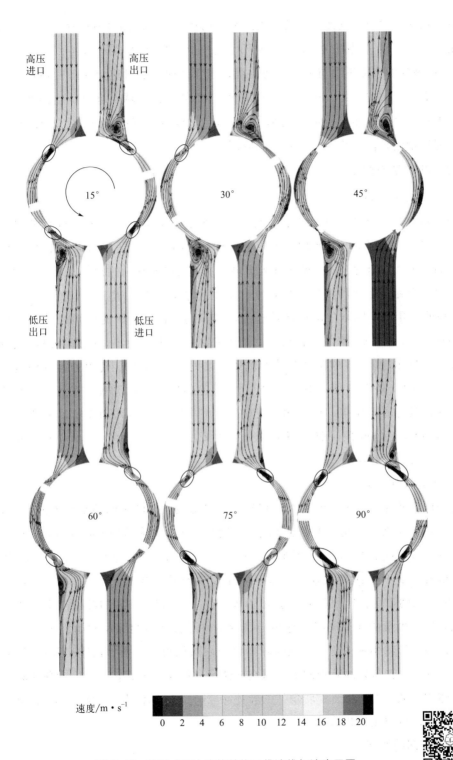

高压
进口

高压
出口

15°

30°

45°

低压
出口

低压
进口

60°

75°

90°

速度/m·s⁻¹

0 2 4 6 8 10 12 14 16 18 20

图 6-40　旋叶式压力交换结构二维流线与速度云图

转角处较明显，对应于基元容腔的排液过程。而在基元容腔的吸液过程中，旋涡减弱，如 60°、75°和 90°转角位置处。在两个进口靠近定子短径处均存在一个"死区"，该区域处的流体不参与整个流动过程，但该"死区"可避免在叶片通过该区域时叶片后缘区域的空化。在 15°、75°和 90°转角处，转子域与进出口连接处附近的流动通道变窄，从而导致流体局部加速，如图中标示黑色区域所示。与此相对应，瞬时质量流量在大约 90°转角处达到峰值。

（2）叶顶间隙流动

① 叶顶间隙速度

叶顶间隙对旋叶式压力交换结构的工作性能有重要影响，它不仅降低质量流量，而且产生空化现象，二者均导致流量比降低。图 6-41 所示为中间截面的不同转角处的叶顶区域速度云图。叶顶间隙区域流速主要受叶片两侧相邻基元的压力差以及叶顶壁面旋转运动的影响。当叶片运动经过进出口处，如 30°、150°、240°和 330°转角处，叶顶区域与进出口区域连通，叶顶间隙消失，因此叶顶区域流速较低。在短径处，如 180°和 360°转角处，叶顶两侧的压力差较小，因此叶顶区域流速也较小。具体地，180°转角处叶片两侧压差接近 0MPa，360°转角处叶片两侧压差接近 0.3MPa。在透平侧（对应 0°到 180°），流体压差和叶顶壁面旋转运动对叶顶区域流速具有协同作用，在泵侧（对应 180°到 360°）二者作用相反，因此 60°、90°和 120°转角处的叶顶间隙区域流速分别大于 240°、270°和 300°转角处的流速大小。

② 叶顶间隙空化

叶顶间隙两侧压差大，流速大，容易造成局部空化。叶顶间隙形状不断改变，压力条件也在变化，因此空化也不断演化，旋叶式压力交换结构中间截面处叶顶间隙空化体积分数随转角的变化如图 6-42 所示。在 30°、150°、180°、240°、330°和 360°转角处，由于叶顶间隙处流速较低，未发生空化现象。泵侧（240°、270°和 300°）的叶顶间隙空化体积分数高于透平侧（60°、90°和 120°）的叶顶间隙空化体积分数，这是由泵侧叶片尾缘流体填充造成的。尽管叶顶间隙尺寸始终为 $50\mu m$，但间隙区域的形状不断变化。叶顶间隙出口处截面积越大，则空化体积分数越高。因此，60°和 90°转角处的叶顶间隙区域空化体积分数高于 120°转角处的叶顶间隙区域空化体积分数，270°和 300°转角处的叶顶间隙区域空化体积分数高于 240°转角处的叶顶间隙区域空化体积分数。

③ 叶顶间隙泄漏

叶顶间隙泄漏对旋叶式压力交换结构的容积性能有重要影响，监测叶顶泄漏质量流量对研究设备性能有重要意义。旋叶式机械叶顶间隙可视为一个喷嘴结构，该喷嘴随着叶片的旋转而不断运动，其形状时刻发生变化，并且喷嘴两侧的压力也不稳定，因此难以建立准确的理论模型开展理论研究，也无法直接开展实验测试。

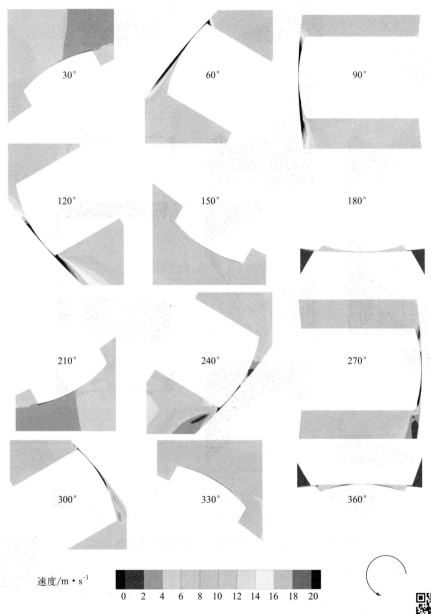

图 6-41　旋叶式压力交换结构叶顶间隙区域速度云图

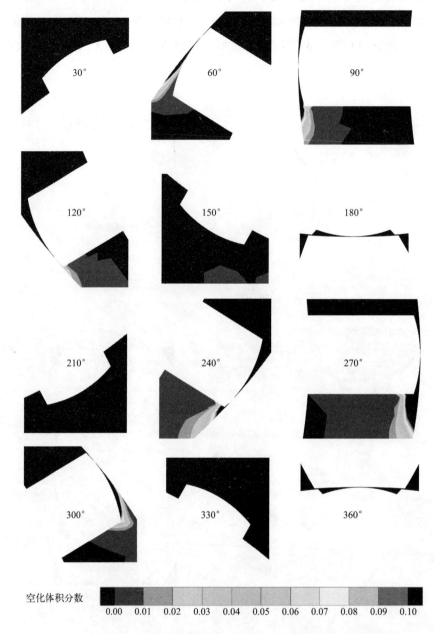

空化体积分数
0.00 0.01 0.02 0.03 0.04 0.05 0.06 0.07 0.08 0.09 0.10

图 6-42　旋叶式压力交换结构叶顶间隙区域空化云图

　　本文创新性地提出了一种旋叶式机械叶顶泄漏实时监测技术，构建了叶顶泄漏质量流量的数值计算方法。图 6-43 所示为叶顶泄漏流量实时监测模型，在叶顶间隙处建立监测平面（Iso Clip plane），该平面与叶顶间隙处的喷嘴始终保持垂直，并可随叶片旋转而自动调整位置，在每个时间步重新定位监测平面，通过编译 CFD-Post 程序自动获取每个时间步的叶顶泄漏瞬时流量。作者开发的叶顶泄漏实时监测程序，为研究旋叶式机械内部间隙泄漏提供了一种新方法。需要指出的是，该方法除了可用于研究旋叶式压力交换结构内部间隙泄漏，同样适用于其他旋叶式机械的内部间隙泄漏的实时监测，也为旋转式机械内部泄漏计算提供了一种新思路。

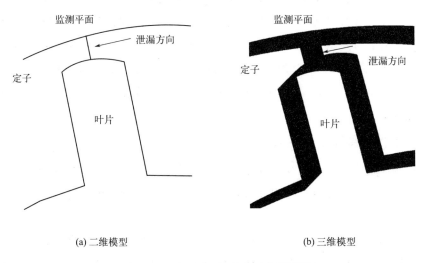

(a) 二维模型   (b) 三维模型

图 6-43   叶顶泄漏流量实时监测模型

图 6-44 所示为叶顶泄漏质量流量随转角的变化，从图中可看出，泄漏流量随

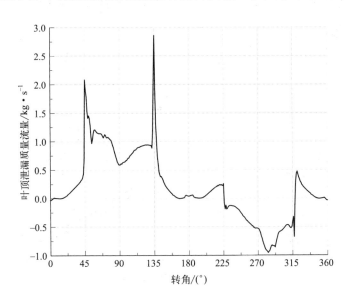

图 6-44   叶顶泄漏质量流量随转角的变化

转角发生波动变化，且存在流量突变，叶顶泄漏方向也发生转变。在透平侧（0°~180°），叶顶泄漏为顺时针方向，即从高压进口流向低压出口，是由压差作用导致的间隙泄漏；在泵侧的中间段（225°~318°），叶顶泄漏为逆时针方向，即从高压出口流向低压进口，也是由压差作用导致的间隙泄漏。而在泵侧的进口段（180°~225°）以及出口段（318°~360°），叶顶泄漏为顺时针方向，是由叶片顶壁高速旋转产生的黏性力驱动间隙处流体向旋转方向运动造成的。在45°（叶片结束与高压进口连通）、135°（叶片开始与低压出口连通）、225°（叶片结束与低压进口连通）和318°（叶片结束与高压出口连通），均表现出叶顶泄漏瞬时质量流量的突变，这是叶顶泄漏通道进出口的形状发生突变造成的。叶顶泄漏峰值是由基元腔室与进出口管道的压差造成的，泵侧通过预压缩减小压差，从而优化峰值；透平侧压差无法消除，因此峰值难以优化。

（3）工作过程特性

旋叶式压力交换结构的质量流量、转子扭矩、压力轨迹、空化体积分数是设备重要参数，与设备工作性能息息相关，本节考察这些物理量的变化过程特性。

① 质量流量

图 6-45 所示为旋叶式压力交换结构进出口管道质量流量随转角的变化，由于流体从高压基元容腔向低压基元容腔的内部泄漏，透平侧流体从上游基元向下游基元泄漏，泵侧流体从下游基元向上游基元泄漏，即叶顶泄漏导致透平侧流量高于泵侧流量。在透平侧（卤水），基元在 45°转角处开始排液，基元与低压出口之间的

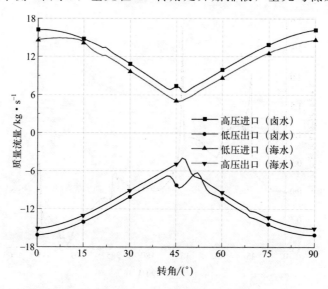

图 6-45　进出口管道质量流量随转角的变化

压差导致低压出口出现流量波动。在泵侧（海水侧），基元在 48°转角处开始排液，基元与高压出口连通，从而导致流量波动。

本文研究采用水替代海水和卤水作为工质，且四个进出口处均未发生空化，因此流量比也等于泵侧海水与透平侧卤水质量流量的比值。根据图中计算结果可得流量比为 90.3%，根据第 6.2.3 节获得的水力效率为 94.3%，二者相乘可得能量回收效率为 85.2%，高于传统透平式余压回收设备效率值。

② 转子扭矩

旋叶式压力交换结构转子扭矩与设备输入功有关，转子扭矩越大，所需输入功越大。图 6-46 所示为转子扭矩随转角的变化，转子扭矩出现了大幅度波动，甚至出现从正值转变为负值，这是由透平过程和泵过程的差异造成的。也正是因为旋叶式压力交换结构为透平单元和泵单元的集成，实现了更平衡的转子扭矩。在基元的吸液过程（0°到 45°），转子扭矩从 0 到 20°转角处不断增大，在 20°至 40°转角处基本保持恒定，由于质量流量的降低，导致转子扭矩从 40°至 45°转角处急剧减小。泵侧（海水）流体从 45°至 48°被压缩增压，需更大的扭矩，导致转子扭矩显著增加。48°转角后，基元开始排液过程，从而导致扭矩迅速降低至负值。当扭矩为正值时，表示透平产生的瞬时功大于泵的瞬时功耗；当扭矩为负值，表示透平产生的瞬时功小于泵的瞬时功耗。透平功与泵功耗瞬时不平衡是可接受的，也可通过电机辅助驱动解决扭矩不平衡情况。

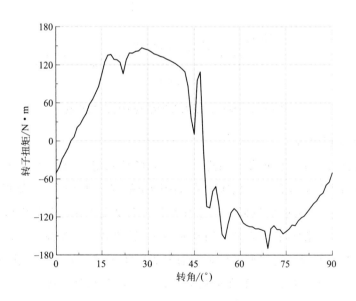

图 6-46 旋叶式压力交换结构转子扭矩随转角的变化

③ 压力轨迹

图 6-47 显示了内部压力轨迹曲线，即基元容腔平均压力随转角的变化。当叶片到达四个进出口管道位置处，基元容腔与进出口管道开始连通后，基元容腔内部压力急剧增加或减小，直至与进出口压力相当。具体地，0°～45°转角处，基元压力等于高压进口压力（6MPa）；45°转角处，基元到达低压出口，基元压力从6MPa急剧下降到0.3MPa；45°至180°转角处，基元压力等于低压出口压力（0.3MPa）；180°至225°转角处，基元压力等于低压进口压力（0.3MPa）；228°到360°转角处，基元压力等于高压出口压力（5.7MPa）；225°至228°转角处，由于高压出口处延迟排液角的设置，基元压力从0.3MPa急剧增加至略高于7MPa，然后回落到5.7MPa（等于高压出口压力）。

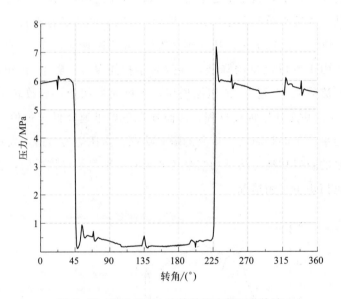

图 6-47　旋叶式压力交换结构内部压力轨迹

④ 空化体积分数

转子域容易产生空化现象，而进出口域流场较稳定。图6-48所示为转子域空化体积分数随转角的变化，空化体积分数随转角的变化波动明显，靠近0°(90°)处幅值较大，靠近45°处幅值较低，这是因为空化主要发生在叶顶间隙区域，而叶顶间隙空化在0°转角附近较为强烈。当基元在48°转角处开始与高压出口连通，基元与高压出口的压差导致流体瞬时高速流动形成低压区域，为发生空化创造了条件，进而导致空化体积分数在48°转角处略有增加。在默认设计工况下，不考虑轴向端面间隙泄漏时，转子域平均空化体积分数为0.09%，说明该设备结构设计较为合理，空化控制较好。

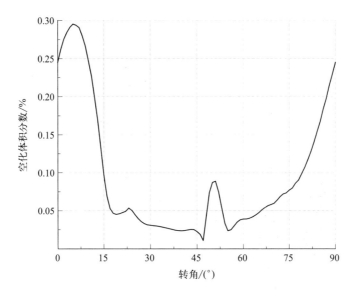

图 6-48　转子域空化体积分数随转角的变化

6.2.7　进出口管道优化

进出口管道是旋叶式压力交换结构的关键组件，需进行精心设计。由于进出口轴向长度与定子轴向长度的比值对空化和流量比有重要影响，因此将其作为第一个优化参数。此外，还提出在高压出口处设置延迟排液角，作为第二个参数进一步优化设备性能。

（1）进出口轴向长度与定子轴向长度比

图 6-49 为进出口轴向长度（L_{port}）与定子轴向长度（L_{sta}）参数示意图，为了确保叶片始终接触定子内表面，进出口与定子轴向长度比（L_{port}/L_{sta}）不能设置为 100%。本文采用三个不同的轴向长度比（50%、60% 和 70%）进行模拟研究，考察了长度比对高压出口质量流量、转子扭矩、设备空化和流量比等的影响。

图 6-50 显示了进出口与定子轴向长度比对高压出口质量流量的影响，从图中可看出，高压出口处的质量流量仅在基元容腔排液过程的起始阶段（45°~60°）受到长度比的影响。采用 50% 长度比的设备，当基元开始排出液体时，出现了强烈的回流现象，原因是进出口轴向长度不足，导致流体对基元容腔的填充过程供给不足，这对设备正常运转有不利影响，需避免。当轴向长度比增大至 60%，高压出口处的回流现象消失。当长度比从 60% 继续增大至 70%，高压出口流量变化不大。因此，可预计轴向长度比继续增大，高压出口流量基本不再变化。

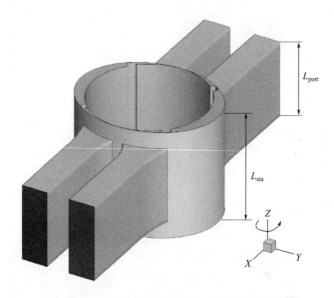

图 6-49　进出口轴向长度与定子轴向长度比参数

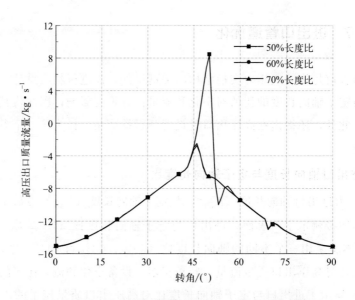

图 6-50　进出口与定子轴向长度比对高压出口质量流量的影响

　　进出口与定子轴向长度比对转子扭矩的影响如图 6-51 所示，除 45°～60°外，三种长度比的转矩变化趋势相似。在 45°～60°转角范围内，采用 50% 长度比的设备，由于回流导致转子扭矩突然增大，使得转子扭矩出现了明显的振荡现象，转子扭矩从负值急剧增大至正值，这将对设备运转的稳定性有不利影响，需要避免这种情况的发生。当轴向长度比增大至 60%，转子扭矩的振荡现象消失。轴向长度比从 60% 继续增大至 70%，转子扭矩变化不大。可预计，轴向长度比继续增大，转子扭矩基本不再变化。

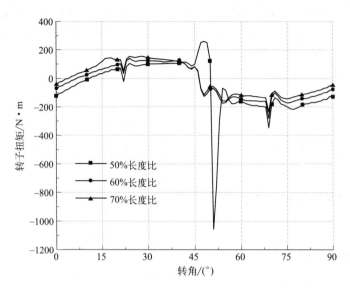

图 6-51　进出口与定子轴向长度比对转子扭矩的影响

进出口与定子的轴向长度比对转子域空化体积分数和流量比的影响如图 6-52 所示，平均空化体积分数随长度比的增大而显著降低，相应的流量比则有所提升。

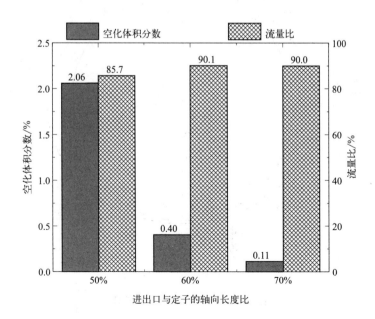

图 6-52　进出口与定子轴向长度比对空化体积分数和流量比的影响

具体地，当长度比从 50% 增大至 60% 时，转子域的空化体积分数由 2.06% 降低至 0.40%，流量比由 85.7% 提升至 90.1%。当长度比从 60% 进一步提高到 70%，转子域空化体积分数降低到约四分之一（从 0.40% 降低到 0.11%），而流量比几乎保持在 90.0% 左右。可预计，长度比从 70% 基础上继续增大，平均空化体积分数将略有降低，流量比则基本保持不变。

综合考虑高压出口质量流量、转子扭矩、空化体积分数和流量比等因素，进出口与定子轴向长度比越高，旋叶式压力交换结构性能越好。但是，为了确保叶片始终贴紧定子内表面，长度比不能设置为 100%。由以上分析可知，当长度比从 70% 基础上继续增大，设备各项性能参数预计变化很小。经过综合考虑，将进出口与定子轴向长度比设计为 70%。

（2）高压出口延迟排液角

如图 6-53 所示，高压出口起始角（ϕ_{hos}）按常规思路应设计为 315°，然而旋叶式压力交换结构内部仍存在较明显空化，不利于设备稳定运转。本节提出高压出口延迟排液方案来削弱空化，在高压出口处设计延迟排液角（λ）。

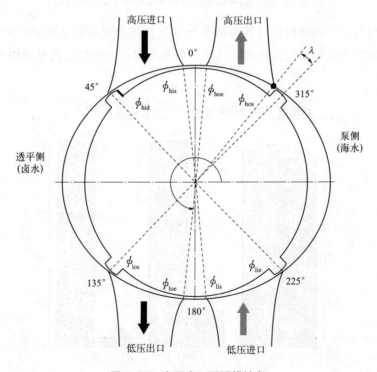

图 6-53　高压出口延迟排液角

图 6-54 所示为高压出口延迟排液角对转子域空化体积分数的影响，延迟排液

在叶片开始与高压出口连通后（对应 48°）对设备内部空化有较明显影响，在其他转角处影响较小。在 45°~65°转角处，随着延迟角从 0°增大到 3°，转子区域空化体积分数逐渐降低，空化抑制效果较明显；当延迟角从 3°继续增大时，转子域空化体积分数基本不变。这是因为设计延迟排液角，使得泵侧海水被排出基元容腔之前被预增压，有效抑制了泵侧基元腔室内部空化；而当延迟排液角从 3°继续增大时，空化抑制作用已达饱和。

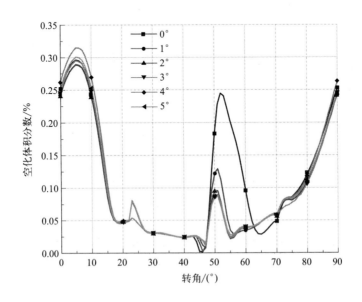

图 6-54　高压出口延迟排液角对转子域空化体积分数的影响

图 6-55 所示为高压出口延迟排液角对转子域平均空化体积分数和流量比的影响，由图可知，随着延迟角从 0°增大到 3°，平均空化体积分数逐渐降低；当延迟角从 3°继续增大至 6°时，平均空化体积分数反而有所增加。也就是说，延迟排液角为 3°时，转子域的空化体积分数达到最低值。此外，随延迟排液角从 0°增大到 6°，旋叶式压力交换结构流量比先增大后降低，在 3°延迟排液角处取得最大值，但流量比变化范围不大，基本保持在 90.0%左右。综合考虑空化和流量比，延迟排液角取值 3°。

由于液体的压缩性小，需防止泵侧基元容腔内部的流体工质被过度压缩。图 6-56所示为采用不同延迟排液角的旋叶式压力交换结构内部压力轨迹曲线，由图可知，基元容腔压力只在泵侧（海水侧）受到延迟排液角的影响，在透平侧没有影响。随着延迟排液角从 0°增大到 3°，基元容腔压力峰值几乎保持不变，约为7MPa；当延迟排液角从 3°增大到 6°时，基元容腔压力峰值不断增大；当延迟排液角为 6°时，基元容腔压力峰值甚至高达 9MPa，导致了流体的过度压缩，影响设备运转稳定性，甚至破坏设备结构。从防止流体过压缩的角度来看，高压出口延迟排液角也应设计为 3°。

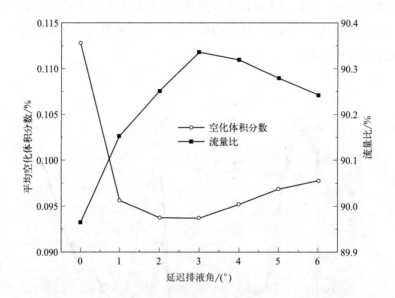

图 6-55　高压出口延迟排液角对转子域平均空化体积分数和
流量比的影响

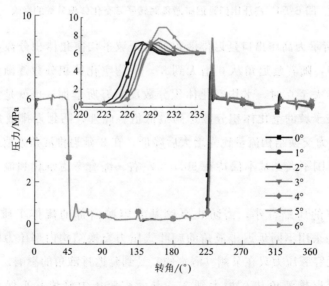

图 6-56　高压出口延迟排液角对设备压力轨迹曲线的影响

6.2.8 设备参数优化

旋叶式压力交换结构的操作和结构参数对设备性能有重要影响,合理选取结构和操作参数有利于提高该设备的工作性能。反渗透海水淡化系统中,用于能量回收的压力交换器的进出口压力及工质温度均有确切要求,可认为压力和温度均为不变参数,本节操作参数仅考虑转速对旋叶式压力交换结构性能的影响。进一步限制设备的总体尺寸,即控制椭圆形定子、转子和进出口结构保持不变,本节结构参数仅考虑叶片参数和端面间隙的影响。用于参数优化的自变量包括转速、叶顶间隙、叶片厚度、叶顶圆弧半径、叶片偏心角、叶顶偏心角、端面间隙等7个参数。为了减少计算时间和成本,首先基于无端面间隙模型研究转速和叶片参数对设备性能的影响,然后单独研究端面间隙对设备性能的影响。

(1) 转速和叶片参数的影响

在不考虑轴向端面间隙的情况下,以 6 个独立的设备参数(转速、叶顶间隙、叶片厚度、叶顶圆弧半径、叶片偏心角和叶顶偏心角)为自变量,以旋叶式压力交换结构转子域平均空化体积分数和流量比为因变量,开展自变量对因变量的敏感性分析。表 6-7 所示为用于敏感性分析的独立自变量变化范围,分析结果如图 6-57 和图 6-58 所示。

表 6-7　用于敏感性分析的独立自变量变化范围

自变量	最小值	参考值			最大值
转速/r·min^{-1}	500	750	1000	1250	1500
叶片厚度/mm	5.0	7.5	10.0	12.5	15.0
叶顶圆弧半径/mm	10.0	12.5	15.0	17.5	20.0
叶顶间隙/μm	30	40	50	60	70
叶片偏心角/(°)	−10	−5	0	5	10
叶顶偏心角/(°)	−10	−5	0	5	10

图 6-57 所示为旋叶式压力交换结构转子域平均空化体积分数的敏感性分析结果,从图中可看出,对设备空化影响最大的参数为转速,其他参数的影响相对较小。转速过高将导致设备内部发生剧烈空化,如转速为 1500r·min^{-1} 时,转子域平均空化体积分数甚至高于 5%,表明旋叶式压力交换结构不适用于在高转速工况下运行。设备设计过程中,需优先控制转速的大小。此外,降低叶顶间隙尺寸、采用适当的前倾式叶片布置和前倾式叶顶形状以及适当增大叶片厚度均有利于抑制旋

叶式压力交换结构的内部空化，保障设备稳定运行。

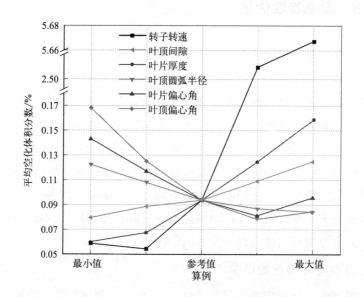

图 6-57　转速和叶片参数对转子域平均空化体积分数的敏感性分析

图 6-58 所示为转速和叶片参数对流量比的敏感性分析结果，从图中可看出，对流量比影响最大的参数是转速，叶顶间隙次之，而其他参数影响相对有限。流量比随转速先增大后降低，旋叶式压力交换结构在低转速时趋向于单相流工作模式，在高转速时趋向于两相流工作模式，存在最佳转速使得设备达到最大流量比，本文

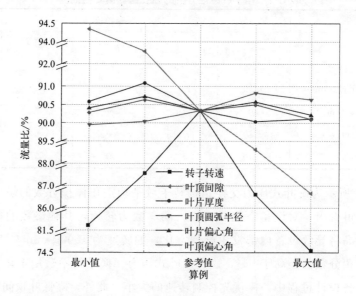

图 6-58　转速和叶片参数对流量比的敏感性分析

设计工况下取值为 1000r·min⁻¹。此外，流量比随叶顶间隙尺寸的增大急剧降低，如能通过先进技术手段降低叶顶间隙值，对提升流量比将有很大帮助。随着叶片厚度、叶顶圆弧半径、叶片偏心角和叶顶偏心角的增大，流量比均呈波动性变化，这四个叶片结构参数的合理取值也有助于提升流量比。

本文设计工况下，转速、叶片厚度、叶顶圆弧半径、叶片偏心角和叶顶偏心角的推荐参数分别为 1000r·min⁻¹、7.5mm、17.5mm、5°和 5°。

（2）端面间隙的影响

图 6-59 所示为端面间隙尺寸对转子域瞬时空化体积分数的影响。当端面间隙尺寸从 0 增大至 90μm 时，瞬时空化体积分数不断增大，这是由于端面间隙尺寸增大，为发生空化提供了更大的空间；当端面间隙尺寸从 90μm 继续增大至 110μm 时，端面间隙空化已达到饱和，空化体积分数基本保持不变。

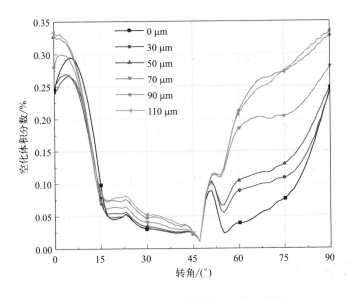

图 6-59 端面间隙对空化体积分数的影响

端面间隙对平均空化体积分数和流量比的影响如图 6-60 所示，总体上，随着端面间隙从 0 增大至 110μm，平均空化体积分数从 0.09% 增大至 0.17%。具体地，增大端面间隙尺寸，平均空化体积分数先增大后趋于平缓，当端面间隙为 90μm 时，端面间隙区域已发生充分空化，继续增大间隙尺寸，空化体积分数变化不大。此外，随着端面间隙从 0 增大至 110μm，流量比从 90.4% 减小至 84.5%，表明流量比对端面间隙尺寸较敏感。端面间隙处的泄漏损失和空化使得旋叶式压力交换结构的流体输送能力下降，并且端面间隙尺寸越大，设备的流体输送能力下降越明显。

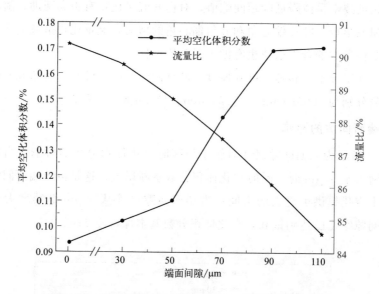

图 6-60　端面间隙对平均空化体积分数和流量比的影响

　　根据以上分析结果，增大端面间隙尺寸会增大空化体积分数以及降低流量比，对旋叶式压力交换结构性能有不利影响。因此，在确保转子和叶片不会因设备振动与端面发生碰撞或刚性摩擦的前提下，需尽可能减小端面间隙尺寸。如能通过先进技术手段进一步减小端面间隙尺寸，对提升旋叶式压力交换结构性能有重要意义。

6.3　本章小结

　　本章介绍了新型盘式压力交换结构的结构和工作原理，这种结构结合了容积式和离心式压力交换器的特点。通过这种结构，可实现增压比大于 1 的压力能交换过程。掺混率随入流速度的增大而减小，随转速的增加而升高。压力传递效率随入流速度的增加而减小，随转速的增加而减小。增压比随转速的增大而增大，随入流速度的增大而减小。对于利用非平衡流动控制掺混的方法，进流压差影响不大，而溢流比增加 5％时，掺混率降低了 21.3％，有效控制了掺混。

　　此外，还介绍了新型旋叶式压力交换结构的结构和工作原理，获得了旋叶式压力交换结构理论工作性能特性（流量变化特性、叶片贴紧性能、能量回收效率），提出了旋叶式机械转子域解析网格生成方法，建立和验证了旋叶式压力交换结构数值计算模型，开展了三维数值模拟研究，揭示了旋叶式压力交换结构内部流动机理，得到了优化的设备进出口结构参数，阐明了设备参数对工作性能的影响规律。

参 考 文 献

［1］ 曹峥. 余压回收技术的跨系统应用分析与模拟研究［D］. 西安：西安交通大学，2018.

［2］ Cao Z，Deng J Q，Chen Z，et al. Numerical analysis of the energy recovery process in a disc-type pressure exchanger with pressure-boost effect［J］. Desalination and Water Treatment，2018，105：152-159.

［3］ 叶芳华. 旋叶式压力交换器解析网格生成技术及内部流动特性研究［D］. 西安：西安交通大学，2021.

［4］ Ye F H，Deng J Q，Liu K，et al. Performance study of a rotary vane pressure exchanger for SWRO［J］. Desalination and Water Treatment，2017，89：36-46.

［5］ Ye F H，Deng J Q，Cao Z，et al. Study of energy recovery efficiency in a sliding vane pressure exchanger for a SWRO system［J］. Desalination and Water Treatment，2018，119：150-159.

［6］ Ye F H，Bianchi G，Rane S，et al. Analytical grid generation and numerical assessment of tip leakage flows in sliding vane rotary machines［J］. Advances in Engineering Software，2021，159：103030.

［7］ Ye F H，Bianchi G，Rane S，et al. Numerical methodology and CFD simulations of a rotary vane energy recovery device for seawater reverse osmosis desalination systems［J］. Applied Thermal Engineering，2021，190：116788.

7

新型余压回收网络及系统

余压回收网络及系统的构建是实现余压回收的关键，是余压回收过程强化的重要手段。本章提出热-功耦合回收网络的构建方法，开展低温甲醇洗工艺流程改造；建立余压回收设备-管网系统跨维数耦合模拟方法，研究 RPE 装置中定常流动以及管线系统中的瞬变流动；提出了热-膜耦合制水系统，分析耦合制水系统的工作性能。

7.1 热-功耦合回收网络

过程工业网络中，能源资源系统尺度的集成优化是研究热点。本节基于夹点理论，针对含有可用余热能和余压能的过程网络，提出热-功耦合回收网络构建方法。利用夹点技术分别构建含有容积式和透平式余压回收装置的功量回收子系统，并比较分析不同类型压力能回收设备对系统优化效果的影响。最后，以水煤浆气化段典型的低温甲醇洗工艺作为案例，进行了热-功回收网络的构建示例。

7.1.1 夹点理论的应用

过程集成技术起初针对余热回收领域，诸如数学规划法和夹点法等集成方法广泛应用在换热网络（HEN）的优化。其中夹点法作为一种简便、高效的过程优化方法，可清晰地反映出整个过程的能量消耗效率。近几十年，通过利用夹点技术对换热网络进行合理优化，回收了大量可观的余热能。过程工业中流体的状态参数包括温度、压力、浓度、流速等物理量，对于需要回收热量的换热网络，温度作为状态变量用于温度夹点的确定。将压力交换过程类比于热量交换过程，当需要回收的是流体的功量时，压力便作为状态变量用于确定压力夹点，从而构建了功量交换网络（WEN）。

以一个简单例子，说明余压回收技术中的夹点概念。图 7-1 为增压-泄压过程示意图，假设流股 A 在未设置功交换（work exchanger，WE）装置之前，沿虚线经由增压器（如增压泵）等设备加压至 20MPa，达到某高压过程所需压力，与其他高压单元内完成工艺过程的流股组成含余压流股 B，最终经减压器（如减压阀）流出。在此期间，需使用电能为增压器供能以完成增压，而含余压的流体经减压阀降压，造成了压力能浪费。因此，设置图中余压回收单元，用于回收流股 B 的余压，并增压 A 流股。

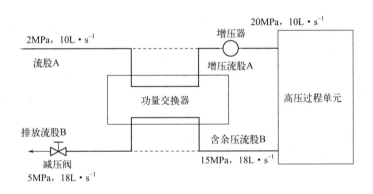

图 7-1　增压-泄压过程图示

将上述过程在功量-压力图上表示出来，如图 7-2 所示。位于下方的实线表示需要完成增压的流股 A，由 2MPa 加压至 20MPa。位于上方的虚线表示具有可回收余压的流股 B，由 15MPa 降压至 5MPa。虚线与实线不能交叉，即流股 B 的压力需要始终高于流股 A，以保证余压回收过程的顺利进行。在完成余压回收过程后，流股 A 需经增压器补充 50kW 的能量最终升压至 20MPa。然而在压力交换的过程中，所回收的 130kW 功量将低压流股加压至高压流股的初始压力是一种理想情况，即增压设备的效率为 100%，且流体流经管道等水力部件没有任何压力损失，这是无法实现的。

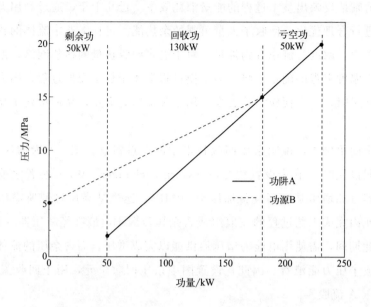

图 7-2 增压-泄压过程功量-压力图

为了体现更为一般的过程，将增压流股 A 向右侧平移，如图 7-3 所示，当存在压差 $\Delta p_{min} = 2\text{MPa}$ 时，会相应地增加流股 A 所需增压设备额外补充的亏缺功和含压流股 B 的剩余功，这一过程示意了实际的余压回收过程必然伴随有能量损失。这一事实同样适用于多个流股的情况，通过计算总的输出和输入功量，仍然可将多

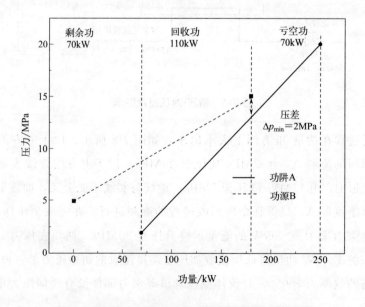

图 7-3 含最小压差的增压-泄压过程功量-压力曲线

组流股绘制成图 7-3 中两条曲线的情形。

由此可看出，余压回收过程中的 Δp_{min} 与系统总能耗存在必然联系，其代表一个能量目标参数，即确定了系统需要补充多少功量用于加压。给定一个 Δp_{min} 值，所计算得出的系统需要的功量值就是完成这一功量回收过程所需要的最小量。无论有多少流股数量，通常 Δp_{min} 仅出现在两流股曲线最为接近的一点，这一个点的位置，称为夹点位置，对于需要回收压力能的压力数据来说，即为压力夹点。在夹点位置的余压回收过程的压差保持以 Δp_{min} 操作，以使得系统的能耗最小。

对于功量回收系统的优化过程而言，原始流股是一组具有不同温度和压力的液体流股。由于可在它们间相互交换热能和压力能，在各个流股间的优化匹配将有助于组建一个复杂的热-功耦合传递网络。集成设计的主要内容是构建一个合理高效的流股匹配方案，而集成优化的目的在于能够高效回收初始流股中的压力能和余热能。鉴于系统集成往往都是一个优化问题，给定参数包括各初始流股的流体性质，如组分、密度、黏度及热导率等，以及流体的操作参数如流量、压力和温度。对于热-功耦合回收网络的集成优化，除了换热过程的数据设定外，也需要先设定余压回收的一些参数，如功量交换器的压降、最小驱动压差、最小经济压降、最小经济指示功等。相关变量包括新的热-功网络中各流股的流量、压力、温度等参数。优化的目标是找到一个使得能量回收效果最优的匹配方案。

在换热网络的系统设计中，夹点分析技术是获得最小能级的有效工具。由于热量与功量的传递过程和传递网络具有一定的相似性，因此对于功量网络的优化也可通过夹点技术来实现。与换热网络中的温度夹点类似，功量网络中的最小压差定义为压力夹点。对于简单的交换网络，夹点位置可通过复合曲线方法求取，而对于流股数目众多的复杂功交换网络，问题表格法则更加高效。当压力夹点确定后，考虑夹点位置的匹配规则和约束条件可得到一系列匹配方案，从中选择最优的能量回收方案用于系统集成。热-功耦合传递网络的基本集成方法包括以下步骤：首先构建换热网络，此时可体现出能量回收的主要效果。当对一个已有的能量交换网络进行改造优化时，往往换热网络已经确定，因此不需要再考虑这一步骤。随后应基于夹点法，筛选基本数据来构建功量交换网络。由于功量交换过程可能会对之前换热网络的流股状态参数造成影响，因此对系统操作参数进行调整后得到最终的耦合网络。需要指出的是，使用不同类型的压力能回收设备会得到不同的功量回收网络构建方案。图 7-4 为利用夹点法构建热-功耦合回收网络的基本步骤。

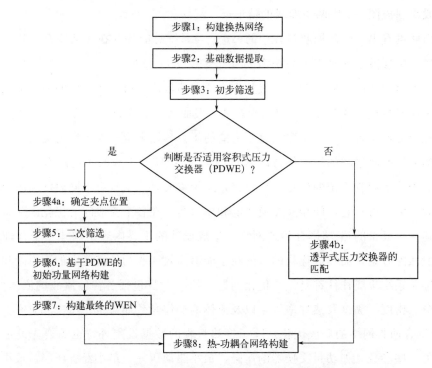

图 7-4　采用夹点法构建热-功耦合回收网络的基本步骤

7.1.2　热-功耦合回收网络集成方法

利用夹点技术构建热-功耦合网络可按如下步骤进行。

(1) 构建换热网络

热量交换在节能技术中扮演了重要的角色，换热网络的优化设计相对成熟一些，对于构建换热网络，有如下一些建议：

a. 由于回收的热量在能源化工系统可回收总能量中占据了较大的比重，因此有必要先对热量回收进行分析，构建换热网络。

b. 换热过程中的流股压力变化较小，当换热网络构建完成后，系统的压力分布仍然相对稳定，因此保证了功量交换网络的最大余压回收潜力。

c. 换热网络设计完成后，系统所有的温度节点数据可视为已知量。压力交换器可选择在流股较低温度的位置放置，这可以降低交换器的材料要求，并提供稳定的操作运行条件。

d. 对于如活塞式等容积式余压回收装置，流股流经交换器后的温度变化很小，因此新增加的余压回收网络对之前的换热网络设置的影响较小。

e. 由于实际的能源化工过程中通常已经存在换热网络，因此本研究中的方法对于改造项目可直接加以使用。

（2）基础数据提取

基础数据主要包括压力、温度和流量数据。根据流程中各流股压力和流量的变化情况，初步确定出用于功量网络优化的对象。在这些选定的流股中，可提供余压的定义为功源，而需要压力完成增压的定义为功阱。

由于液体流股假定为不可压缩，在压力交换过程中体积和温度的变化可忽略。在这种情况下，指示功由初始压力和目标压力的压差确定：

$$W_{ind} = V\Delta p \tag{7-1}$$

式中，V 为流体的体积流量。

（3）初步筛选

实际应用中的功量交换相比换热过程，需要满足更多的约束条件。

a. 功源的初始压力（$p_{HP,o}$）应高于功阱的目标压力（$p_{LP,t}$），而功源的目标压力（$p_{HP,t}$）应低于功阱的初始压力（$p_{LP,o}$）。该压力约束主要是针对容积式功量交换器，如活塞式、旋转式压力交换器等，其中活塞式压力交换器加压过程如图 7-5 所示。

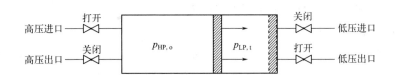

图 7-5　活塞式压力交换器活塞缸内的加压过程图解

只有当流股间的压力关系满足 $p_{LP,t}$ 低于 $p_{HP,o}$，$p_{LP,o}$ 高于 $p_{HP,t}$ 时，回收余压后的流股才能排出，压力交换过程才能循环进行。本文中，克服活塞缸摩擦损失的最小压差设定为 0.1MPa。

b. 功量交换过程在一个设备内部或两个同轴连接的设备整体中完成，因此这对参与功量交换的两股流体的间距有一定限制，在系统改造过程中，参与交换的两股流体不能相距过远。

c. 根据夹点技术原理，当夹点附近的驱动力较小时，增加压力交换器的数量不能显著增加能量回收效率。基于此，一个压力能交换过程，夹点附近的最小经济压降 Δp_{min} 设定为 0.2MPa。此外，对于系统内的流股而言，无论其压力等级高低，只要它的流量较大时，都认为它具有余压能回收的潜力。当一流股的可回收指示功大于 5kW 时，设置功量交换装置才具有经济性。因此，考虑到设备投资和操作成本，可交换功量值过小的流股不宜作为交换对象。

初步筛选是在未求得夹点的情况下开展的，针对功量交换过程约束条件较多的情况，在对流股进行初步筛选后，需要进行二次筛选。根据约束 c. 中的判定条件，当流股的可回收功量较小，或压力范围完全不符时，应当予以排除，对于这样的流股，标记为"N"表示不适用功量交换；反之，标记为"Y"表示初步筛选通过，可作为下一步的二次筛选对象。透平式的余压回收装置不需要考虑约束 a. 中的条件，对于只能使用透平式回收功量的流股，标记为"T"。通过对适用容积式功量回收设备进行功量交换的流体进行初步筛选，减少了随后的优化步骤中匹配流股的数量。

功量交换效率及泵效率按照常见参考文献中的范围进行取值：对于流量较大的离心泵（流量≥$50m^3 \cdot h^{-1}$），效率设为 80%，对于较小的泵（流量＜$50m^3 \cdot h^{-1}$）取 65%；对于透平式余压回收设备，其效率取 75%，而基于大量 SWRO 的实际运行数据，设定 PDWE 的交换效率为 94%。本研究优先使用 PDWE 作为构建功量交换网络中的能量回收装置。

（4）确定夹点位置

为了构建一个基于 PDWE 的 WEN，需要求取压力夹点。按照换热网络中问题表格法的基本思想，进行以下步骤求取压力夹点的位置。

① 划分压力区间

对于活塞式压力交换器的运行特点，取夹点压差为 0.2MPa，先将功源流股高压的压力下降夹点压差的一半，将功阱流股低压的压力上升夹点压差的一半。然后将各流股按照此平均压力大小降序排列，便得到了各流股之间的压力区间。

② 计算各能级的功平衡

衡算过程中，将功源的功量传递值计为负（一），将功阱的功量传递值计为正（＋），计算得到各区间的亏缺功，即该区间损失的功量。

③ 计算各区间的净累积功

在没有额外功输入时，计算各压力区间传递的功量值。每一个压力区间的输出功量等于本区间的输入功量减去本区间的亏缺功量。第一压力区间的输入功量计为零，其余压力区间的输入功量等于上一压力区间的输出功量。

④ 确定最小输入功量

当输出功小于 0 时，需额外功量补充确保各区间功量平衡，为保证功量输出大于等于零，即高压流体传递功量给低压流体，最小输入功取最小输出功盈余的相反数。

⑤ 确定夹点压差

在这一步，需要额外考虑最小输入功后，各压力区间的累积功，而输出压力通量最小的压力区间即为夹点压差对应的夹点所在处，以此确定夹点位置。此外需要注意的是，应根据压力交换器的类型决定是否设置压力区间。对于透平式压力交换器，以指示功的量为准，不需要进行设置。而对 PDWE，需要考虑驱动活塞的压差因素，以确保 $p_{HP,o} > p_{LP,t}$ 及 $p_{LP,o} > p_{HP,t}$。

（5）透平式压力交换器的匹配

对于透平式压力交换器，不存在压力限制的问题，甚至高压流体可被低压流体驱动。虽然透平式压力交换器的效率没有 PDWE 的高，但在一些情况下，只能使用透平式压力交换器作为余压回收设备。

构建基于透平式功量交换网络不需要考虑夹点问题，主要需考虑功源和功阱之间功量数值大小的匹配，以确保可回收功量得到最大程度的利用。此外，需要注意的是，与功源/功阱相匹配的功阱/功源的流股数存在一个上限值，这主要是从系统可靠性的角度考虑的。当同一个流股相匹配的流股的数目越多，系统在非稳定工况时的运行就越敏感。本文取该上限值为 2，即限定一个流股最多匹配另外两个流股。建立了基于透平式功量交换网络后，直接进行步骤 8 中的工作。

（6）二次筛选

当获取压力夹点之后，需要进行二次筛选。主要考察提供或需要较多指示功的关键流股，确定初始压力与夹点压力之间的差值，求得实际可回收的功量值以及预压、减压过程的功量值。考虑到流股不能跨越夹点匹配的这一限制，跨越夹点的功源目标压力应当设置为夹点压力。对于实际情况，实际回收功 W_{pr} 考虑功量交换效率 η 得：

$$W_{pr} = W_{ind} \eta \tag{7-2}$$

此外，在匹配前需要对一些流股提前增压，以使流股满足步骤 3 中的规则 a.，这一过程称为预增压过程，因此 "Y" 流股可以进一步细化为 "N" "M" "P" 三种方案。其中，"N" 代表二次筛选后发现不适合进行匹配的流股，如预增压过程后，可回收功量值过小的流股；"M" 表示需要进行预增压后可应用 PDWE 的流股；"P" 表示可以直接应用 PDWE 的流股。

（7）基于 PDWE 的初始功量网络构建

如图 7-6 所示，将所有的功源列于左侧，将功阱列于右侧，中间部分代表功量交换器。在虚线之上的流股位于夹点压力之上。考虑到功交换器不能跨夹点使用的这一限制，夹点位置的确定可以简化功量交换网络的超结构模型。在利用夹点方法完成流股间匹配,构建基于 PDWE 的超结构模型时,应当考虑以下几点操作原则。

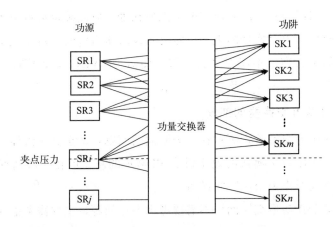

图 7-6 考虑压力夹点的 WEN 超结构模型

① 流股数目准则

理论上,在夹点位置以上不应设置减压设备,这意味着所有高压流股均完全通过与低压物流间的功量传递过程来实现降压,即夹点之上的功源流股数量小于等于功阱流股数量——$N_{HP} \leqslant N_{LP}$;同样,夹点位置以下不应设置增压装置,此时 $N_{HP} \geqslant N_{LP}$。

② 体积流量准则

为保证最小压差位置仅在夹点处取得,要求夹点处的各流股满足以下条件:夹点以上 $V_{HP} \geqslant V_{LP}$;夹点以下 $V_{HP} \leqslant V_{LP}$。这两个原则主要适用于夹点处,对其他位置只起指导设计作用。

③ 最大功量交换负荷准则

为保证尽可能使用最小数目功量交换单元,每个匹配过程应充分完成两股流体当中一股流体能量的交换,可用欧拉通用网络定理确定功量交换网络的最小单元数目:

$$U_{min} = N + L - S \tag{7-3}$$

式中,U_{min} 为功量交换网络的最小单元数目,包括功量交换器、泵等;N 为流股数目;L 为独立的交换回路数目;S 为可以分离成为不相关子系统的数目。

④ 匹配顺序准则

按照功源提供的功量大小由高到低进行流股的匹配。

⑤ 匹配数量准则

参与匹配的流股不应同时与多于两个的另外流股进行匹配。

（8）构建最终的热-功耦合网络

首先构建最终的 WEN 网络，根据以上限定原则，明确初始 WEN 中各流股匹配方式后，查看实际交换单元数目是否大于最小交换单元数目，夹点上下是否存在重复计算的流股。对于功量值较小不再适用 PDWE 的流股，可采用液力透平式的功交换器来回收剩余压力能。综合考察透平式和容积式功量交换器的使用方案后，得到最大程度回收功量的 WEN，最终的 WEN 可根据实际设备投资、生产成本等作进一步调整。

考虑到功量交换过程中，流体通过换热或节流等过程造成的温度变化，初始换热网络的操作条件需要进行一定的调整，调整之后得到最终的热-功耦合传递网络。

7.1.3 网络构建中的应用因素

参与功量交换过程的两股流体可有不同的相态，包括液-液功量交换、气-气功量交换、气-液功量交换、液-气功量交换四种，不同相态间回收功量过程差别较大。在以上四种功量交换情形之中，液-液功量交换可接近 100% 的高压力能传递效率，且这一交换过程在实际过程工业中较为常见。因此本文主要针对液体间功量交换进行分析研究。

（1）设备选取

在匹配方案中，考虑到使用的功量交换设备特点，液力透平式的功交换器结构简单，运行平稳，工作条件的限制也较少，在余压回收过程中应用广泛。相比之下，虽然容积式功交换设备具有复杂的结构和较多的工况条件限制，但它拥有更高的能量传递效率。此外，在 SWRO 脱盐过程中的成功应用表明，该装置在能源化工领域有着同样的应用潜力。因此，为了达到更高的运行效率和节能效果，优先选取基于 PDWE 的匹配方案。在一些特定的情况下，可采用基于 PDWE 和液力透平类型的功交换器相混合匹配方案，甚至单独采用基于液力透平类型的功交换器的匹配方案。

（2）节流效应

液-液功量交换过程中，高压流股在功量交换器活塞缸内刚开始流动的瞬间就会完成减压过程，液体汽化或解析的时间极短，气体的生成量有限，由此产生的相变和冷却效应也仅存在于较短的时间。系统集成过程将节流阀改成了功量交换器，不会影响压力变化幅度，不会影响相变与解吸过程，也不会对分离及降温效果造成影响。影响传热效果的主要因素为有效换热面积、温差和总传热系数，流体的流量在压力传递过程中没有变化，因而总传热系数没有变化，而换热面积和温度在单纯的压力变化时均可认为不发生改变。因此仅需考虑功量交换过程的热量交换对传热温差的影响，它是对换热效果产生影响的因素。

(3) 换热影响

① 热量传递因素

由于在压力能的传递过程中，不同温度下的高压流股和低压流股交替流过功交换器，所以在高压流股和缸体之间，以及缸体和低压流股之间会发生一定的传热现象。此外，缸体内的推动过程和两股流体间的混合也会导致流体间的温度变化，而两流股间温度的变化可能会传递影响到整个换热网络，对于 SWRO 系统中 PDWE 实际运行经验而言，其掺混率很小可忽略。基于以上分析，当 HEN 受到影响后，整个网络都需要进行调整，考虑到 PDWE 的传热过程类似于蓄热式换热器，在这类的蓄热器中，蓄热室一般由耐高温、耐腐蚀的高性能陶瓷或耐火格子砖制成。本文工作中，采用了阀门切换式蓄热器的传热模型，近似计算了流股间温度的变化。

一个周期内，总的换热量计算公式为：

$$\Phi = K_c F \Delta t_m \tag{7-4}$$

式中，Φ 为周期传热量，kJ；F 为传热面积，m^2；K_c 为周期传热系数，$kJ \cdot m^{-2} \cdot ℃^{-1}$。

蓄热式换热器中两股流体的最大换热量在导热系数条件下取得，以两股流体的初温差值作为计算温差所得的换热量，据此估算两流股间的传热温差。

周期传热系数的计算公式为：

$$\frac{1}{K_c} = \frac{1}{h_1 \tau_1} + \frac{1}{h_2 \tau_2} + \frac{2}{c \gamma \delta \eta \xi} \tag{7-5}$$

$$\eta = \frac{t_{m,h} - t_{m,c}}{t_{s,max} - t_{s,min}} \tag{7-6}$$

$$\xi = \frac{t_{s,max} - t_{s,min}}{t_{sh} - t_{sc}} \tag{7-7}$$

式中，h_1、h_2 为热、冷气体蓄热体表面的总表面传热系数，$W \cdot m^{-2} \cdot ℃^{-1}$；$\tau_1$、$\tau_2$ 为加热周期和冷却周期，s；c 为平均比热容，$J \cdot kg^{-1} \cdot ℃^{-1}$；$\gamma$ 为容重，$kg \cdot m^{-3}$；ξ 为温度变动系数；η 为蓄热体的蓄热效率；δ 为蓄热元件厚度，m；$t_{s,max}$、$t_{s,min}$ 为元件表面的最高温度和最低温度，℃；$t_{m,h}$、$t_{m,c}$ 为加热期和冷却期元件内部的平均温度，℃；t_{sh}、t_{sc} 为加热期和冷却期元件表面的平均温度，℃。

流体与壁面间的表面传热系数的计算公式有两个——Dittus-Boelter 公式与 Gnielinski 公式，其中 Gnielinski 公式的计算精度较高，关联式如式(7-8)、式(7-9)、式(7-10)，大多数误差可控制在 ±10% 以内。

$$Nu_f = \frac{(f/8)(Re_f - 1000)Pr_f}{1 + 12.7\sqrt{f/8} \times (Pr_f^{2/3} - 1)}\left[1 + \left(\frac{d}{l}\right)^{2/3}\right]C_t \tag{7-8}$$

$$f = (1.82\lg Re_f - 1.64)^{-2} \tag{7-9}$$

$$h = \frac{Nu_f\lambda}{l} \tag{7-10}$$

式中，f 为管内湍流流动的 Darcy 阻力系数；Nu_f 为以液体温度为定性温度的努赛尔数；l 为管长，m。

② 换热器的压力等级

换热器材质受工作条件下的压力等级影响，在热-功耦合回收网络中，换热器最大工作压力可通过功量交换过程来降低。在满足换热器压降的条件下，降低流经换热器流股的操作压力，可相应降低换热器的压力等级要求。具体可通过将换热器的位置从压力交换器之前调整到压力交换器之后来实现。通过调整位置，换热器中两股流体的压力可更接近，换热器耐压情况可更好，因而可降低换热器材料等级的要求。

(4) 启动方式

对于分析 WEN 的启动问题，可借鉴过程工业中的一些成熟的模式。预加压泵提供了初始驱动力来推动功阱流股。泵功应满足流股从原来的压力加压到目标压力的工作要求，驱动系统优先选择变频电机。整个系统先实现液体环流完成启动过程，使流体在整个系统中稳定流动。在此过程中，水泵用于把交换网络前部的主要功阱流股升压到交换之前的目标压力。随后，在交换网络后部的功交换器在压差的驱动下开始工作。与此同时，随着系统压力的逐渐上升，相应的气体流股和功源流股应得到稳定控制。当系统压力达到正常状态时，所有的压力交换器都将启动，预加压泵的功率将同时降低，然后系统进入正常运行状态。

7.1.4 低温甲醇洗工艺流程改造

精馏过程涉及一种广泛应用于煤化工行业中的气体净化工艺，该工艺采用甲醇作为吸附溶剂，利用低温甲醇溶液的选择性吸收特性去除粗合成气中的酸性气体。本研究以一个年产 30 万吨合成氨工厂的 Linde 低温甲醇洗工艺流程为研究对象开展案例优化改造分析。由于换热网络的集成优化在工业中比较常见，本文在已优化的原有换热网络基础上开展功量网络耦合，故热-功耦合系统优化在已有的换热网络基础上从第 2 步开始。

步骤 2：数据提取

功源（SR）：图 7-7 显示了典型的五塔低温甲醇洗工艺流程，其中 1 代表吸收塔，2 代表 CO_2 解吸塔，3 代表 H_2S 提浓塔，4 代表甲醇再生塔，5 代表甲醇-水分离器，C 代表压缩机，H 代表加热器，KD 代表气液分离罐，S 代表分离器。由图可看出，高压甲醇流股与吸收塔（1）中工艺气体接触，在洗涤过程中吸收 CO_2、H_2S 等酸性气体。此后，一部分流股从吸收塔（1）的底部流出，并进入分离器（S），在此过程经减压阀降压至 1.75MPa。另一部分流股在塔底部萃取出来，并通过减压阀减压到 1.75MPa。两个流量均大于 $100m^3 \cdot h^{-1}$ 的流股分支的压力显著变化，可视为两个主要功源（SR1、SR2）。另外两个功源（SR3、SR5）是由分离器分离出的流股，也通过减压阀减至 0.2MPa 左右。这些流股流量较大，具有较为可观的压力能，因此认为具有可观的可回收压力能，将它们的关键数据进行提取，给予相应的关注。

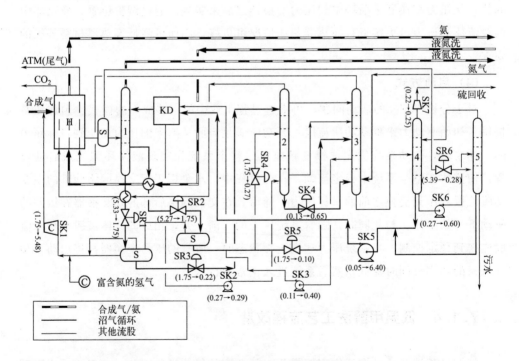

图 7-7 低温甲醇洗工艺的优化流程

功阱（SK）：如图 7-7 所示，由气液分离器产生的气体和从液氮中分离出来的富氮氢气混合，组成了第一个功阱（SK1）。两台水泵分别用于对气液分离罐

（KD）和提浓塔 3 中的液体流股进行增压，与此相对应的是存在于循环系统吸收塔 1 和二氧化碳解吸塔 2 中的两股功阱（SK2、SK3）。

对应于最大功阱流股（SK5）的甲醇循环泵是最大的电力消耗设备，甲醇溶液在进入吸收塔 1 之前经由该泵从 0.05MPa 加压到 6.4MPa。另外两个功阱（SK6、SK7）存在于甲醇再生塔 4 的底部和顶部，分别用于塔釜液的输送与塔顶回流。这些功源和功阱的基本数据如表 7-1 所示。

表 7-1　基本数据及筛选结果

流股	p_o/MPa(G)	p_t/MPa(G)	压差/MPa	流量/$m^3 \cdot h^{-1}$	指示功/kW	初步筛选	二次筛选
SR1	5.33	1.75	3.58	103	102.40	Y	P
SR2	5.27	1.75	3.52	102	99.71	Y	P
SR3	1.75	0.22	1.53	102	43.34	Y	M
SR4	1.75	0.27	1.48	21	8.63	Y	M
SR5	1.75	0.10	1.65	81	37.12	Y	M
SR6	5.39	0.28	5.11	0.6	0.85	N	N
SK1	1.75	5.48	3.73	2719	—	N	N
SK2	0.27	0.29	0.02	202	1.12	N	N
SK3	0.11	0.40	0.29	195	15.71	Y	M
SK4	0.13	0.65	0.52	199	28.74	Y	M
SK5	0.05	6.40	6.35	223	393.24	Y	M
SK6	0.27	0.60	0.33	50	4.58	Y	N
SK7	0.22	0.25	0.03	10	0.08	N	N

步骤 3：初步筛选

由于本工作主要讨论液-液功量交换过程的匹配，且 PDWE 不适用于气-液流股间的功量交换，所以 SK1 未被视为有效功阱。根据初步筛选约束条件，由于可回收的压力能太小，SR6、SK2 和 SK7 也不适合进行匹配。因此，这四个流股标记为"N"，可进一步考察的剩余流股标记为"Y"。初步筛选结果显示在表 7-1 第 7 栏中。

步骤 4a：确定夹点位置

如前文中所讨论的内容，PDWE 的压力能交换效率为 0.94，夹点压差 Δp_{min} 设为 0.2MPa。基于 SR 和 SK 的具体分析数据，采用夹点技术中常用的问题表方法，将整个系统先行划分为 13 个区间，如图 7-8 所示。

亏缺功指每个压力区间的功量消耗，负值表示有功量盈余，表 7-2 第 3 列显示了各压力区间的计算亏缺功。完成每个区间的功量衡算后，将各压力区间没有外部

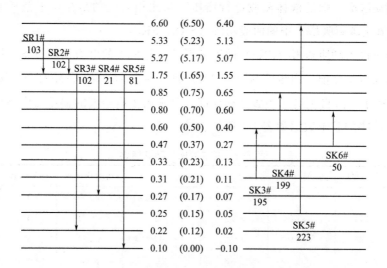

图 7-8 低温甲醇洗初步筛选过程的压力区间划分

输入功的计算累积功列于第 4 和第 5 列。为保证每个压力区间累积输出功为非负数，需引入最小 155.34kW 额外功。最终，求得各压力区间累积功的计算结果。由于所有压力间隔的输出功不小于零，而第 11 个区间输出功为零，因此确定夹点压力值为 0.15MPa。

表 7-2　利用问题表格法确定压力夹点

压力区间	压差/MPa	亏缺功/kW	功量盈余/kW		累积功量/kW	
			输入	输出	输入	输出
1	6.5～5.23	78.67	0.00	−78.67	155.34	76.67
2	5.17	2.00	−78.67	−80.67	76.67	74.67
3	1.65	17.60	−80.67	−98.27	74.67	57.07
4	0.75	4.75	−98.27	−103.02	57.07	52.32
5	0.70	3.03	−103.02	−106.05	52.32	49.29
6	0.50	14.89	−106.05	−120.94	49.29	34.40
7	0.37	16.72	−120.94	−137.66	34.40	17.68
8	0.23	16.06	−137.66	−153.72	17.68	1.62
9	0.21	1.19	−153.72	−154.91	1.62	0.43
10	0.17	0.21	−154.91	−155.12	0.43	0.22
11	0.15	0.22	−155.12	−155.34	0.22	0.00
12	0.12	−1.53	−155.34	−153.81	0.00	1.53
13	0.00	−2.70	−153.81	−151.11	1.53	4.23

步骤 4b：基于透平式压力交换器的匹配方案。

液力透平式的功交换器不受压力范围的限制，作为一个案例比较，构建了一个基于透平式压力交换器的 WEN，如图 7-9 所示，"T"表示一个透平式交换器，而灰色圆表示增压设备，如泵。透平式交换器的效率为 0.75，可根据表 7-1 中的基本数据来计算回收的功量，表 7-3 列出了回收功量的计算值。

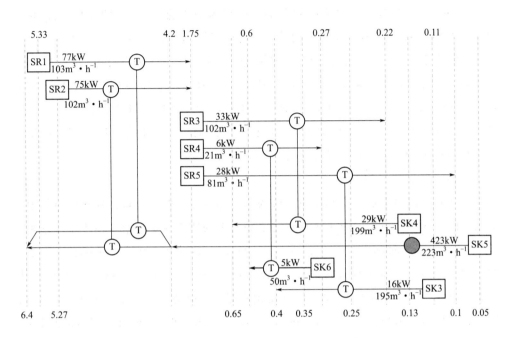

图 7-9 基于液力透平的功量交换网络方案

表 7-3 透平式功量交换匹配方案回收功量计算

交换单元	匹配流股	回收功量值/kW
1	SR1→SK5	77
2	SR2→SK5	75
3	SR3→SK4	29
4	SR4→SK6	5
5	SR5→SK3	16

步骤 5：二次筛选

根据夹点技术，最小增压公用工程用量为正（155.34kW）。这两个具有最大指示功的功源流股（SR1 和 SR2）被确定为主要流股。二次筛选基于压力约束条件（$p_{HP,o} > p_{LP,t}$，$p_{LP,o} > p_{HP,t}$）及夹点压力值（0.15MPa）。功源 SR1 和 SR2 的压力要高于夹点压力，处于初始压力和 SK5 的目标压力之间，因而，SR1 和 SR2 在

表 7-1 的最后一列中标记为 P。由于 SR3、SR5 的初始压力在夹点之上，SK4 或 SK6 的目标压力均在 SR3、SR5 的压力范围内，因此这些功源与功阱可辅助一定的条件完成匹配，故 SR3 和 SR5 可标记为 M。类似地，SR4 的压力范围在夹点压力之上，可通过辅助过程与 SK4 或 SK5 相匹配。因此，SR4 可标记为 M。计算发现，SK4 的压力区间跨越了夹点位置。由于目标压力满足压力和体积流量的匹配要求，SK4 可通过对夹点之下的剩余部分进行预增压的方式实现匹配，因此标记为 M。功阱流股 SK5 在所有功阱中的压力范围最大，为 0.05～6.4MPa，可与大多数 SR 流股相匹配，因此，SK5 被标记为 M。由于功源流股的目标压力为 0.25MPa，且需要考虑驱动压差（0.1MPa），而 SK3 初始压力为 0.11MPa，因此除非将 SK3 预增压至 0.35MPa，否则无法进行匹配。此外，SK3 剩余的功量过小，只有 2.7kW，因此 SK3 被标记为 N。同样，SK6 的实际可交换功量只有 3.47kW，SK6 也被标记为 N。具体筛选结果见表 7-1 最后一列。

步骤 6：初始功量网络构建

匹配方案按照夹点之上和之下，分为两个部分进行匹配，根据体积流量的限定准则，两匹配流股不能同时满足夹点之上和之下的体积流量要求。由于不考虑驱动压差（0.1MPa）时的夹点压力很小（0.15MPa），因此在本例中不考虑在夹点之下的匹配。根据二次筛选的结果和 5 个匹配准则，两个主要流股（SR1 和 SR2）可按照如下方案匹配：SR1 可与 SK5 的分支相匹配（对应的流量为 113m³·h⁻¹，初始压力和目标压力分别为 1.95MPa 和 5.05MPa），SR2 可与 SK5 的其他部分相匹配（对应的流量为 110m³·h⁻¹，初始和目标压力分别为 1.95MPa 和 5.05MPa）。以上述结果为基础，还剩 4 个需要进行匹配的流股，分别是 SR3、SR4、SR5 和 SR6。在这些功源中，功源流股 SR5 可提供的功量值最接近功阱流股 SK4 所需功量值，因此选择 SR5 与 SK4 匹配。

基于 PDWE 的匹配方案如图 7-10 所示。图中"M"表示一个带有预增压过程的 PDWE 单元。其中，直接匹配方式"P"在本例中并没有得到应用。图中一个灰色圆表示如泵等的增压设备，三角形表示减压阀。根据相关设备类型的基本数据和能量回收效率，可得到各交换单元的回收功量值，如表 7-4 所示。

表 7-4　基于 PDWE 匹配方案的回收功量值

交换单元	匹配方式	回收功量值/kW
1	SR1→SK5	96
2	SR2→SK5	94
3	SR5→SK4	19

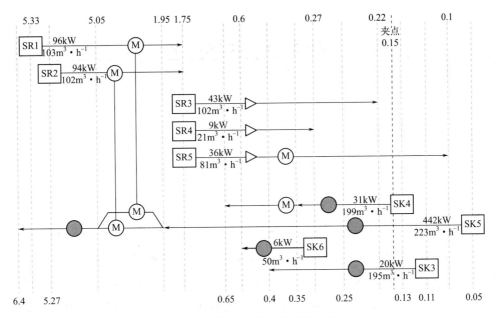

图 7-10　基于 PDWE 的匹配方案

步骤 7：WEN 系统构建

基于应用 PDWE 和液力透平方案的匹配特征，对于剩余没有匹配的功源流股，可使用纯液力透平（表 7-5 中的 T1、T2、T3）来回收其压力能，并用于发电。最终的 WEN 匹配方案如图 7-11 所示，可计算出 WEN 的回收功量值，回收功量的计

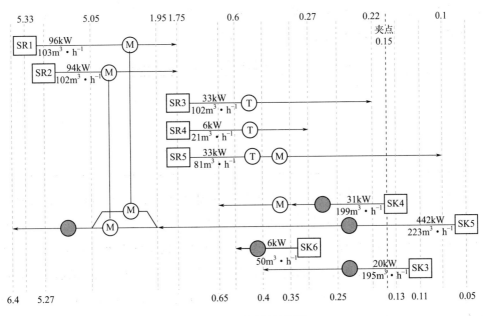

图 7-11　WEN 系统构建

算结果如表 7-5 所示。

表 7-5　WEN 系统回收功量值

交换单元	匹配方式	回收功量值/kW
1	SR1→SK5	96
2	SR2→SK5	94
3	SR5→SK4	19
T1	SR3	33
T2	SR4	6
T3	SR5	13

从图 7-11 中可观察到，构建的功量交换网络具有较好的回收效果。功源单元 1 回收的功量值为 96kW；功源单元 2 回收的功量值为 94kW，功源单元 3 回收的功量值为 19kW。回收的功量均用于帮助加压泵做功，减少了运行所需的电能消耗。另外，系统中还存在三个液力透平式 T1、T2、T3，其回收的功量分别为 33kW、6kW 和 13kW，回收的功量送往发电机转化为电能形式对外输出。该流程总的实际回收功量为 261kW，实现了数量可观的能量回收效果。

步骤 8：热-功耦合网络的最终构建

新引入的 WEN 会改变原始 HEN 的参数。为了获得最终的热-功耦合交换网络，必须考虑由 WEN 引起的温度变化所带来的影响。表 7-6 显示了流经三个 PDWE 交换单元的流股的原始压力、温度和流量数据。

表 7-6　PDWE 交换单元的流股的原始数据

单元	功源	p_o/MPa	t_o/℃	$F/m^3 \cdot h^{-1}$	功阱	p_o/MPa	t_o/℃	$F/m^3 \cdot h^{-1}$
1	SR1	5.33	−16	103	SK5	0.05	42.3	223
2	SR2	5.27	−27	102	SK5	0.05	42.3	223
3	SR5	1.75	−31	81	SK4	0.13	−50.8	199

PDWE 的传热计算过程与之前提到的蓄热器计算模型相似，通过迭代计算得到传热温差的差异，具体计算结果见表 7-7、表 7-8、表 7-9。由表 7-7 中可看到，交换单元 1 的最佳传热温差大约为 50.0℃，两个流股的温度变化均接近 7.8℃。从表 7-8 中可看出，交换单元 2 最佳传热温差大约为 60.0℃，两个流股的温度变化均接近 9.8℃。从表 7-9 可看出，交换单元 3 最佳传热温差大约为 18.0℃，两个流股的温度变化均接近 2.2℃。

表 7-7　功交换单元 1 温度变化

Δt_{m}/℃（设定值）	Q/kJ	t(SR1)/℃	t(SK5)/℃	$\Delta t_{\mathrm{m}}'$/℃（计算值）
48	3493	42.3/34.8	−8.5/−16	50.8
49	3566	42.3/34.6	−8.3/−16	50.6
50	3638	42.3/34.5	−8.2/−16	50.5
51	3711	42.3/34.3	−8.0/−16	50.3
52	3784	42.3/34.2	−7.9/−16	50.2

表 7-8　功交换单元 2 温度变化

Δt_{m}/℃（设定值）	Q/kJ	t(SR2)/℃	t(SK5)/℃	$\Delta t_{\mathrm{m}}'$/℃（计算值）
57	4329	42.3/33.0	−17.7/−27	60.0
58	4405	42.3/32.8	−17.5/−27	59.8
59	4480	42.3/32.7	−17.4/−27	59.7
60	4556	42.3/32.5	−17.2/−27	59.5
61	4632	42.3/32.3	−17.0/−27	59.3

表 7-9　功交换单元 3 温度变化

Δt_{m}/℃（设定值）	Q/kJ	t(SR5)/℃	t(SK4)/℃	$\Delta t_{\mathrm{m}}'$/℃（计算值）
16.3	918	−31.0/−33.0	−48.8/−50.8	17.8
17	957	−31.0/−33.1	−48.7/−50.8	17.7
18	1014	−31.0/−33.2	−48.6/−50.8	17.6
19	1070	−31.0/−33.3	−48.5/−50.8	17.5

　　随着流股温度的变化，可调整 HEN 的操作条件，从而产生最终的热-功耦合传递网络。

7.2　余压回收设备-管网系统耦合仿真

　　考虑到旋转式压力交换器内部流场具有复杂流动的特点，为详细研究孔道内能量传递机理，通常建立液压传递过程的三维 CFD 计算模型，以获得压力能传递周期内孔道中液体流场的分布规律。而对于复杂的管线、管网系统而言，通常利用降维的方法将流动单元简化为一维结构，通过求解质量、压力等组成的非线性方程组模型获得流体的运动特点，这两种方法是求解设备尺度流场与管线尺度流动问题的传统方法。

然而，对于现代系统设计而言，利用一维模型往往不能精确预测设备内部的流动细节，对于复杂工况下的运行过程往往较难满足计算精度要求。而使用三维 CFD 方法建立全尺寸模型开展数值计算耗时低效，计算资源占用过大，计算周期过长，因而较难开展设计条件下的变工况及多参数分析。针对这一问题，有必要采取跨维数的联合仿真模拟方法，利用 CFD 手段获取设备内部流动细节，而采用一维模型对设备连接管线、阀组部件等成熟的元件进行合理简化，从而得到一维与三维的数值仿真模型。德国 BMW 公司成功将一维与三维联合仿真技术应用在冷却系统的设计上，耦合计算得到的分配流量与之前相比相差 14%，更加符合实际情况，在提高计算精度的同时，兼具了计算效率。

本节针对含有液体压力能回收装置的管线系统，开展稳态工况下的一维和三维耦合计算，利用自编接口平台，实现了基于 MOC-CFD 方法的联合仿真，得到了管网尺度下压力能回收设备的内部流场及管线压力波传递规律，满足了跨维数计算的计算效率和工程设计需求。同时，利用 RPE 连通区压降数据，开展了一维模块化瞬态计算，考察了管线下游阀门瞬间关闭的影响及消除措施。

7.2.1 管道流动的特征线求解方法

瞬变流动过程的控制方程组可由质量守恒方程和牛顿第二定律推导得到，其连续性方程和运动方程可进一步写成如下形式：

$$L_1 = \frac{\partial H}{\partial t} + V \frac{\partial H}{\partial x} + \frac{a^2}{g} \frac{\partial V}{\partial x} + V \sin\theta = 0 \tag{7-11}$$

$$L_2 = \frac{\partial V}{\partial t} + V \frac{\partial V}{\partial x} + g \frac{\partial H}{\partial x} + \frac{fV|V|}{2D} = 0 \tag{7-12}$$

引入参数 λ，其线性组合仍满足 $\lambda L_1 + L_2 = 0$，将式（7-11）和式（7-12）代入可得：

$$\left[\frac{\partial V}{\partial t} + \left(V + \lambda \frac{a^2}{g} \right) \frac{\partial V}{\partial x} \right] + \lambda \left[\frac{\partial H}{\partial t} + \left(V + \frac{g}{\lambda} \right) \frac{\partial H}{\partial x} \right] + \lambda V \sin\theta + \frac{fV|V|}{2D} = 0 \tag{7-13}$$

根据微分法则：

$$\frac{\mathrm{d}H}{\mathrm{d}t} = \frac{\partial H}{\partial x} \frac{\mathrm{d}x}{\mathrm{d}t} + \frac{\partial H}{\partial t} \tag{7-14}$$

$$\frac{\mathrm{d}V}{\mathrm{d}t} = \frac{\partial V}{\partial x} \frac{\mathrm{d}x}{\mathrm{d}t} + \frac{\partial V}{\partial t} \tag{7-15}$$

经两组方程对比，令

$$\frac{\mathrm{d}x}{\mathrm{d}t} = V + \lambda \frac{a^2}{g} = V + \frac{g}{\lambda} \tag{7-16}$$

将解得的 $\lambda = \pm g/a$ 代入式(7-13)，将偏微分方程化为常微分形式的特征线方程：

$$\frac{\mathrm{d}V}{\mathrm{d}t} + \frac{g}{a}\frac{\mathrm{d}H}{\mathrm{d}t} + \frac{g}{a}V\sin\theta + \frac{fV|V|}{2D} = 0 \qquad (7\text{-}17)$$

$$\frac{\mathrm{d}x}{\mathrm{d}t} = V + a \qquad (7\text{-}18)$$

$$\frac{\mathrm{d}V}{\mathrm{d}t} - \frac{g}{a}\frac{\mathrm{d}H}{\mathrm{d}t} - \frac{g}{a}V\sin\theta + \frac{fV|V|}{2D} = 0 \qquad (7\text{-}19)$$

$$\frac{\mathrm{d}x}{\mathrm{d}t} = V - a \qquad (7\text{-}20)$$

考虑到一般情形下，对于水平放置的长直管道，且液体流速远小于压力波速时，上述特征线方程可进一步简化为：

$$C^{+}\begin{cases} \dfrac{\mathrm{d}V}{\mathrm{d}t} + \dfrac{g}{a}\dfrac{\mathrm{d}H}{\mathrm{d}t} = -\dfrac{fV|V|}{2D} \\ \dfrac{\mathrm{d}x}{\mathrm{d}t} = a \end{cases} \qquad (7\text{-}21)$$

$$C^{-}\begin{cases} \dfrac{\mathrm{d}V}{\mathrm{d}t} - \dfrac{g}{a}\dfrac{\mathrm{d}H}{\mathrm{d}t} = -\dfrac{fV|V|}{2D} \\ \dfrac{\mathrm{d}x}{\mathrm{d}t} = -a \end{cases} \qquad (7\text{-}22)$$

将液体压力波传递路径 L 划分为 N 等分后，压力波阵面每传过 $\Delta x = L/N$ 所对应的时间 $\Delta t = L/(aN)$，可做出表示特征线方程的 $x\text{-}t$ 特征平面图，如图 7-12 所示。其中，具有正斜率的直线 AC 满足 C^{+} 特征线方程，BC 满足 C^{-} 特征线方

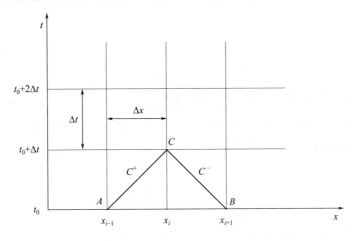

图 7-12　$x\text{-}t$ 特征平面

程，特征线 AC 和 BC 反映了压力扰动的传播过程。

将特征线方程沿着各自的特征线进行积分，可得：

$$\int_A^C dV + \frac{g}{a}\int_A^C dH + \frac{f}{2D}\int_A^C V \mid V \mid dt = 0 \tag{7-23}$$

$$\int_B^C dV - \frac{g}{a}\int_B^C dH + \frac{f}{2D}\int_B^C V \mid V \mid dt = 0 \tag{7-24}$$

采用显示近似法则，可得：

$$(V_C - V_A) + \frac{g}{a}(H_C - H_A) + \frac{f}{2D}V_A \mid V_A \mid \Delta t = 0 \tag{7-25}$$

$$(V_C - V_B) + \frac{g}{a}(H_C - H_B) + \frac{f}{2D}V_B \mid V_B \mid \Delta t = 0 \tag{7-26}$$

将上式整理为以下形式可便于计算求解：

$$V_C = C_1 + C_2 H_C \tag{7-27}$$

$$V_C = C_3 - C_2 H_C \tag{7-28}$$

最终通过方程组联立，可解得速度与压力水头分别为：

$$V_C = \frac{C_1 + C_3}{2} \tag{7-29}$$

$$H_C = \frac{C_3 - C_1}{2C_2} \tag{7-30}$$

式中，系数 C_1、C_2、C_3 为上一时刻已知值，通过下式求解：

$$C_1 = V_A + \frac{g}{a}H_A - \frac{f}{2D}V_A \mid V_A \mid \Delta t \tag{7-31}$$

$$C_2 = -\frac{g}{a} \tag{7-32}$$

$$C_3 = V_B - \frac{g}{a}H_B - \frac{f}{2D}V_B \mid V_B \mid \Delta t \tag{7-33}$$

由上可知，波阵面传到 C 点时刻的速度和压头可根据上一步计算中的物理量联立求解得到。结合初始时刻和计算域左右两侧边界条件，便可描述压力波的传播特征。需要说明的是，压力波速值在计算中一般给定，可由下式进行计算：

$$a = \sqrt{\frac{1}{\rho\left(\dfrac{1}{k} + \dfrac{\Phi d}{tE}\right)}} \tag{7-34}$$

式中，k 为液体体积模量，$N \cdot m^{-2}$；d、t 为管道内径、厚度，m；E 为管道材料的杨氏模量，$N \cdot m^{-2}$；Φ 为管道的支撑抑制因子；ρ 为密度。

7.2.2 设备-管网系统模型建立

对于安装在管网系统中的 RPE 装置，稳态工况下其与管网体系的耦合响应规律有助于明确长周期运行条件下的设备流动损失，完善设备在管网体系中的模块化建模，从而为诸如下游阀门瞬间启闭、管线动力设备意外停机等过程瞬变条件下的管线动态分析提供一定指导，进而评价其对 RPE 装置性能的影响，以及管路过程设计与控制安全问题。然而目前大多数研究关注 RPE 内的掺混问题，且几乎所有模型都针对单个设备建模，极少关注管网系统尺度下的装置运行特性。

本节探索性地将三维尺度下 RPE 的 CFD 模型与一维尺度下的上、下游管线 MOC 模型相耦合，作为一种针对压力能回收过程跨维度的联合仿真方法。RPE 的 CFD 模型利用 ANSYS FLUENT 软件求解，压力波的 MOC 模型利用 Flowmaster V7 软件进行求解，该软件由英国 Flowmaster Inc. 开发，是全球著名的热流体系统仿真分析平台，拥有基于大量实验数据的元件库，在流体系统的设计与水力仿真计算上具有很高的计算效率和准确性，广泛应用于航空航天、车辆工程、燃气轮机、能源动力等领域。

图 7-13 为所构建的管路-设备系统示意图。在本研究中选择不同压力的纯水作

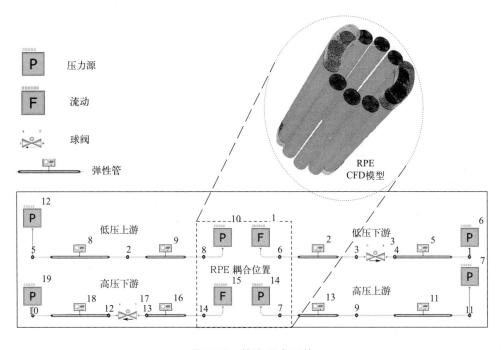

图 7-13 管路-设备系统

为液体工质,利用三维旋转 RPE 模型作为 CFD 的计算模型,由于本研究是出于对耦合方法的介绍,考虑到计算效率,RPE 转子模型所采用的网格数仅为 582680。

设置 RPE 进水口为流量入口边界条件,出水口为压力出口边界条件,设置 RPE 恒定转速为 500r·min^{-1}。而连接 RPE 出口和入口的管网系统中包含 4 条管线,每条管路长 110m,且上游和下游连接压力源。低压管路下游安装有控制阀门,阀门动作可根据控制器进行调控。在 RPE 耦合位置,以位于上方的低压管线为例,其中低压上游的压力源出口 P 元件与 RPE 的流量入口相连接,低压下游的流量出口 F 元件与 RPE 的压力出口相连接,高压管路端同理设置。

7.2.3 跨维数的直接耦合模拟方法

对于压力及速度等物理量在 RPE 内的分布采用 CFD 模型,对于长直管线则采用 MOC 计算方法,两计算域通过耦合面实时交互模拟数据,反映出外部管网瞬态变化对 RPE 流场的动态影响。与传统的数值模拟方法相比,本方法可减少边界处的给定参数假设,并且在保证模拟具有流场尺度信息的同时,兼具针对长直管线的计算效率。为了实现数据的动态交互,采用 VB 自编程序作为前台运行程序,实现对一维水力系统计算软件 Flowmaster V7 和三维软件 FLUENT 的调用。

不同维数的模型数据在交界面处完成数据交互传递,这一环节是耦合计算的核心环节。图 7-14 为跨维数模型质量与压力数据耦合原理,一维点交界面的质量流

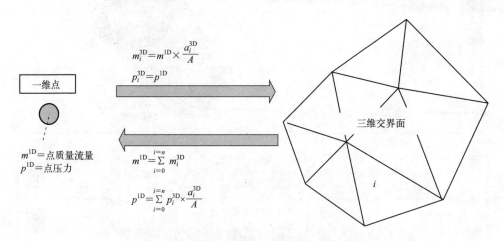

图 7-14 跨维数模型质量与压力数据耦合原理

A—三维面的总面积;i—某一面单元;n—面单元的总数量;a_i^{3D}—单元面积;

p_i^{3D}—单元压力;m_i^{3D}—单元质量流量

量和压力作为三维 CFD 交界面任一网格单元的平均质量流量和压力。反之，当三维 CFD 交界面数据已知后，三维 CFD 交界面全体网格单元的质量流量总和与加权平均压力作为一维点交界面的质量流量和压力数据。

本文 CFD-MOC 模型采用顺序双向耦合方法，各维度模型分别计算，其中一个的计算结果作为另一个的输入条件进行试算，得到结果后将数据进行反馈，完成相互作用过程的数据交换。图 7-15 为耦合模型数据交互框架，在利用一维 Flowmaster 计算模型进行数据交互时，分别选用压力源和流量源元件作为数据交界面，而三维 CFD 模型选取质量流量入口和压力出口作为数据交界面。其中，压力源元件 P 向 CFD 模型传递质量流量数据的同时，接收总压数据，流量源元件 F 向 CFD 模型传递总压数据的同时，接收质量流量数据。不同维度间传递数据，作为三维流场和一维管线其他节点的边界条件，不断循环往复，直到得到所需计算精度下的耦合结果。

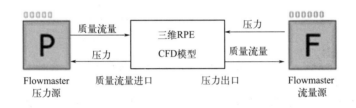

图 7-15　耦合模型数据交互框架

图 7-16 为耦合模型的计算流程，由图可见，耦合计算由 VB 平台调用 FLUENT 子程序和 Flowmaster 子程序完成。计算首先将假设的初始质量流量值作为入口边界条件由 Scheme 控制的文本输入到 FLUENT 模型中，计算得到入口压力传递到由 Flowmaster 自动化程序控制的 Flowmaster 子程序中，得到质量流量的计算值后，与 FLUENT 初始流量值作比较，判断是否达到收敛，若满足收敛条件，则输出所有计算结果并保存。

若不满足收敛条件，需要对入口质量流量边界条件进行更新。在本文工作中，采用下式作为边界更新方法：

$$M_{3D}^{i+1} = (1-\gamma)M_{3D}^{i} + \gamma M_{1D}^{i} \quad (0<\gamma<1) \tag{7-35}$$

式中，M 表示质量流量，作为判断耦合计算考察的参数；γ 为修正因子，用于调节下一步迭代计算的赋值，在耦合计算中，修正因子对计算结果起到关键性的影响，其取值决定了整个耦合计算是否能够收敛及是否可以获得较

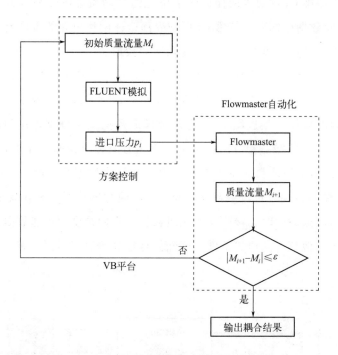

图 7-16　耦合模型计算流程

高的计算效率；i 表示第 i 步计算结果；$i+1$ 表示下一步计算结果；1D 为一维模型的计算参数；3D 表示三维模型的计算参数。首先开始的 FLUENT 计算需要设置流量入口初值，由 CFD 模型计算收敛后得到压力值返回给一维 MOC 模型计算得到管线接口的流量数据，而 CFD 计算的流量是守恒的，故选用质量流量作为考察物理量，残差设置为高压区和低压区各自的计算流量差均小于 $0.1 \mathrm{kg \cdot s^{-1}}$。

对于 FLUENT 与 Flowmaster 的耦合过程，各子系统的调用程序需要采用不同语言编写。在 FLUENT 中，可利用 Scheme 脚本代码实现对模拟过程的控制和结果的读写，而对 Flowmaster 的自动化控制需要利用 VB 平台语言实现，而两子程序间的数据交互则可通过中间文本的不断读写来实现传递。

需要说明的是，两程序间压力数据的传递略有不同。在 Flowmaster 的压力元件中，设置压力和输出压力为总压。而 FLUENT 中的压力出口边界条件需要进行传递的为表压/静压，因此在数据交互过程中需要进行转换。此外，在两计算程序交互时，由于计算量不同，计算用时不一致，需要额外要求耦合协调性，确保两数据同时交互传递，避免一维程序计算完毕后，传递过来的参数未被接收就开始下一迭代步计算。

7.2.4 定常条件下的耦合计算结果

耦合系统定常流动特性计算是开展瞬态工况计算的基础，也是描述管网系统稳定流动情形的重要手段。作为非定常问题的特殊情形，定常条件下的计算模型同样遵循瞬变流动方程组的推导计算过程。本节作为对 RPE 与管网耦合计算方法的讨论，开展了定常条件下的耦合计算。未作说明的情况下，标准参数设置见表 7-10。

表 7-10　标准情形计算参数设置

设置参数	数值	设置参数	数值
收敛因子	0.1	低压出口压力/MPa	1
低压入口流量/m·s⁻¹	12.5	高压出口压力/MPa	6
高压入口流量/m·s⁻¹	12.5		

图 7-17 为不同修正因子对计算收敛的影响，由图可看出，虚线表示的高压区和实线表示的低压区在耦合计算过程中具有近似收敛趋势。同时，修正因子对计算过程有较大影响，一般计算情形下的修正因子取值在 0.5 以下。在本文计算中，当修正因子为 0.2 和 0.3 时，计算很难收敛，而取值为 0.1 时的收敛效果最好，比取值为 0.05 时所需的迭代步数少。故在本文计算中，全部选取 0.1 为修正因子进行计算。

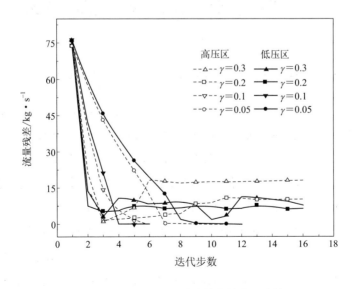

图 7-17　不同修正因子对计算收敛的影响情况

对于耦合计算，选取合理初始值十分重要，是保证计算收敛的关键因素。图 7-18显示了不同入口处流量初值对计算结果的影响，其中三组算例的流量初值依次为 $6.5 \mathrm{kg \cdot s^{-1}}$、$12.5 \mathrm{kg \cdot s^{-1}}$、$18.5 \mathrm{kg \cdot s^{-1}}$。由以下计算结果可看出，即使作为残差的流量差设置为 $0.1 \mathrm{kg \cdot s^{-1}}$，但当高压区和低压区计算值同时满足收敛条件时，流量差范围仅为 $0.004 \sim 0.021 \mathrm{kg \cdot s^{-1}}$，收敛情况较好。对于流量初值为 $6.5 \mathrm{kg \cdot s^{-1}}$ 的算例 1，计算用时最少，为 0.21h，而算例 3 次之，计算收敛需 0.34h，算例 2 则需要 0.35h。由图中还可看出，在计算收敛的情况下，计算结果几乎一致，RPE 高压区压降约为 0.136MPa，低压区压降约为 0.073MPa，即流量初值的设置不会对计算结果造成明显影响。

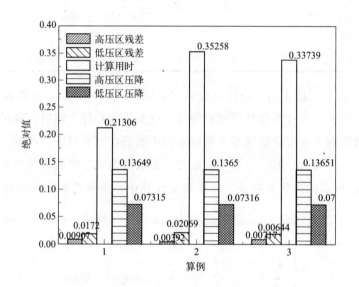

图 7-18　不同入口处流量初值对计算结果的影响

图 7-19 为不同出口压力初值对计算结果的影响，以 $6.5 \mathrm{kg \cdot s^{-1}}$ 的流量入口设置为例，三组算例的高压和低压出口压力分别设置为 6MPa 和 1MPa、5.95MPa 和 1MPa、6.02MPa 和 1.05MPa。从图中可看出，当计算收敛时，流量差范围同样较小，为 $0.002 \sim 0.017$ 之间。算例 5 的用时最少，为 0.13 小时，而算例 6 的用时较长，为 0.44 小时。此外，作为第 7 组算例，取高、低出口压力分别为 $1.1 \sim 6.1 \mathrm{MPa}$ 时，计算发散。这证明耦合计算中压力初始值的合理设置十分必要，其同样会影响计算的收敛。在计算收敛时，计算结果为 RPE 高压区压降约为 0.13MPa，低压区压降约为 0.073MPa，压力初值的设置并未造成明显影响，但其对最终计算结果精度的影响要高于流量初值的设置。

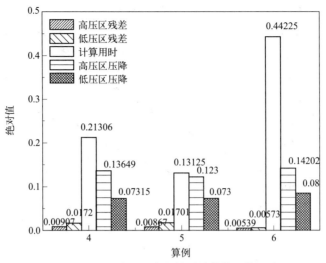

图 7-19　不同出口压力初值对计算结果的影响

7.2.5　瞬变工况对管线压力特性的影响

管路瞬变工况通常指管路中水力元件状态工况发生改变的状况，如泵的启动与停机，阀门开度减小或增大等动作，以及管网负荷等边界条件发生改变时，这些瞬变工况都会对管路沿线的压力波传播及压力波动造成影响，轻则影响部件的运行效率，严重的可致水力部件冲击破坏、管道破裂受损、系统运行失稳等安全事故。因此有必要对管线系统中的瞬变工况进行探讨，提升系统运行整体的安全可靠性。

对于含有 RPE 装置的管线系统来说，可将耦合计算结果得到的 RPE 进出口压力损失模化后，在管线中引入阻力元件替代 CFD 模型，进一步用于进行大规模复杂管网的瞬变工况计算。通过开展整个流体系统的瞬变工况分析，可考察管系内部的压力波传播及关键节点处的压力波动情况，预测压力波峰值及频率等特征，实现系统层面的动态过程优化设计，避免变工况条件造成的水锤等瞬变现象对系统安全性产生影响。

本研究的目的着重阐述这种研究方法，因此采用较为简单的管线模型进行计算，余压回收装置用阻力元件代替，其中的压降数据采用 PX220 装置的产品测试数据进行模化，其高压和低压连通区压降与流量的关系如图 7-20 所示。从图中可看出，即使在相同的流量之下，高压区的压降整体高于低压区产生的压降。

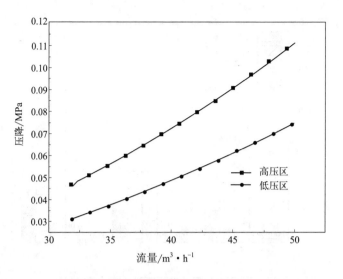

图 7-20　PX 压降与流量的关系

　　为研究瞬态特性对含 RPE 管线的影响，设置如图 7-21 所示的管路连接。其中高压管线连接一个水位高度为 77m 的水箱，后接一个离心泵，低压管线连接一个水位高度为 9m 的水箱，为管线提供低压压力。两球阀分别位于高压管线和低压管线的下游位置。本研究针对阀门动作对管线压力波传播作用的影响展开，设置快速关阀过程由 0.39s 的开度 1 经 0.01s 变为 0.1，慢速关阀过程由 0.1s 的开度 1 经 0.3s 变为 0.1。

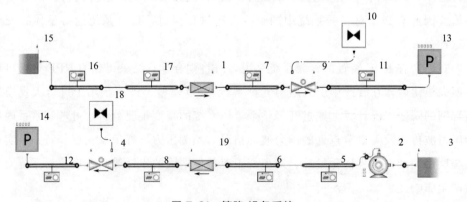

图 7-21　管路-设备系统

　　管路上游流体供给充足，可视为恒压源，当高、低压区下游管路关闭时，其影响如图 7-22 所示，阀门在 0.3s 时的关闭产生了压力的跃升，该压力波沿上游传播的同时，膨胀波向下游传播。高压管路的水锤波幅要远高于低压管路，当压力发生跃升后，振幅逐渐减小，波动现象随着瞬变工况的稳定逐渐衰减。

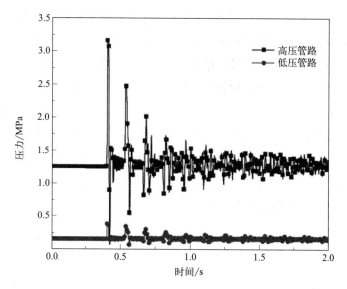

图 7-22　快速关阀动作阀前节点 4 处压力波动

同时，两压力管线的波动频率几乎相同，这是由管路长度和波速及关阀动作在高压区和低压区一致的设置导致的。因为 RPE 内部高压连通区与低压连通区相互分隔独立，高压侧管线的瞬态操作不会对低压侧造成影响。因此，压力交换过程中管路下游的压力过大不会对另一条管线造成水力破坏。鉴于此，仅研究高压管路瞬变工况下的压力波动情形，考察减小压力波动的措施。

缓慢关阀的操作改变了波形以及削弱了压力波的波动幅度，如图 7-23 所示。由图可以看出，当阀门开度变化由原先的 0.01s 变为经 0.3s 线性缓慢减小时，压

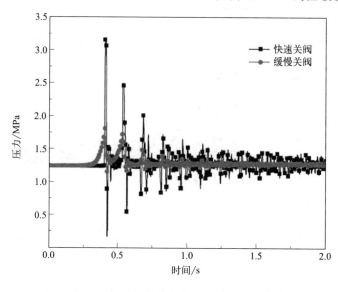

图 7-23　高压管线阀前点 4 处压力波动

力波波峰值降低约 50%，且随后的压力波动更趋向于恢复到阀门瞬变操作之前的水平，由此可见，通过缓慢关阀动作，可以很好地削弱水击波对管道及元件的冲击，使得系统压力波动更加平缓，增加了系统及元件的安全可靠性。

除了通过缓慢关阀的操作抑制压力波动现象之外，在阀前设置稳压罐的方法同样可抑制水击波的产生和传播，如图 7-24 所示。图 7-25 为设置稳压元件之后快速关阀动作所导致的压力波动情况，可看出，阀前的压力测点在关阀的瞬间直至 2s 时间内，压力一直保持平稳，其对压力扰动的吸收效果远大于通过阀门缓慢关闭所带来的抑制效果，但引入过多水力部件可能会造成设备投资和系统复杂程度的上升，还需结合具体的系统要求进行设计。

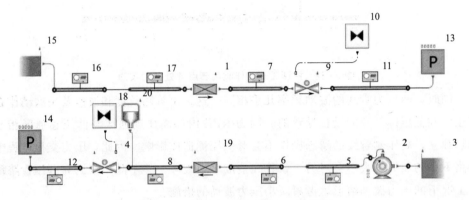

图 7-24　设置稳压罐的管路-设备系统

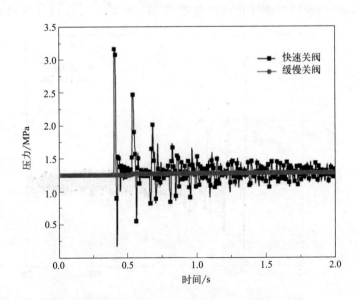

图 7-25　高压管线阀前节点 4 处快速关阀压力波动

7.3 热-膜耦合制水系统

海水淡化工艺按照是否含有相变可分为热法和膜法，前者包括蒸汽压缩（VC）、低温多效蒸馏（MED）和多级闪蒸（MSF）等方法，后者以反渗透法（RO）最为常见。鉴于 RO 过程可利用低品位余热来增强反渗透膜的透过量，因此热-膜耦合方法有望降低能耗，并取得更高产水量。与传统单系统相比，热-膜耦合系统具有显著优点：a. 可共用海水前处理和后处理设备从而降低设备投资及化学物质的添加量；b. 可根据实际需求调节淡化水的产水浓度；c. 可降低系统维护花费；d. 只需使用单级 RO 系统就可适应宽工况的操作范围；e. 生产过程可适应不同的季节变化。

目前针对海水淡化耦合系统的研究较少，尤其是具有简易灵活的耦合系统如热蒸汽压缩循环-反渗透膜耦合系统（TVC-RO）鲜有研究，且大多数经济性分析局限于㶲分析。本节提出不同的热-膜耦合系统，并考虑热法系统和膜法系统中包含余压回收装置的情形，开展建模研究和性能评价，利用基于能量的定量分析方法对热-膜耦合系统比能耗（SEC）和产水率（PR）进行研究，比较不同系统耦合模式下的性能改善情况，并通过参数化研究考察主要参数，尤其是余压回收装置参数对系统性能的影响。

7.3.1 耦合系统设计

图 7-26 所示为 TVC-RO 热-膜耦合系统，该系统由左侧 TVC 系统与右侧 RO 系统通过不同管线的连接方式耦合而成。其主要的部件包括：蒸发器、冷凝器、蒸汽发生器、供热单元、RO 膜组、高压泵、海水泵、增压泵等。虚线的连接部分为压力能回收循环，蒸汽喷射器以及压力交换器分别作为热法和膜法系统的余压回收设备投入使用。

耦合系统利用了一个共同的海水取水口，经由此取水口的新鲜原料海水按照不同的分配比进入两个子系统中，淡盐水和蒸馏水相混合后的淡化水由产水口输出。在 TVC 系统中，原料海水进入冷凝器后，被蒸发器中的冷凝蒸汽加热，部分原料水作为冷却水排出，在蒸发器中，剩余的原料水沿着竖直管道内壁流下，吸收来自

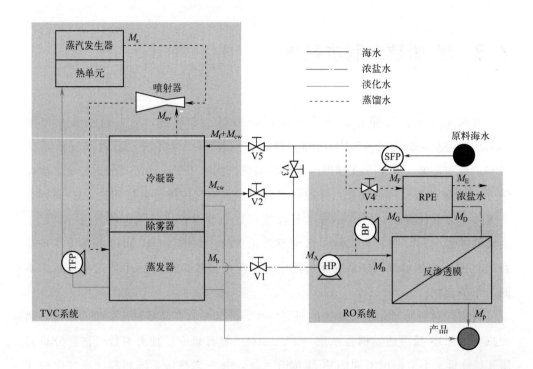

图 7-26 具有多种组合方式的 TVC-RO 热-膜耦合系统

壳程压缩蒸汽的潜热后蒸发，经由除雾器除掉含盐雾滴后，蒸汽含盐度为零，与此同时，部分冷凝的加热蒸汽进入余热单元，剩余部分与冷凝器中的冷凝液一同作为蒸馏水产出。由于 TVC 系统工艺过程较易与其他辅助热交换系统如核能加热芯组或太阳能发电循环相结合来获取可再生余热，根据文献报道，在太阳能驱动的热法脱盐系统中，工作流体的温度可上升到 550℃，足以提供蒸汽所需的温度。

RO 膜系统是一个典型的单级反渗透系统，原料海水由高压泵增压来克服膜的渗透压差，以保证纯水可通过半渗透膜。等压容积式能量回收设备用于回收浓盐水的压力能。为了探讨不同的系统耦合方式，通过不同的阀组连接形式可得到对应的热-膜耦合系统，具体形式见表 7-11。例如，当 V3、V4、V5 同时打开时，得到并联形式的热-膜耦合系统 S1。串联形式的 S2 和 S3 分别代表回收 TVC 系统的浓盐水和冷却水作为 RO 系统的高压入流水。作为对比情形，S4 和 S5 分别代表了单独的 TVC 和 RO 操作系统。

表 7-11　不同阀组连接形式下的热-膜耦合系统

系统	开阀组合	系统	开阀组合
S1	V3,V4,V5	S4	V5
S2	V1,V4,V5	S5	V3,V4
S3	V2,V4,V5		

7.3.2　系统过程建模

在建模过程中，遵循以下假设：系统各组件均以稳态运行，不计管线的流动阻力损失，流体换热及混合充分，蒸馏水不含盐，蒸汽为理想气体。

混合系统共用取水口和出水口，产水量为两个子系统之和：

$$M_{tot}=M_p+M_d \tag{7-36}$$

质量、含盐量的守恒：

$$M_f=M_b+M_d \tag{7-37}$$

$$M_fS_f=M_bS_b \tag{7-38}$$

饱和加热蒸汽在壳程冷凝并释放潜热给原料海水加热，原料海水的温度升高到蒸发温度后，部分海水蒸发。

蒸发器中的总能耗可写为：

$$q_e=M_fC_p(t_1-t_f)+(M_d\lambda_e)=A_eU_e(t_m-t_1) \tag{7-39}$$

式中，比热可用以下经验公式计算：

$$C_p=(A+Bt+Ct^2+Dt^3)\times10^{-3} \tag{7-40}$$

系数 A、B、C、D 为：

$$\begin{cases} A=4206.8-6.6197S+1.2288\times10^{-2}S^2 \\ B=-1.1262+5.4178\times10^{-2}S-2.2719\times10^{-4}S^2 \\ C=1.2026\times10^{-2}-5.3566\times10^{-4}S+1.8906\times10^{-6}S^2 \\ D=6.8777\times10^{-7}+1.517\times10^{-6}S-4.4268\times10^{-9}S^2 \end{cases} \tag{7-41}$$

以上公式的适用条件为海水温度 $0\sim180℃$，盐度 $0\sim160g \cdot kg^{-1}$。

在饱和温度 $5\sim200℃$ 范围内，蒸发潜热 λ_e 可由下式计算：

$$\lambda_e=2501.897149-2.40706403t+1.192217\times10^{-3}t^2-1.5863\times10^{-5}t^3 \tag{7-42}$$

U_e 为总换热系数，可由下式求出：

$$U_e=1969.5+12.057t_1-8.5989\times10^{-2}t_1^2+2.565\times10^{-4}t_1^3 \tag{7-43}$$

由上述计算，可确定所需蒸发器换热面积 A_e。

由于沸点增高现象的存在，产生的蒸汽温度略低于蒸发温度：

$$t_v = t_1 - BPE \tag{7-44}$$

BPE可用下列经验公式计算，适用条件为盐度 $20 \sim 160\text{g} \cdot \text{kg}^{-1}$、温度 $20 \sim 180℃$：

$$BPE = S \times (B + CS) \tag{7-45}$$

以上公式中，系数可由下式计算：

$$\begin{cases} B = (6.71 + 6.34 \times 10^{-2}t + 9.74 \times 10^{-5}t^2) \times 10^{-3} \\ C = (22.238 + 9.59 \times 10^{-3}t + 9.42 \times 10^{-5}t^2) \times 10^{-8} \end{cases} \tag{7-46}$$

蒸汽流经塔顶过滤器时会产生压降，冷凝管外的冷凝压力可由下式计算：

$$p_c = p_v - \Delta p_{de} \tag{7-47}$$

$$\Delta p_{de} = 9.583 \times 10^{-2} \rho_{de}^{1.579} V_{de}^{0.7197} L_{de}^{1.388} \tag{7-48}$$

同理，冷凝器中的能耗由下式计算：

$$q_c = (M_f + M_{cw})C_p(t_1 - t_{cw}) = \eta_c(M_d - M_{ev})\lambda_c = A_c U_c (LMTD)_c \tag{7-49}$$

冷凝器总换热系数由下式计算：

$$U_c = 1719.4 + 3.2063t_v - 1.5971 \times 10^{-2}t_v^2 + 1.9918 \times 10^{-4}t_v^3 \tag{7-50}$$

在热法海水淡化系统中，采用蒸汽喷射器作为能量回收装置，以完成高压主动流与低压引射流之间的能量交换。混合流体从喉部截面流向扩压室后，压力上升、速度下降，随后作为加热蒸汽以中间能级水平排出。蒸汽喷射器性能的评价是估算主动蒸汽流量（M_s）和加热蒸汽排出压力（p_m）的关键步骤。

$$M_s = RaM_{ev} \tag{7-51}$$

$$p_m = Cr p_c \tag{7-52}$$

式中，Ra 为引射系数；Cr 为压缩比。

在引射系数的计算中，Power 图形法和 El-Dessouky-Ettouney 的半经验模型是两种广泛使用的不需要复杂迭代的方法。考虑到主动流是蒸汽，引射流是水蒸气，本文采用更为适用的半经验模型。

$$Ra = 0.296 \frac{(10^{-3}p_m)^{1.19}}{(10^{-3}p_c)^{1.04}} \left(\frac{10^{-3}p_s}{10^{-3}p_c}\right)^{0.015} \left(\frac{PCF}{TCF}\right) \tag{7-53}$$

当引射系数 $Ra \leqslant 4$、$10℃ \leqslant t_c \leqslant 500℃$、$0.1\text{MPa} \leqslant p_s \leqslant 3.5\text{MPa}$、$Cr \geqslant 1.81$ 时，压力修正系数 PCF 和温度修正系数 TCF 由下式计算：

$$PCF = 0.3p_s^2 - 0.9 \times p_s + 1.6101 \tag{7-54}$$

$$TCF = 2 \times 10^{-8}(t_c)^2 - 6 \times 10^{-4}(t_c) + 1.0047 \tag{7-55}$$

耦合系统的热单元利用可再生能源（如核反应堆的废热、太阳能等）来加热流体，假若非理想情况下的热单元效率 $\eta_T < 1$，则额外所需的能源可由锅炉设备

提供：

$$q_{\text{bo}} = M_s \Delta h (1 - \eta_T) \tag{7-56}$$

在反渗透过程中，高压泵消耗的能量占总能耗的 80% 以上。高压海水泵入膜组件后，按照回收率分为渗透液和浓盐水。浓盐水所含余压可用压力交换器进行回收，在整个过程中，质量和盐分守恒适用于 RO 系统各个节点：

$$M_D + M_p = M_B \tag{7-57}$$

$$M_B = M_p / Y_t \tag{7-58}$$

在压力交换器中，一些高压流体通过水力轴承泄漏到装配中的低压区。假设泄漏率为 β，混合率为 m，可得到：

$$M_F = M_G = M_D (1 - \beta) \tag{7-59}$$

$$M_A = M_B - M_D + \beta M_D \tag{7-60}$$

$$S_E M_E + S_P M_p = S_F M_F + S_A M_A \tag{7-61}$$

$$S_B M_B = S_P M_p + S_D M_D \tag{7-62}$$

$$S_D M_D + S_D M_G m = S_E M_E - S_F M_F + S_F M_G (1 - m) \tag{7-63}$$

温度和压力是影响反渗透膜性能中溶质和溶剂传递系数的主要因素。反渗透膜建模可分为两类：a. 基于 RO 膜及溶液扩散的理论模型；b. 基于实验数据的经验模型。多数情况下，利用经验关系描述膜在不同操作条件下的膜性能较为简便。本文通过以下方程来确定 RO 回收率：

$$Y_t = Y_0 \times \text{PCF}_{\text{RO}} \times \text{TCF}_{\text{RO}} \times \text{SCF}_{\text{RO}} \tag{7-64}$$

PCF、TCF 和 SCF 分别为压力修正系数、温度修正系数和盐度修正系数，根据螺旋式 RO 膜的实验数据可以确定：

$$\begin{cases} \text{PCF}_{\text{RO}} = 2.1064 \left(\dfrac{p}{6.55} - 1 \right) + 1 \\ \text{TCF}_{\text{RO}} = \exp[0.0196 \times (t - 25)] \\ \text{SCF}_{\text{RO}} = \dfrac{45}{\text{TDS}} [-1.98 \times 10^{-5} \times (45 - \text{TDS}) + 1] \end{cases} \tag{7-65}$$

反渗透过程高压泵的功耗由下式确定：

$$W_{\text{pump}} = \frac{\Delta p Q_{\text{pump}}}{\eta_{\text{pump}}} \tag{7-66}$$

比能耗（SEC）指每立方米淡水所消耗的能量，对于膜过程，由下式确定：

$$\text{SEC} = \frac{W_{\text{pump}}}{Q_p} = \frac{\Delta p Q_{\text{pump}}}{\eta_{\text{pump}} Q_p} \tag{7-67}$$

为了保证整个膜表面的有效渗透量，所施加的压力不应低于盐水与渗透液之间的渗透压力差，这被称为膜法脱盐过程的"热力学限制"，在热力学极限状况下的理想情形可取等号。

$$\Delta p \geqslant \Delta \pi = \frac{\pi_0 R_t}{1 - Y_t} \qquad (7\text{-}68)$$

式中，R_t 是脱盐率；渗透压 π_0 由下式计算：

$$\pi_0 = (0.6955 + 0.0025t) \times 10^{11} \times \frac{c}{\rho^2} \qquad (7\text{-}69)$$

针对考虑浓差极化的单级反渗透过程，在不含压力交换器和含有压力交换器情形下的 SEC 分别由下式计算：

$$\text{SEC}_{\text{RO}} = \frac{\pi_0 R}{\eta_{\text{HP}} Y_t (1 - R Y_t)} \qquad (7\text{-}70)$$

$$\text{SEC}_{\text{RO,ERD}} = \frac{\pi_0 [Y_t + \beta(1 - Y_t) R_t]}{Y_t (1 - R_t Y_t) \eta_{\text{HP}}} + \frac{(1 - \eta_{\text{E}})(1 - \beta)(1 - Y_t) \pi_0 R_t}{\eta_{\text{BP}} Y_t (1 - R_t Y_t)} \qquad (7\text{-}71)$$

耦合系统的 SEC 为：

$$\text{SEC}_{\text{tot}} = \left[\text{SEC}_{\text{RO,ERD}} Q_p + \left(\frac{Q_{\text{sea}} \Delta p_{\text{SFP}}}{\eta_{\text{SFP}}} + \frac{\Delta p_{\text{TFP}} \times Q_{\text{S}}}{\eta_{\text{TFP}}} + \frac{q_{\text{b}}}{3600} \right) \right] / Q_{\text{tot}} \qquad (7\text{-}72)$$

产水率（PR）定义为生产单位淡水所需抽取的海水，是评价脱盐性能的重要参数：

$$\text{PR} = \frac{M_{\text{tot}}}{M_{\text{sea}}} \qquad (7\text{-}73)$$

结合计算水和水蒸气性质的子程序代码，采用 MATLAB 软件对所建立的耦合系统模型进行迭代求解，具体求解过程如图 7-27 所示。计算方案由给定系统设计参数及目标产水量及子系统产水分配比例开始。在下一步计算中，饱和蒸汽压力、流体温度的确定是决定蒸汽喷射器性能的关键。通过计算蒸发器和冷凝器的能量平衡，确定冷却水、引射流和主动流蒸汽的流量。在入流条件确定后，先假定一个反渗透回收率，通过反渗透系统的质量和盐分的守恒计算，得到回收率的计算值，再与基于经验模型所得到的理论值相匹配后，最终确定整个系统的性能参数 SEC 和 PR。

7.3.3　计算模型验证

通过分别将 TVC 和 RO 子系统模型计算值与其他文献结果进行对比，验证了文中模型的合理性。针对文献中单效 TVC 过程，采用相同操作条件进行建模，不

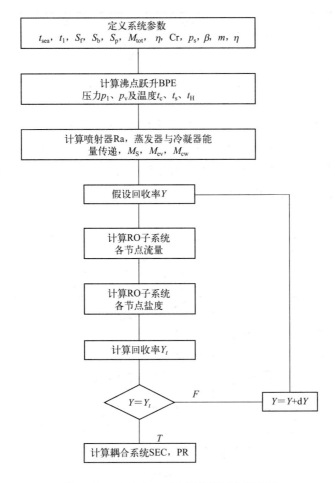

图 7-27　TVC-RO 耦合系统模型求解步骤

同的是，文献中采用了热动力学方法对蒸汽喷射器进行了模拟。表 7-12 为计算结果与文献值的比较，其中性能比用于评估 TVC 系统的性能，定义为生产单位质量产品水所需的蒸汽量，模拟结果与文献值符合良好。

表 7-12　计算结果与文献值的比较

参数	计算值	文献值	误差
产水量/t·d^{-1}	50	50	—
压缩比	1.85	1.85	—
蒸发温度/℃	50	50	—
海水温度/℃	25	25	—
蒸发器换热面积/m^2	49.24^{①}	49.2	0.49%

参数	计算值	文献值	误差
冷凝器换热面积/m²	27.9513[①]	30	7.33%
性能比	1.9489[①]	1.926	1.19%

① 计算值。

单级 RO 系统是混合系统的另一个基本子系统，针对此过程的模型，将计算结果的 SEC 与其他已验证的数据进行比较。图 7-28 对比了单级 RO 系统中不含压力能回收装置的情形，可以看出，在不同的海水盐度和温度下，计算结果与基于实验数据验证的文献中的值变化一致。

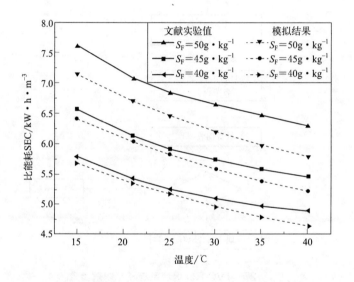

图 7-28 不含 ERD 装置的单级 RO 系统 SEC 值对比

图 7-29 为 RO 系统中添加应用了压力能回收装置的 SEC 值，该组对比数据来源于 ERI 公司基于实验数据开发的 ERI™ PX™ power 模型，该模型用于针对使用压力能回收装置的反渗透海水淡化系统进行定量的能耗估计。从图中可看出，SEC 随目标回收率先下降后增大。这是因为当回收率高于最佳值时，随着回收率的增加，所需提供的压差迅速增加，从而消耗更多的能量。从图中还可看出，本文 SEC 模拟值与文献模型的 SEC 计算值变化规律一致。

图 7-30 为上述两种情形的计算值与文献模型计算结果的对比图。从图中可看出，计算值始终较小，但整体与基于实验的模型值相差不大，对于不含 ERD 和应用了 ERD 情形的最大误差分别为 8.1% 和 15.85%。

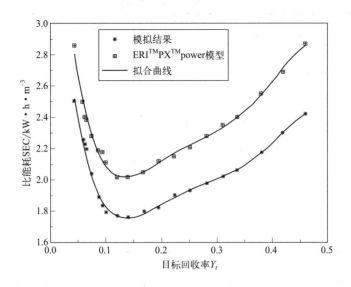

图 7-29　含 ERD 装置的单级 RO 系统 SEC 值对比

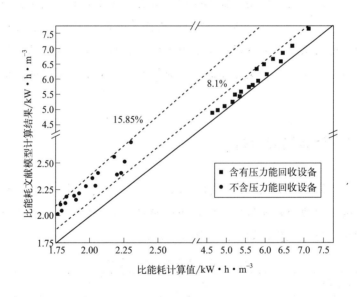

图 7-30　计算值与文献模型计算结果的对比

表 7-13 将 RO 过程的计算值与实际工厂操作数据进行了比较。根据实际过程中的流量与盐度等运行数据，可获得 RO 系统的回收率与系统性能等数据。从表中可看出，流量、盐度、膜回收率等的计算值与实验数据符合较好，从而验证了本文构建的耦合模型的合理性。

表 7-13　RO 过程运行数据比较

参数	计算结果	操作数据	误差
生产率/$m^3 \cdot h^{-1}$	386	386	—
产水盐度/$g \cdot kg^{-1}$	0.35	0.35	—
进料海水流量/$m^3 \cdot h^{-1}$	831.9[①]	833	0.13%
进料海水盐度/$g \cdot kg^{-1}$	41.8[①]	41.8	—
盐水流量/$m^3 \cdot h^{-1}$	445.9[①]	445	0.20%
盐水浓度/$g \cdot kg^{-1}$	78.8[①]	82.9	4.95%
回收率	0.464[①]	0.4645	0.11%
SEC/$kW \cdot h \cdot m^{-3}$	2.1241[①]	2.4693	13.98%
PR	0.464[①]	0.4634	0.13%

① 计算值。

可以注意到，RO 过程的 SEC 计算值与对比数据相比始终较低，这是由于本模型中的 SEC 值是在热力学极限下计算得到的，在理想条件下，未考虑摩擦损失和膜的阻力等影响，故高压泵所提供的用于克服渗透压差的应用压力较低，导致了热力极限下的理论 SEC 值比实际的能耗值略低。这部分工作主要是评价所提出的混合系统的改进效果以及关键设计参数对系统性能的影响，因此基于热力极限下得到的能耗分析结果完全可以满足类似的研究目的，以上结果可验证模型的合理性和适用性。

7.3.4　计算结果分析

为了评价不同变量对系统性能的影响，表 7-14 中给出标准操作条件下的几个已知参数。因为主要分析能量回收装置的性能对系统的影响，所以热单元和所有泵都假定在理想工况下工作，效率简化为 100%。

表 7-14　模拟中的给定参数

给定参数	参数值	给定参数	参数值
海水温度 t_{cw}/℃	25	ERD 掺混率 m/%	4.5
蒸发温度 t_1/℃	60	ERD 泄漏率 β/%	1
海水盐度 S_f/$g \cdot kg^{-1}$	35	ERD 效率 η_E/%	90
盐水盐度 S_b/$g \cdot kg^{-1}$	70	泵效率 η_{HP},η_{BP},η_{SFP}/%	100
主动流压力 p_s/MPa	0.5	换热单元效率 η_{TFP}/%	100
压缩比 Cr	2.0		

图 7-31 显示了不同系统结构下的 SEC 变化。其中，横坐标的 M_p/M_{tot} 定义为分配比，即在产品水中所含反渗透水的比例，该参数与产品水的含盐量成正比。如图所示，随着分配比的增加，耦合系统 SEC 升高，最低的 SEC 由单独的 TVC 系统 S4 得到，而最高的则由单独的 RO 系统 S5 得到。相比而言，S2 系统的 SEC 比其他耦合系统更高，而 S1 系统的 SEC 与系统 S3 非常接近。另外，也可看出系统 S2 和 S3 分别存在一个分配比为 0.48 和 0.88 的范围限制，超过此范围时，由 TVC 系统回收的含盐水无法满足 RO 系统的产水需求，需要额外引入其他淡水水源混合或采用其他方法降低浓度。

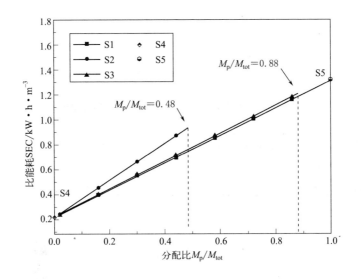

图 7-31　不同系统结构下 SEC 随分配比的变化

由图 7-32 可看出，产水率 PR 同样随着分配比的增加而增加。这表明当增加 RO 部分的进水量时，耦合系统可获得更多的产品水量。此外，这两条曲线 S2 和 S3 除了存在的分配比限制范围不同外，几乎重合，它们都在曲线 S1 之上。而串联系统 S3 比并联系统 S1 具有更高的 PR。最大 PR 为系统 S3 在分配比为 0.88 处取得，达到了 0.28，此时系统 S1 的分配比仅为 0.19，S3 的产水率最大值甚至比 RO 独立系统所取得的 0.23 还要高。由此可见，提高生产性能的两个原因主要为热法过程中冷却水和排出盐水的回收，以及在此条件下膜渗透性能得到了提高。

由于串联耦合系统 S3 具有较低的 SEC 和较高的 PR，且分配比可满足大部分常见淡水生产的纯度范围的要求。为了考察设计参数对系统性能的影响，在给定的计算条件下，对系统 S3 在给定分配比为 0.4 的条件下进行参数化研究。

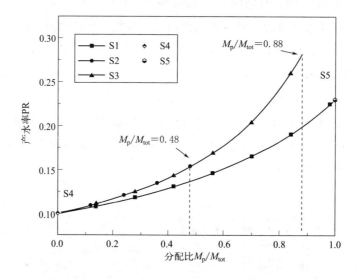

图 7-32　不同系统结构下 PR 随分配比的变化

　　进流海水温度和蒸发温度对系统比能耗的影响如图 7-33 所示。图中虚线表示当进流海水温度为 25.4℃时的 SEC 分布，实线表示当蒸发温度为 60.8℃时 SEC 的分布。由图可见，耦合系统 SEC 值在较高的蒸发温度下对于海水温度的

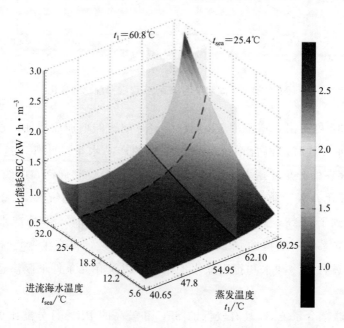

图 7-33　进流海水温度和蒸发温度对系统比能耗的影响

影响更为敏感。在蒸发温度为 69.25℃、海水温度为 32℃时，SEC 达到最大值 $2.923\mathrm{kW\cdot h\cdot m^{-3}}$，而在蒸发温度为 40.65℃、海水温度为 5.6℃时，SEC 达到最小值 $0.659\mathrm{kW\cdot h\cdot m^{-3}}$。结果表明，SEC 随着海水温度的升高而增大，而当海水温度在 14℃以上时，随着温度的升高，SEC 先降低后升高。这种变化规律表明，在耦合系统中，系统能耗主要取决于 TVC 热法脱盐过程和 RO 反渗透过程哪一个起到主导的地位。一方面，蒸发温度的升高有利于增加 RO 膜的回收率，而高回收率下需要更大的驱动力来克服渗透压差，从而导致了更高的高压泵能耗；另一方面，高蒸发温度下形成的蒸汽提高了冷凝器中的传热系数和冷却水的比热，从而减少了所需的冷却水流量和输送泵的功耗。

图 7-34 显示了温度对系统产水率 PR 的影响。由图可看出，PR 随着蒸发温度的升高而升高，随着进流海水温度的升高而降低。有趣的是，随着海水温度的升高，产水率逐渐下降的同时，RO 的回收率却随之增加。这是由于在此条件下，TVC 热法脱盐过程的产水率降低占了主导，在冷却海水比热降低时，增加了所需的冷却海水量。计算结果表明，最大产水率 0.292 在蒸发温度 69.25℃、海水温度 5.6℃时取得，约为最小产水率的 14 倍。因此，较低的海水温度有助于提高系统的性能，较高的蒸发温度有助于提高系统的产水率，但对于 SEC 来说，海水温度高于 11℃时，存在最佳蒸发温度。

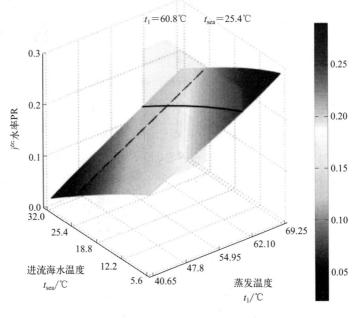

图 7-34　进流海水温度和蒸发温度对系统产水率的影响

压缩比是引射器的重要性能参数。如图 7-35 所示，当压缩比较低时，可获得较低的 SEC 值。这可以解释为，在较小压缩比下，压缩蒸汽的潜热较大，在此条件下，用于压缩引射蒸汽所需消耗的主动蒸汽流量相应减少。同样地，在较低的主动流压力下，蒸汽潜热随着压力的减小而增加，因此所需的主动流流量也减少。在给定的操作范围下，在主动流压力为 2.5MPa、压缩比为 3.76 时，SEC 取得最大值 $1.38\mathrm{kW} \cdot \mathrm{h} \cdot \mathrm{m}^{-3}$。

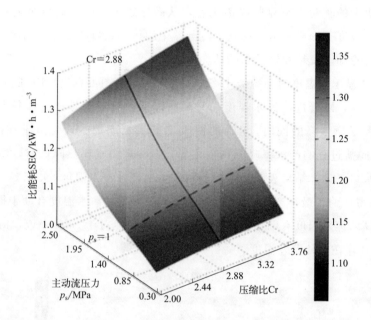

图 7-35 主动流压力和压缩比对系统能耗比的影响

图 7-36 显示了主动流压力和压缩比对系统产水率的影响。从图中可看出，PR 随着压缩比的升高而减小，而随着主动流压力的升高先增大后减小。随着压缩比的升高，引射的蒸汽量减少，这就增加了冷凝器的换热量，因此需要更多的海水作为冷却海水。随着主动流压力的增大，由方程（7-53）可知，引射比会先减小后增大。因此，对于给定的压缩比，存在一个最优的主动流压力。当主动流压力为 1.0MPa，压缩比为 2 时，产水率取得最大值 0.18，相比之下，当主动流压力为 0.3MPa，压缩比为 3.76 时，产水率取得最小值 0.12。计算结果表明，低压缩比有利于提高系统性能，较小的主动流压力有助于减少比能耗。对于产水率，则存在一个最优的主动流压力使其取得最大值。

对于等压压力交换器，泄漏率和掺混率是影响系统性能的两个重要的设计参数。一般而言，商用压力交换器的泄漏率和掺混率分别为 2% 和 6% 左右。在系统分析中，假定设备在稳定的操作条件下，这些变量是恒定的。

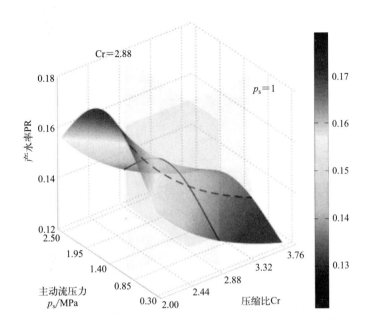

图 7-36　主动流压力和压缩比对系统产水率的影响

图 7-37 显示了压力交换器的泄漏率和掺混率对 SEC 的影响。从图中可看出，当泄漏率和掺混率由最小值变化到最大值时，SEC 从 $1.064kW \cdot h \cdot m^{-3}$ 增加到 $1.177kW \cdot h \cdot m^{-3}$，提高了约 10.6%。一方面，当一部分高压浓盐水通过低压通道卸压，而非为流入的新鲜海水加压时，发生了初始的泄漏现象，这将导致高压泵能量不足。另一方面，随着掺混率的增加，被增压的 M_B 的盐度增大，这导致膜过程更高的渗透压。因此，耦合系统的 SEC 随着掺混率和泄漏率的增加而显著增加。

相比较而言，泄漏率和掺混率对 PR 的影响不如 SEC 那么明显。如图 7-38 所示，当 PR 从泄漏率为 0.01、掺混率为 0.18 时的 0.158，到泄漏率为 0.06、掺混率为 0.02 时的 0.1594，仅增加约 0.8%。值得注意的是，当泄漏率小幅上升后，产水率也小幅增加，这可以解释为，由于初始泄漏流作为了 ERD 的润滑流量，所需的海水量也因此减少。尽管如此，泄漏率的控制仍然是必要的，因为它对 SEC 有更大的影响。同时，降低压力交换器的掺混率，对于提高整个系统性能十分重要。

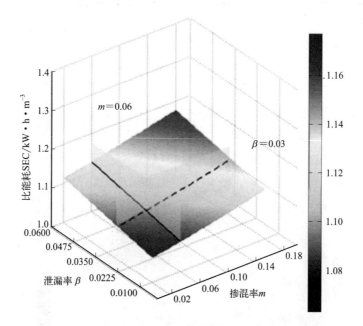

图 7-37　压力交换器泄漏率和掺混率对系统比能耗的影响

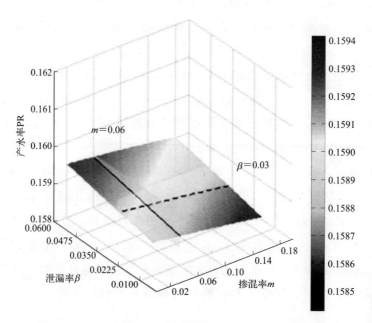

图 7-38　压力交换器泄漏率和掺混率对系统产水率的影响

7.4 本章小结

本章提出了基于夹点法建立热-功耦合传递网络的集成优化方法。研究结果表明，夹点技术可成功运用于热-功耦合传递网络的优化设计中。研究还考察了所引入功量交换器对耦合系统中能量回收网络的影响。在集成过程中，相变、节流冷却和传热的影响可以被忽略。最后，通过对典型的低温甲醇洗过程开展实例研究，验证了该方法在耦合能量回收网络中的理论可行性，得到了较好的功量回收效果，使得该工作可为构建更复杂、更大型的能量集成网络提供有益参考。

提出了基于 MOC-CFD 计算的多尺度直接耦合模拟方法，研究了 RPE 装置中的定常流动以及管线系统中的瞬变流动问题。这一联合模拟方法既兼顾了设备内的流场结构，又处理了附属管线的压力波传播，同时平衡了计算精度和计算效率间的关系。通过构建可以在设备模型与管线模型之间进行动态数据交互的耦合平台，实现了余压回收过程跨维度的数值仿真计算。通过管线模化后的瞬态计算，得到了抑制瞬变工况压力波动的方法，发现通过阀门缓慢关闭控制及在阀前设置稳压器可以有效地减少压力波动冲击，保障系统运行的安全稳定。

提出了热-膜耦合制水系统，构建了热法 TVC 系统与膜法 RO 系统的稳态耦合模型，并分别在两个子系统中引入了蒸汽喷射器和容积式压力交换器作为余压回收装置，完成系统建模与模型验证，比较了不同系统组合方式对耦合系统性能的影响，通过参数化分析得到了不同设计参数对性能的影响。通过计算表明，所提出的串联混合系统显示出比并联和单独系统更好的性能。

参 考 文 献

[1] 曹峥. 余压回收技术的跨系统应用分析与模拟研究 [D]. 西安：西安交通大学，2018.

[2] 张栋博. 功量交换理论在 GE 煤气化及 Linde 低温甲醇洗工艺中的应用研究 [D]. 西安：西安交通大学，2012.

[3] 张栋博，邓建强，方永利，等. Texaco 煤气化灰水处理功量交换应用分析 [J]. 化学工程，2011，39 (12): 1-5.

[4] Deng J Q, Cao Z, Zhang D B, et al. Integration of energy recovery network including recycling residual pressure energy with pinch technology [J]. Chinese Journal of Chemical Engineering, 2017, 25 (4): 453-462.

[5] Cao Z, Deng J Q, Ye F H. Cross-scale analysis of the energy recovery process in pressure exchanger and

pipeline system [J]. Desalination and Water Treatment, 2020, 181: 151-160.

[6] Cao Z, Deng J Q, Ye F H, et al. Analysis of a hybrid thermal vapor compression and reverse osmosis desalination system at variable design conditions [J]. Desalination, 2018, 438: 54-62.

[7] Ji J, Wang R, Li L, et al. Simulation and analysis of a single-effect thermal vapor-compression desalination system at variable operation conditions [J]. Chemical Engineering & Technology, 2007, 30 (12): 1633-1641.

[8] Nisan S, Commercon B, Dardour S. A new method for the treatment of the reverse osmosis process, with preheating of the feedwater [J]. Desalination, 2005, 182 (1-3): 483-495.